Anordnung und Bemessung

elektrischer Leitungen.

Von

C. Hochenegg,
Oberingenieur von Siemens und Halske.

Zweite vermehrte Auflage.

Mit 42 in den Text gedruckten Figuren.

Berlin. 1897. **München.**
Julius Springer. R. Oldenbourg.

Vorwort zur ersten Auflage.

Bei Ausführung elektrischer Anlagen erfordert die Anordnung und Bemessung der Leitungen unsere ganz besondere Aufmerksamkeit, indem in den meisten Fällen das Leitungsnetz einen sehr wichtigen, wenn nicht den wichtigsten, Bestandtheil solcher Anlagen bildet und einen unmittelbaren Einfluss auf den technischen und financiellen Erfolg derselben ausübt.

Wenn auch die Gesichtspunkte, nach welchen die Anordnung und Bemessung elektrischer Leitungen zu erfolgen hat, in der Literatur vielfach besprochen sind, so fehlt es doch bisher an einer einheitlichen und umfassenden, in folgerichtiger Weise durchgeführten Behandlung des gesammten Stoffes und es macht sich das Bedürfniss nach einer solchen umsomehr geltend, je grösser die Aufgaben werden, welche der Elektrotechnik erwachsen.

Es dürfte daher das Erscheinen der nachstehenden Schrift, welche in der Absicht entstand, diesem Mangel abzuhelfen, keiner weiteren Rechtfertigung bedürfen.

Dieselbe ist bestimmt, sowohl als Leitfaden für den Unterricht beziehungsweise für das Selbststudium, als auch als Hilfsbuch für den praktisch thätigen Ingenieur zu dienen.

Aus diesem Grunde habe ich, wo dies ohne allzugrosse Weitläufigkeit anging, von der Voraussetzung besonderer elektrotechnischer Vorkenntnisse abgesehen und mich thunlichst nur auf eine allgemeine technische Vorbildung gestützt.

Auch sah ich mich deshalb veranlasst, die von mir zuerst im Jahre 1887*) angegebene graphische Untersuchung elek-

*) Zeitschrift für Elektrotechnik, Heft I, 1887.

trischer Leitungen, welche ganz besonders geeignet ist, richtige Vorstellungen von den in elektrischen Leitungen auftretenden Verhältnissen zu erwecken und welche überdies auch die Lösung der praktischen Aufgaben in einfachster und übersichtlichster Weise gestattet, hier eingehendst zu behandeln.

Die für die wirthschaftliche Bemessung der Leitungen aufgestellten Formeln sollen vor Allem einen Anhalt gewähren, welche Verhältnisse ungefähr anzustreben sind, um möglichst vortheilhaft arbeiten zu können.

Als Erläuterung der Verwendbarkeit der einzelnen Sätze und Formeln sowie auch, um die Bedeutung derselben darzuthun und endlich zur Richtschnur für andere ähnliche Fälle habe ich sowohl bei Ableitung des theoretischen Theiles, als auch bei Behandlung der verschiedenen praktischen Fälle praktische Beispiele angeführt, welche zumeist meiner eigenen geschäftlichen Praxis entstammen.

Ich fühle mich daher verpflichtet, vor Abschluss dieser Zeilen der Firma Siemens & Halske meinen Dank für die mir gütigst ertheilte Zustimmung zur Veröffentlichung dieser Arbeit, welche ja grösstentheils meiner geschäftlichen Thätigkeit ihren Ursprung verdankt, auszusprechen.

Auch habe ich zu erwähnen, dass die Herren Ludwig Spängler und Carl Pichelmayer, Ingenieure der Firma Siemens & Halske, mich bei Ueberprüfung und Correctur dieser Arbeit eifrigst und verdienstvoll unterstützten und mich dadurch zu Dank verpflichteten.

Wien, im December 1892.

Der Verfasser.

Vorwort zur zweiten Auflage.

Die Bearbeitung der zweiten Auflage erstreckte sich hauptsächlich auf eine Erweiterung der ersten Auflage, deren Inhalt und Eintheilung zum grössten Theil unveränderte Aufnahme finden konnte.

Der erste Theil des Werkes

I. Ueber die Sicherheit der Leitungsanlage

hat nur geringfügige Erweiterungen erfahren.

Dagegen wurde der zweite Theil des Werkes

II. Ueber die Tauglichkeit der Leitungsanlage in technischer Hinsicht

wesentlich bereichert.

Die daselbst behandelte Berechnung des Spannungsverlustes und der Stromvertheilung wurde auch auf »Leitungen mit Stromzuführung von zwei Seiten bei ungleichem Potential« und auf »Leitungsnetze mit Stromzu- und Stromableitungen« ausgedehnt, so dass nunmehr wohl alle in der Praxis vorkommenden Fälle behandelt sein dürften.

In Uebereinstimmung hiermit hat auch die »Graphische Untersuchung elektrischer Leitungen« eine entsprechende Ausgestaltung erfahren.

Diese Behandlungsweise, welche so sehr geeignet ist, klaren Einblick in die bei elektrischen Leitungen auftretenden Verhältnisse zu gewähren, wurde nunmehr derart vervollkommnet, dass sie auf alle Fälle und insbesondere auch auf geschlossene Leitungsnetze in einfacher Weise anwendbar ist.

Der dritte Theil

III. Ueber die Bemessung der Leitungen vom wirthschaftlichen Standpunkte

wurde ebenfalls vervollständigt.

Insbesondere ist die Abhandlung über die »Vortheilhafteste Bemessung der Querschnitte mehrerer hintereinander geschalteter verschiedenartiger Leitungen bei gegebenem Gesammtspannungsverlust« hervorzuheben.

Auch wurde in diesem wie in dem vierten Theil

IV. Behandlung der verschiedenen praktischen Fälle

das Drehstromsystem, welches immer mehr an Verbreitung gewinnt, eingehender wie früher behandelt.

In dem »Anhang«

wurden neben den »Sicherheits-Vorschriften für Starkstromanlagen« des Wiener Elektrotechnischen Vereines auch die vom Verbande deutscher Elektrotechniker herausgegebenen Vorschriften mit Zustimmung der genannten Vereine abgedruckt, und ich fühle mich verpflichtet, für die hierzu bereitwilligst ertheilte Erlaubniss meinen Dank auszusprechen.

Wien, im April 1897.

Der Verfasser.

Inhaltsverzeichniss.

IV. Behandlung der verschiedenen praktischen Fälle.

Anhang.

Einleitung.

Bei Anordnung und Bemessung elektrischer Leitungen hat man nebst Berücksichtigung der öffentlichen Interessen und der allgemeinen Sicherheit dahin zu trachten, den angestrebten Zweck in entsprechend vollkommener Weise mit möglichst geringen Mitteln zu erreichen.

Es ergeben sich daher für die Beurtheilung von Leitungsanlagen drei Hauptgesichtspunkte, welche auch der Eintheilung dieser Arbeit zu Grunde liegen müssen, und zwar

I. die Sicherheit der Leitungsanlage,

II. die Tauglichkeit der Leitungsanlage in technischer Hinsicht,

III. die Bemessung der Leitungen vom wirthschaftlichen Standpunkte.

Bei den verschiedenen praktischen Fällen wird es nicht immer möglich werden, allen drei Gesichtspunkten volle Berücksichtigung zu schenken, sondern es wird vor allem die Sicherheit der Leitungsanlage, sodann die Tauglichkeit derselben und erst in letzter Linie die wirthschaftliche Bemessung der Leitungen in Frage kommen können.

Da dabei den verschiedenen Systemen und Verwendungsarten in entsprechender Weise Rechnung getragen werden muss, erscheint es nothwendig, nach eingehender Erörterung der obigen drei Gesichtspunkte, auch die verschiedenen praktischen Fälle und die Behandlungsweise derselben zu besprechen und durch praktische Beispiele zu erläutern.

I. Ueber die Sicherheit der Leitungsanlage.

Allgemeine Sicherheitsvorschriften.

In Hinsicht auf die öffentlichen Interessen und die allgemeine Sicherheit ist man in den meisten Fällen durch bestehende Vorschriften an bestimmte Bedingungen gebunden, deren Beachtung von den massgebenden Behörden überwacht wird.

Diese Bedingungen beziehen sich naturgemäss immer auf die zum Schutze des Lebens und Eigenthums der Personen nöthigen Vorkehrungen, also auf die Art der Isolirung und Verlegung der Leitungen, auf die Berücksichtigung anderer bereits bestehender Leitungsanlagen, öffentlicher Objekte und so weiter, sowie endlich auf jene Eigenschaften der Leitungsanlagen, welche zur Sicherung ihres dauernd guten Bestandes und zur Verhütung von Feuersgefahr im öffentlichen Interesse verlangt werden müssen. Es ist unzweifelhaft, dass über kurz oder lang in allen civilisirten Staaten diesbezüglich allgemein gültige Gesetze werden geschaffen werden, wenn auch bisher die verschiedenen Regierungen eine abwartende Haltung bekundet haben, und zur Zeit nur in wenigen Staaten diesbezügliche Verordnungen bestehen.

Da ein dringendes Bedürfniss vorlag, solche Vorschriften zu besitzen, hat der Elektrotechnische Verein in Wien sich bereits im Jahr 1888 mit dieser Aufgabe befasst und solche Sicherheitsvorschriften ausgearbeitet, welche sodann im Jahre 1891 umgearbeitet wurden und zur Zeit in Oesterreich als massgebend betrachtet werden. In Deutschland hat der Verband deutscher Elektrotechniker im November 1895 durch eine besondere Commission, welche in Eisenach tagte, solche Sicherheitsvorschriften aufgestellt und als Verbandsvorschriften zur allgemeinen Giltigkeit gebracht.

Im Anhange wurden mit Zustimmung des Wiener Elektrotechnischen Vereines, sowie des Verbandes Deutscher Elektrotechniker diese derzeit in Oesterreich und Deutschland giltigen Vorschriften zum Abdruck gebracht.

In allen derartigen Vorschriften ist mit Recht ein besonderer Nachdruck auf die genügend starke Bemessung der Leitungen zur Vermeidung der sonst möglichen Feuersgefahr gelegt, und eine entsprechende Sicherung der Leitungen vor übermässigen Stromstärken vorgeschrieben.

Nachdem bei allen Berechnungen elektrischer Leitungsanlagen die feuersichere Bemessung derselben in allen Theilen in erster Linie festgestellt werden muss, soll dieselbe im Nachstehenden ausführlich behandelt werden.

Bei elektrischen Leitungen kann auf zweierlei Art eine Feuersgefahr, beziehungsweise eine Gefahr für ihren Bestand entstehen.

1. Es kann durch Verringerung des Querschnittes an irgend einer Stelle einer Leitung (ungenügender Kontakt, Drahtbruch etc.) eine bedeutende Erwärmung derselben auftreten, durch welche benachbarte Stoffe oder bei umhüllten Leitungen die isolirenden Umhüllungsstoffe in Brand gerathen oder letztere wenigstens beschädigt werden können.

Ja, es ist möglich, dass eine solche örtliche Querschnittsverringerung sogar ein Abschmelzen des Leitungsdrahtes an der betreffenden Stelle zur Folge hat, und es kann dann bei genügend hoher Spannung der Stromquelle ein Lichtbogen auftreten und hierdurch ebenfalls ein Brand entstehen.

Solche Querschnittsverringerungen beziehungsweise Unterbrechungen können, ohne dass man es sofort bemerken müsste, bei dem Biegen und Spannen umhüllter Leitungen oder bei nachlässiger Herstellung von Verbindungen und Abzweigungen entstehen. Man pflegt daher Drähte, deren Leitungsseele weniger als 1 mm δ besitzt, ausgenommen für Apparate, Beleuchtungskörper und mehrlitzige Leitungen, nicht anzuwenden und die Verbindungen und Abzweigungen entweder sorgfältig zu verlöthen oder durch sehr verlässliche, reichlich bemessene Verschraubungen herzustellen.

2. Ferner besteht eine Feuersgefahr beziehungsweise Gefahr für den Bestand einer elektrischen Leitung darin, dass die den Leiter durchfliessende Stromstärke überhaupt eine Erwärmung desselben verursacht, welche, wenn sie ein zulässiges Mass überschreitet, die isolirende Umhüllung schädigen, ja sogar diese, sowie andere benachbarte Stoffe entzünden kann. Um auch

dagegen geschützt zu sein, hat man die Leitungen so stark zu wählen, dass eine übermässige Erwärmung bei den zu erwartenden Stromstärken ausgeschlossen ist, und hat ferner jede Leitung vor stärkeren Strömen durch Sicherheitsvorrichtungen zu schützen.

Temperaturerhöhung in Leitungen.

Bei dem Durchgange eines konstanten elektrischen Stromes durch einen Leiter wird die Temperatur des Leiters so lange ansteigen, bis endlich die allmählig zunehmende Wärmeabgabe desselben an die Umgebung eben so gross wird als die Wärmeentwicklung des elektrischen Stromes in dem Leiter.

Die Wärmeabgabe erfolgt zum Theil durch Ausstrahlung, zum Theil durch Mittheilung an die Umgebung und vorwiegend an die den Leiter bestreichende Luft.

Sie wird gleichmässig mit der Temperaturerhöhung des Leiters gegen die Umgebung und annähernd gleichmässig mit der die Abkühlung fördernden Oberfläche des Leiters zunehmen und überdies von dem Material und dem Oberflächenzustande des Leiters, sowie von der Beschaffenheit und Dicke der Umhüllung desselben und endlich auch von der Verlegungsart der Leitung abhängen.

Wenn auch die Wärmeabgabe streng genommen nicht genau mit der Oberfläche des Leiters wächst, so kann dies zur Vereinfachung der Rechnung doch vorausgesetzt werden, ohne dass der hierbei begangene Fehler gegenüber den anderen oft ganz unvorhersehbaren Einflüssen eine praktische Bedeutung erlangen könnte. Ebenso ist es zulässig, bei Berechnung der Wärmeentwicklung des elektrischen Stromes im Leiter beziehungsweise des im Leiter verbrauchten Effektes den Widerstand des Leiters als konstant anzunehmen und die Widerstandszunahme des Leiters zufolge zunehmender Temperatur zu vernachlässigen.

Man kann daher schreiben

$$\text{Temperaturerhöhung} = \text{Konstante} \times \frac{\text{verbrauchter Effekt}}{\text{Oberfläche}}.$$

Bezeichnet t die Temperaturerhöhung in Graden Celsius, C_I eine Konstante, $\mathfrak{E}$ den in der Leitung verbrauchten Effekt in Watt und O die Oberfläche in Quadratmillimetern, so ergibt sich die Gleichung

$$t = C_I \frac{\mathfrak{E}}{O} \quad \text{. . . . . 1)}$$

Bekanntlich ist der in einer Leitung verbrauchte Effekt $\mathfrak{E} = J^2 W$ (Joule'sches Gesetz), wobei J die Stromstärke und W den Widerstand der Leitung darstellt. Wird J in Ampère und W in Ohm eingesetzt, so erhält man $\mathfrak{E}$ in Watt. Lässt man die Erwärmung des Leiters unberücksichtigt und ersetzt man den Widerstand der Leitung W durch die Länge L in Metern, den Querschnitt Q in Quadratmillimetern und den specifischen Widerstand*) des Leitungsmateriales ω nach der Gleichung

$$W = \frac{L\,\omega}{Q},$$

so erhält man für den verbrauchten Effekt $\mathfrak{E}$ den Ausdruck

$$\mathfrak{E} = J^2 \frac{L\,\omega}{Q}.$$

Die Oberfläche O der Leitung lässt sich als Produkt aus Länge L und Umfang U darstellen. Wird dabei die Länge L in Metern und der Umfang U in Millimetern eingesetzt, so erhält man die Oberfläche O in Quadratmillimetern in dem Ausdrucke

$$O = 1000\,L\,U.$$

Ersetzt man in der Formel für t die Werthe $\mathfrak{E}$ und O durch obige Ausdrücke, so ergibt sich

$$t = C_I \frac{J^2\,L\,\omega}{1000\,L\,U\,Q},$$

und, wenn man zur Vereinfachung

$$\frac{C_I}{1000} = C$$

setzt, so kann man schreiben

$$t = C \frac{J^2\,\omega}{U\,Q} \qquad \text{1)}$$

Aus dieser Formel, welche die Temperaturerhöhung in Graden Celsius als Funktion der Stromstärke, sowie des Querschnittes, des Umfanges und des specifischen Widerstandes der betreffenden Leitung darstellt, ergeben sich bei Zugrundelegung einer zulässigen Temperaturerhöhung t die übrigen Grössen, wie folgt:

---

*) Widerstand eines Drahtes vom betreffenden Leitungsmaterial in Ohm, bei 1 Meter Länge und 1 Quadratmillimeter Querschnitt, bei 15° Celsius.

Die zulässige Stromstärke

$$J = \sqrt{\frac{t}{C}\,\frac{Q\,U}{\omega}} \quad \ldots\ldots\ldots \quad 2)$$

Die zulässige Stromdichte $\left(D = \frac{J}{Q}\right)$

$$D = \sqrt{\frac{t}{C}\,\frac{U}{Q\,\omega}} \quad \ldots\ldots\ldots \quad 3)$$

Der entsprechende Leitungsquerschnitt

$$Q = \frac{C}{t}\,J^2\,\frac{\omega}{U} \quad \ldots\ldots\ldots \quad 4)$$

Der zulässige Spannungsverlust $\left(\varDelta E = J\,\frac{L\,\omega}{Q}\right)$

$$\varDelta E = L\sqrt{\frac{t}{C}\,\frac{\omega\,U}{Q}} \quad \ldots\ldots\ldots \quad 5)$$

Alle diese Formeln 1—5 beziehen sich auf Leitungen von beliebigem Querschnitte. In den meisten Fällen jedoch handelt es sich um Leitungsdrähte von kreisrundem Querschnitt, für welche diese Formeln wesentlich vereinfacht werden können, indem man entweder den Umfang U als Funktion des Querschnittes Q oder sowohl Querschnitt wie Umfang als Funktion des Durchmessers in obige Formeln einsetzt.

Wird der Durchmesser des Leitungsdrahtes in Millimetern mit d bezeichnet, so ist $U = d\,\pi$ und $Q = \frac{d^2\,\pi}{4}$, somit auch

$$U = \sqrt{4\,\pi\,Q}.$$

Durch Einsetzen dieser Ausdrücke in obige Formeln erhält man für Leitungen von kreisrundem Querschnitte folgende Formeln:

Für die Temperaturerhöhung t

$$t = \frac{C}{\sqrt{4\,\pi}}\,\frac{J^2\,\omega}{Q^{3/2}} \quad \ldots\ldots\ldots \quad 1a)$$

$$t = \frac{4}{\pi^2}\,C\,\frac{J^2\,\omega}{d^3} \quad \ldots\ldots\ldots \quad 1b)$$

Für die zulässige Stromstärke J

$$J = \sqrt{\frac{\sqrt{4\pi}\,t}{C}\,\frac{Q^{3/2}}{\omega}} \quad \ldots\ldots\ldots \quad 2a)$$

$$J = \sqrt{\frac{\pi^2}{4}\,\frac{t}{C}\,\frac{d^3}{\omega}} \quad \ldots\ldots\ldots \quad 2b)$$

Für die zulässige Stromdichte D

$$D = \sqrt{\frac{\sqrt{4\pi}\,t}{C}\,\frac{1}{\omega\sqrt{Q}}} \quad \ldots\ldots\ldots \quad 3a)$$

$$D = \sqrt{\frac{4\,t}{C}\,\frac{1}{\omega\,d}} \quad \ldots\ldots\ldots \quad 3b)$$

Für den entsprechenden Querschnitt Q beziehungsweise Durchmesser d

$$Q = \sqrt[3/2]{\frac{C}{\sqrt{4\pi}\,t}\,J^2\,\omega} \quad \ldots\ldots\ldots \quad 4a)$$

$$d = \sqrt[3]{\frac{4}{\pi^2}\,\frac{C}{t}\,J^2\,\omega} \quad \ldots\ldots\ldots \quad 4b)$$

Für den zulässigen Spannungsverlust $\varDelta E$

$$\varDelta E = L\,\sqrt{\frac{\sqrt{4\pi}\,t}{C}\,\frac{\omega}{\sqrt{Q}}} \quad \ldots\ldots\ldots \quad 5a)$$

$$\varDelta E = L\,\sqrt{\frac{4\,t}{C}\,\frac{\omega}{d}} \quad \ldots\ldots\ldots \quad 5b)$$

Setzt man in Gleichung 1_b den Ausdruck $\frac{4}{\pi^2}\,C\,\omega = C'$, so erhält man die einfache Beziehung

$$t = C'\,\frac{J^2}{d^3} \quad \ldots\ldots\ldots \quad 1c)$$

beziehungsweise

$$J = \sqrt{\frac{t}{C'}}\,d\sqrt{d} \quad \ldots\ldots\ldots \quad 2c)$$

Gewöhnlich wird eine Temperaturerhöhung der Leitung um 10° Celsius als zulässig erachtet, so dass dann der Ausdruck $\sqrt{\frac{t}{C'}} = \sqrt{\frac{10}{C'}}$ zu setzen ist und als Konstante mit dem Buchstaben K bezeichnet werden kann. Es geht sodann die Gleichung 2c über in

$$J = K d \sqrt{d} \quad \ldots \ldots \quad 2d)$$

Die Konstanten C, C′ und K sind von dem Material und dem Oberflächenzustande der Leitung sowie von der Beschaffenheit und Dicke der Umhüllung derselben und endlich auch von der Verlegungsart und der Umgebung der Leitung abhängig.

Ueber die Konstanten C, C′ und K wurden von mehreren Beobachtern und zwar von Dorn, Kittler, Strecker, Oelschläger, Claudius, Sabine, Uppenborn, Grassi und Kennelly Angaben gemacht, welche zufolge der sehr verschiedenen Umstände, unter welchen die Beobachtungen angestellt wurden, zum Theil sehr weit auseinandergehen.

Als übereinstimmendes Ergebniss mehrerer Beobachter kann angeführt werden, dass blanke Drähte sich mehr erwärmen als geschwärzte, dass in ruhiger Luft (im geschlossenen Raume) weit höhere Erwärmungen auftreten, wie im Freien, und dass die umhüllten (isolirten) Drähte sich weniger erwärmen als blanke Drähte, so lange die Umhüllung eine gewisse Dicke, welche je nach dem Isolationsmaterial verschieden ist, nicht übersteigt.

Aus allen diesen Versuchen kann man mit genügender Genauigkeit folgende runde Werthe für die Konstanten K, C′ und C entnehmen:

	K	C′	C
bei blanken Drähten in ruhiger Luft . . .	4	0·62	90
bei isolirten Drähten je nach Isolation . .	5	0·4	56
und Verlegungsart bis	6	0·27	40
bei blanken Drähten im Freien	8	0·16	22

Erwägt man, dass blanke Drähte meistens im Freien angewendet werden, und dass bei blanken Drähten überhaupt eine stärkere Erwärmung zulässig wäre als bei isolirten Drähten, so kann man ohne die geringste Gefahr ganz allgemein K ungefähr gleich 6 beziehungsweise $C \backsim 40$ annehmen.

Setzt man $C = 35$ und $t = 10$ in vorstehende Gleichungen ein, so wird der Ausdruck $\sqrt{4\pi} \cdot \frac{t}{C} = 1$, während die anderen Ausdrücke folgende Werthe erhalten:

$$\frac{t}{C} \doteq 0 \cdot 28; \quad \frac{C}{t} = 3 \cdot 5; \quad \frac{\pi^2}{4} \cdot \frac{t}{C} = 0 \cdot 7;$$

$$4 \frac{t}{C} = 1 \cdot 12; \quad \frac{C}{t} \cdot \frac{1}{\sqrt{4\pi}} = 1; \quad \frac{4}{\pi^2} \frac{C}{t} = 1 \cdot 45.$$

Danach ergeben sich folgende Formeln für die **zulässige feuersichere Beanspruchung von Leitungen.**

	bei beliebigem Querschnitte	bei kreisrundem Querschnitte	
Die „feuersichere Stromstärke“	$J_f = \sqrt{0 \cdot 28 \frac{QU}{\omega}}$	$= \sqrt{\frac{Q^{3/2}}{\omega}}$	$= \sqrt{0 \cdot 7 \frac{d^3}{\omega}}$.
Die „feuersichere Stromdichte“	$D_f = \sqrt{0 \cdot 28 \frac{U}{Q\omega}}$	$= \sqrt{\frac{1}{\omega \sqrt{Q}}}$	$= \sqrt{1 \cdot 125 \frac{1}{\omega d}}$.
Der „feuersichere Querschnitt“	$Q_f = 3 \cdot 55 \frac{J^2 \omega}{U}$	$= \sqrt[3]{J^4 \omega^2}$	—
Der „feuersichere Durchmesser“	$d_f =$ —	—	$= \sqrt[3]{1 \cdot 45 J^2 \omega}$.
Der „feuersichere Spannungsverlust“	$E_f = L \sqrt{0 \cdot 28 \frac{U\omega}{Q}}$	$= \frac{L}{\sqrt[4]{\frac{Q}{\omega^2}}}$	$= \sqrt{1 \cdot 125} \frac{L}{\sqrt{\frac{d}{\omega}}}$.

Für Kupferdrähte vom specifischen Widerstand $\omega = 0 \cdot 0175$ erhalten die letzteren Ausdrücke folgende einfachere Form:

Die „feuersichere Stromstärke“ $\quad J_f = \sqrt{40 . d^3} = 2 \sqrt{10 d^3}$

Die „feuersichere Stromdichte“ $\quad D_f = \sqrt{64 \frac{1}{d}} = 2^3 \sqrt{\frac{1}{d}}$.

Der „feuersichere Durchmesser“ $d_f = \sqrt[3]{\frac{1}{40} \cdot J^2} = \sqrt[3]{\frac{1}{10}\left(\frac{J}{2}\right)^2}$

Der „feuersichere Spannungsverlust“ pro laufenden Meter $\Delta E_f = \sqrt{0{\cdot}02 \frac{1}{\sqrt{d}}} = \frac{1}{10}\sqrt{\frac{2}{d}}$

In nachstehender Tabelle sind hiernach die zulässigen Beanspruchungen von Kupferdrähten zusammengestellt:

Tabelle

für die zulässige „feuersichere“ Beanspruchung von Kupferdrähten mit kreisrundem Querschnitte.

Durchmesser des Drahtes d	Querschnitt des Drahtes Q	„Feuersichere Stromstärke“*) $J_f = \sqrt{40\, d^3} = \sqrt{\frac{Q^{3/2}}{\omega}}$	„Feuersichere Stromdichte“ $D_f = \sqrt{64 \frac{1}{d}} = \sqrt{\frac{1}{\omega \sqrt{Q}}}$	„Feuersicherer Spannungsverlust“ pro laufenden Meter $\Delta E_f = \sqrt{\frac{2}{100 . d}} = \sqrt{\frac{\omega^2}{Q}}$
mm	qmm	Ampère	Ampère pro qmm	Volt
1·0	0·785	6·32	8·01	0·140
1·5	1·767	11·60	6·54	0·114
2·0	3·142	17·87	5·66	0·099
2·5	4·909	24·97	5·06	0·089
3·0	7·069	32·82	4·62	0·081
3·5	9·621	41·36	4·28	0·075
4·0	12·566	50·53	4·00	0·071
4·5	15·904	60·29	3·78	0·067
5·0	19·635	70·62	3·58	0·063
5·5	23·758	81·47	3·42	0·060
6·0	28·274	92·83	3·27	0·057
6·5	33·183	104·68	3·14	0·055
7·0	38·485	116·99	3·03	0·053
7·5	44·179	129·75	2·93	0·052
8·0	50·265	142·93	2.83	0·050

In gleicher Weise ergeben sich die in nachstehender Tabelle zusammengestellten Beanspruchungen von Kupferseilen, wenn man den Umfang des Kupferseiles gemäss der gewöhnlichen Ausführung einsetzt.

Tabelle

für die zulässige feuersichere Beanspruchung von Kupferseilen.

Leitungsquerschnitt des Kupferseiles	Umfang*) des Kupferseiles	„Feuersichere Stromstärke" $J_f = 4\sqrt{QU}$	„Feuersichere Stromdichte" $D_f = 4\sqrt{\frac{U}{Q}}$	„Feuersicherer Spannungsverlust" pro laufenden Meter $\varDelta E_f = \frac{1}{10}\sqrt{\frac{U}{2Q}}$
qmm	mm	Ampère	Ampère pro qmm	Volt
25	20	90	3·6	0·063
35	24	116	3·3	0·058
50	29	152	3·0	0·053
75	35	205	2·73	0·048
100	40	253	2·53	0·045
125	45	300	2·4	0·042
150	50	346	2·3	0·039
175	54	388	2·22	0·038
200	58	430	2·15	0·037
250	65	510	2·04	0·035
300	72	588	1·96	0·034
400	82	725	1·81	0·032
500	92	860	1·72	0·030
600	101	985	1·64	0·029
700	108	1100	1·57	0·028
800	115	1213	1·51	0·027
900	120	1320	1·47	0·026
1000	125	1420	1·42	0·025

Wie man aus diesen Tabellen entnimmt, ergeben sich näherungsweise folgende feuersichere Beanspruchungen:

bei Drähten	bis 2·5 mm ♂	oder 5 qmm	Querschnitt	5 Amp.	pro	1 qmm
»	»	» 4 » ♂	» 13 »	»	4 »	»	1 »
»	»	» 7 » ♂	» 40 »	»	3 »	»	1 »
» Seilen	»		250 »	»	2 »	»	1 »

Der „feuersichere Spannungsverlust" beträgt bei Drähten von 1 mm Durchmesser 0·14 Volt pro laufenden Meter und sinkt bei Seilen von 700 qmm Querschnitt auf den fünften Theil, nämlich auf 0·028 Volt.

*) Der in der Tabelle angegebene Umfang der Seile trifft natürlich nur bei einer gewissen Zusammensetzung der Seile zu, kann jedoch als durchschnittlich richtig angenommen werden.

Die in den Tabellen angegebenen feuersicheren Beanspruchungen beruhen auf der Annahme einer zulässigen Temperaturerhöhung auf 10° Celsius. Tritt eine stärkere, z. B. die $1^1/_2$fache, Beanspruchung auf, so steigt die Temperaturerhöhung im quadratischen Verhältnisse (siehe Formel 1), und es würde demnach die Temperaturerhöhung 2·25 mal so viel, somit 22·5° C. betragen, so dass bei einer Aussentemperatur von 30° C. die Temperatur der Leitung auf 52,5° C. steigen würde. Bei doppelter Beanspruchung würde eine Temperaturerhöhung um 40° C., also bei 30° C. Aussentemperatur auf 70° C. stattfinden, und es würde somit die Schmelztemperatur mancher Isolationsstoffe, wie Wachs, Paraffin u. dgl., bereits überschritten werden.

Damit eine so übermässige Erwärmung nicht auftreten kann, hat man ausser der feuersicheren Bemessung der Leitungen auch deren Schutz vor allzu starken Strömen vorzusehen.

Man wendet zu diesem Zwecke besondere Sicherungsvorrichtungen an, welche die Leitung selbstthätig unterbrechen, sobald der Strom die zulässige oberste Grenze, als welche gewöhnlich das $1^1/_2$fache der oben angegebenen feuersicheren Stromstärke angenommen wird, überschreitet.

In den vom Verbande Deutscher Elektrotechniker herausgegebenen „Sicherheitsvorschriften für elektrische Starkstromanlagen" ist die höchst zulässige Betriebsstromstärke nach der Formel $J_h = 4{\cdot}5 \sqrt{d^3}$ berechnet und daher niederer als die obige feuersichere Beanspruchung angegeben, welche auf der Beziehung $J_f = \sqrt{40 d^3} = 6{\cdot}3 \sqrt{d^3}$ beruht. Dagegen ist jedoch in diesen Vorschriften die Abschmelzstromstärke doppelt so gross, als J_h, nämlich $J_a = 2 J_h = 9 \sqrt{d^3}$, angegeben, während nach Obigem die Abschmelzstromstärke nur $1^1/_2$mal so gross, als die feuersichere Stromstärke, also

$$J'_a = 1^1/_2\, J_f = 9{\cdot}45 \sqrt{d^3}$$

sein soll. Wie man hieraus ersieht, weichen diese Angaben über die Abschmelzstromstärke nur um Geringes (5 %) von einander ab. Es sollen daher die Leitungen nach obigen Angaben in gleicher Weise geschützt, jedoch höher beansprucht werden als nach den Sicherheitsvorschriften des Verbandes.

Als Sicherungsvorrichtungen verwendet man entweder selbstthätig wirkende Apparate, welche die Leitung bei zu starkem

Strome mechanisch ausschalten, oder man wendet die bekannten Bleisicherungen an, welche einen Theil, meistens den Anfang, der Leitung bilden und bei einer gewissen, bereits übermässigen Stromstärke (Abschmelzstromstärke) abschmelzen, wodurch die Leitung ausgeschaltet wird.

Bleisicherungen.

Bei Berechnung solcher Bleisicherungen sind ausser der Schmelztemperatur des betreffenden Materiales dieselben Umstände maassgebend, welche überhaupt die Erwärmung eines Leiters beeinflussen.

Ausserdem muss beachtet werden, dass die Bleistreifen beziehungsweise Bleidrähte an den Enden häufig verstärkt und überdies zwischen gut wärmeableitende Metalltheile eingeklemmt werden, wodurch die Erwärmung an der schwächsten Stelle bedeutend verringert wird.

Um diese Wärmeableitung durch die Klemmen zu umgehen, müssen die Bleistreifen oder Bleidrähte den die Leitung sichernden Querschnitt eine gewisse Länge (70 mm und darüber)*) hindurch aufweisen, so dass sich der störende Einfluss der Wärmeableitung nicht bis zur Mitte der Bleisicherung erstrecken kann. (Fig. 1). Auch ist es nicht gleichgültig, ob die Bleisicherungen von Luft oder von besser Wärme ableitenden Körpern, wie Glas, Porzellan etc., umgeben sind und ob sie in freier Luft oder in einem geschlossenen Gehäuse angewendet werden.

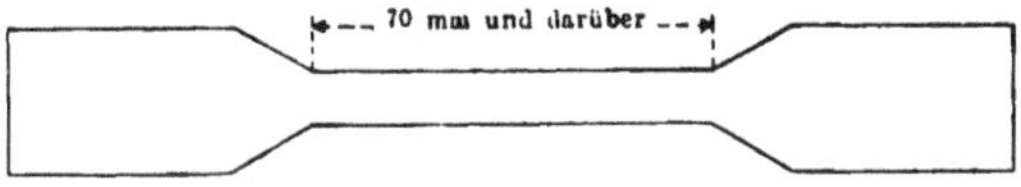

Fig 1.

Nimmt man die Bleistreifen oder Drähte hinreichend lang (70 mm und darüber), so dass die Wärmeableitung durch die eingeklemmten Enden ohne störenden Einfluss ist, so wird der zum Abschmelzen nöthige Effekt $J^2 W$ um so grösser sein müssen, je grösser die Oberfläche des betreffenden Streifens oder Draht-

*) Der Einfluss der Länge des Drahtes oder Streifens auf die Abschmelzstromstärke wird eingehend behandelt von Clarence Feldmann, Elektrotechn. Zeitschrift 1892 Seite 423.

stückes ist, und es wird unter sonst gleichen Umständen ein konstantes Verhältnis zwischen dem zum Abschmelzen nöthigen Effekt und der Oberfläche des betreffenden Stückes bestehen, d. h. $J^2 W = c \times$ Oberfläche $= c\,U\,L$, wobei U der Umfang und L die Länge des betreffenden Stückes, c hingegen ein konstanter Faktor ist.

Ersetzt man den Widerstand W durch Länge, Querschnitt und specifischen Widerstand des Materiales, $W = \frac{L\omega}{Q}$, so erhält man $\frac{L\omega}{Q} \cdot J^2 = c\,U\,L$; und daraus $J^2 = \frac{c}{\omega}\,U\,Q$, somit

$$J = \sqrt{\frac{c}{\omega}}\,\sqrt{U\,Q} = c_{II}\,\sqrt{\text{Umfang} \times \text{Querschnitt}} \quad . \quad II)$$

d. h. die zum Abschmelzen einer Bleisicherung nöthige Stromstärke ist der Wurzel aus dem Produkte von Umfang mal Querschnitt direkt proportional.

Bei Sicherungen aus gewöhnlichem Blei in freier Luft ergab sich $c_{II} \sim 7$; während, wenn dieselben von Porzellan oder Glas umgeben sind, $c_{II} \sim 10$ ist und zwar sowohl bei Streifen als Drähten.

Es gilt daher für Sicherungen aus gewöhnlichem Blei für die Abschmelzstromstärke J die Formel

$$J = \begin{cases} 7\,\sqrt{U \times Q} \text{ (in freier Luft)} \ldots\ldots & IIa) \\ 10\,\sqrt{U \times Q} \text{ (wenn mit Glas, Porzellan oder dergl. umgeben)} & IIb) \end{cases}$$

Bei Bleisicherungen in geschlossenen Gehäusen, z. B. Bleisicherungskästchen, Kabelkästen u. dgl., welche weniger gut gekühlt sind, wird eine geringere Stromstärke schon das Abschmelzen der Sicherung bewirken.

Bei Drähten beträgt der Umfang $d\,\pi$, während der Querschnitt $d^2 \frac{\pi}{4}$ ist, so dass bei Bleidrähten für die Abschmelz stromstärke die Formel gilt

$$J = c_{II}\,\sqrt{\frac{d^3 \pi^2}{4}} = c_{II} \frac{\pi}{2}\,\sqrt{d^3} = c'_{II}\,\sqrt{d^3} \quad \ldots \quad 6)$$

welche, wenn für c_{II} die früheren Werthe eingesetzt werden, die Form erhält

$$J = \begin{cases} 11 \sqrt{d^3})^{*)} \text{ in freier Luft}) \quad \ldots \quad 6a) \\ 15{\cdot}7 \sqrt{d^3} \text{ (wenn mit Glas, Porzellan o. dgl. umgeben} \quad 6b) \end{cases}$$

Bei gegebener Abschmelzstromstärke lässt sich der Durchmesser d des zu verwendenden Bleidrahtes nach folgenden Formeln berechnen:

$$d = \sqrt[3/2]{\frac{J}{c'_{II}}} \quad \ldots \quad 7)$$

$$d = \begin{cases} \sqrt[3/2]{\frac{J}{11}}^{**)} \text{ (in freier Luft)} \quad \ldots \quad 7a) \\ \sqrt[3/2]{\frac{J}{15{\cdot}7}} \text{ (wenn mit Glas, Porzellan oder dergl. umgeben)} \quad 7b) \end{cases}$$

Verwendet man zur Herstellung der Sicherungen Bleistreifen von rechteckigem Querschnitte, deren Dicke δ und deren Breite φ ist (beide in Millimetern), so dass der Umfang derselben $2(\delta + \varphi)$ und der Querschnitt $\delta\varphi$ beträgt, so ist die Abschmelzstromstärke durch folgenden Ausdruck gegeben:

$$J = c_{II} \sqrt{2(\delta + \varphi)\,\delta\varphi} = c_{II} \sqrt{2\,\delta^2\varphi + 2\,\delta\varphi^2} \quad \ldots \quad 8)$$

$$J = \begin{cases} 7 \sqrt{2\,\delta^2\varphi + 2\,\delta\varphi^2} \text{ (in freier Luft)} \quad \ldots \quad 8a) \\ 10 \sqrt{2\,\delta^2\varphi + 2\,\delta\varphi^2} \text{ (w. m. Glas, Porzellan oder dgl. umgeb.)} \quad 8b) \end{cases}$$

Ist die Abschmelzstromstärke J und die Dicke des zu verwendenden Bleibleches δ gegeben, so ergibt sich die Breite des Bleistreifens φ aus der Formel

$$\varphi = -\frac{\delta}{2} + \sqrt{\frac{\delta^2}{4} + \frac{J^2}{2c_{II}^2\,\delta}} \quad \ldots \quad 9)$$

*) Siehe: W. H. Preece, The Electrician 17. April 1888; The Electrial Review 1888 S. 506 und Grassot, Electricien X, 420.

**) Die Bleidrähte der Allgemeinen Elektricitäts-Gesellschaft, welche aus 3 Theilen Blei und 2 Theilen Zinn bestehen, werden nach Uppenborn nach der Formel

$$d = \sqrt[3/2]{\frac{J}{5{\cdot}83}}$$

bemessen, wobei J die Betriebsstromstärke bezeichnet.

und somit

$$\varphi = \begin{cases} -\frac{\delta}{2} + \sqrt{\frac{\delta^2}{4} + \frac{J^2}{100\,\delta}} & \text{(in freier Luft)} \; \ldots\ldots \quad 9\text{a)} \\ -\frac{\delta}{2} + \sqrt{\frac{\delta^2}{4} + \frac{J^2}{200\,\delta}} & \text{(w.m.Glas, Porzellan o.dgl. umg.)} \quad 9\text{b)} \end{cases}$$

In nebenstehender Tabelle sind die Abmessungen von Bleisicherungen aus reinem Blei mit kreisrundem und rechteckigem Querschnitte für verschiedene Abschmelzstromstärken zusammengestellt. Dabei beziehen sich die mit dem Index a bezeichneten Abmessungen auf Bleisicherungen in freier Luft, während die mit dem Index b bezeichneten für Bleisicherungen gelten, welche von Glas, Porzellan oder dergl. umgeben sind.

Für aussergewöhnliche Fälle z. B. wenn Bleisicherungen in geschlossenen Gehäusen oder unter Oel oder anderen aussergewöhnlichen Umständen angewendet oder aus einer noch nicht untersuchten Komposition hergestellt werden sollen, empfiehlt es sich, den Faktor c_{II} für einige Querschnitte empirisch festzustellen und das Mittel der erhaltenen Werthe der Berechnung anderer Querschnitte zu Grunde zu legen.

Mit der Ermittlung der feuersicheren Beanspruchung elektrischer Leitungen und der Bemessung der Bleisicherungen sind die Berechnungen über die Sicherheit der Leitungsanlage, soweit dieselben in dem Rahmen dieses Werkes behandelt werden müssen, erschöpft, und wir können uns daher dem zweiten Abschnitte: „Ueber die Tauglichkeit der Leitungsanlage in technischer Hinsicht“ zuwenden.

Tabelle

über die Abmessungen der Bleisicherungen aus reinem Blei für verschiedene Abschmelzstromstärken.

Index a bedeutet in freier Luft, Index b mit Porzellan, Glas u. dgl. umgeb.

$$d_a = \sqrt[3/2]{\frac{J}{11}}; \qquad d_b = \sqrt[3/2]{\frac{J}{15{\cdot}7}};$$

$$\varphi_a = -\frac{\delta}{2} + \sqrt{\frac{\delta^2}{4} + \frac{J^2}{100\,\delta}}; \qquad \varphi_b = -\frac{\delta}{2} + \sqrt{\frac{\delta^2}{4} + \frac{J^2}{200\,\delta}}.$$

Abschmelzstromstärke J in Ampère	Bleidrahtdurchmesser		Bleistreifenbreite φ bei verschiedenen Blechdicken δ in							
			$\delta = 1/2$		$\delta = 1$		$\delta = 1\,1/2$		$\delta = 2$	
	d_a	d_b	φ_a	φ_b	φ_a	φ_b	φ_a	φ_b	φ_a	φ_b
10	0·9	0·7	1·2	0.8	0·6	0·4	—	—	—	—
15	1·2	1·0	1·9	1·3	1·1	0·7	—	—	—	—
20	1·5	1·2	2·6	1·8	1·6	1·0	1·0	0·6	—	—
25	1·7	1·4	3·3	2·3	2·0	1·3	1·4	0·9	1·0	0·6
30	2·0	1·5	4 0	2·8	2·5	1·7	1·8	1·1	1 3	0·8
35	2·2	1·7	4·7	3·3	3·0	2·0	2·2	1·4	1·7	1·0
40	2·4	1·9	5·4	3·8	3·5	2·4	2·6	1·7	2·0	1·2
45	2·6	2·0	6·1	4·3	4·0	2·7	3·0	2·0	2·3	1·5
50	2·7	2·2	6 8	4·8	4·5	3·1	3·4	2·2	2·7	1·7
60	3·1	2·4	8·2	5·8	5·5	3·8	4·2	2·8	3 4	2·2
70	3·4	2·7	9·7	6·8	6·5	4·5	5·0	3·4	4·0	2·6
80	3·8	3 0	11·1	7·8	7·5	5·2	5·8	3·9	4·7	3·1
90	4·1	3·2	12·5	8·8	8 5	5·9	6·7	4·5	5·4	3·6
100	4·4	3·4	13·9	9·8	9·5	6·6	7·5	5·1	6·1	4·1
125	5·1	4·0	17·4	12·3	12·0	8·4	9·5	6·5	7·9	5·3
150	5 7	4·5	21·0	14·8	14·5	10·1	11·5	7·9	9·7	6·6
175	6·3	5·0	24·5	17·3	17·0	11·9	13·6	9·4	11·4	7·8
200	6 9	5 5	28·0	19·8	19·5	13·7	15·6	10·8	13·2	9·0
250	8·0	6·3	35·1	24·8	24·5	17·2	19·7	13·7	16·7	11·5
300	9·1	7·1	42·2	29·8	29·5	20·7	23·8	16·6	20·2	14·0
350	10 0	7·9	49·2	34·8	34·5	24·3	27·9	19·5	23·8	16 5
400	11·0	8·7	56·3	39·8	39·5	27·8	32·0	22·3	27·3	19·0
450	11·9	9·4	63 4	44·8	44·5	31·3	36·1	25·2	30·8	21·5
500	12·7	10·0	70·4	49·8	49·5	34·9	40·2	28 1	34·4	24·0
600	14·4	11·3	84·4	59·8	59·5	41·9	48·4	33·9	41 4	29·0
700	15·9	12·6	98·7	69·8	69·5	49·0	56·6	39·7	48 5	34·0
800	17·4	13·7	112·9	79·8	79·5	56·1	64·7	45 4	55·6	39·0
900	18·8	14·9	127·0	89·8	89·5	63·1	72·9	51·2	62·6	44·0
1000	20·2	16 0	141 2	99·8	99·5	70·2	81·1	57 0	69 7	49 0

II. Ueber die Tauglichkeit der Leitungsanlage in technischer Hinsicht.

(Berechnung des Spannungsverlustes und der Stromvertheilung.)

In den meisten Fällen erfordert es das praktische Bedürfnis, die Leitungen derart zu wählen, dass bei den zu erwartenden Stromstärken die Spannungsverluste in den Leitungen gewisse, durch den jeweiligen Zweck bedingte Grenzen nicht überschreiten.

Man wird daher zur Beurtheilung der Tauglichkeit einer Leitungsanlage in technischer Hinsicht vor allem den auftretenden Spannungsverlusten Aufmerksamkeit schenken müssen.

Dieselben lassen sich aber nur ermitteln, wenn man die Stromvertheilung kennt und es geht daher die Berechnung des Spannungsverlustes mit der Ermittlung der Stromvertheilung Hand in Hand.

Leitungen ohne Stromabzweigungen.

Nach dem Ohm'schen Gesetze ist der in einer Leitung vom Widerstande W, welche von der Stromstärke J durchflossen wird, auftretende Spannungsverlust ΔE durch die Formel $\Delta E = J W$ gegeben.

Wird dabei J in Ampère und W in Ohm ausgedrückt, so erhält man ΔE in Volt.

Bezeichnet L die Länge der Leitung in Metern und Q den Querschnitt derselben in Quadratmillimetern, während ω den specifischen Widerstand*) des verwendeten Leitungsmateriales ausdrückt, so ist der Widerstand der Leitung in Ohm $W = \frac{L\omega}{Q}$ und somit der auftretende Spannungsverlust $\Delta E = J \frac{L\omega}{Q}$.

---

*) Widerstand eines Drahtes vom betreffenden Leitungsmaterial in Ohm bei 1 m Länge, 1 qmm Querschnitt und bei 15° C.

Leitungen mit einzelnen Stromabzweigungen.

In allen Fällen, wo von einer Leitung Stromabzweigungen stattfinden, wie das bei den sogenannten Vertheilungsleitungen der Parallelschaltungssysteme vorkommt, ändert sich die Stromstärke in der Leitung bei jeder Stromabzweigung, und es ergibt sich dann der Spannungsverlust bis zu einer beliebigen Stelle einer solchen Leitung aus der Summe der Produkte der die einzelnen Leitertheile durchfliessenden Stromstärken mal den Widerständen der betreffenden Leitertheile, also

$$\Delta E = \Sigma [J \times W] = \Sigma J \frac{L\omega}{Q}.$$

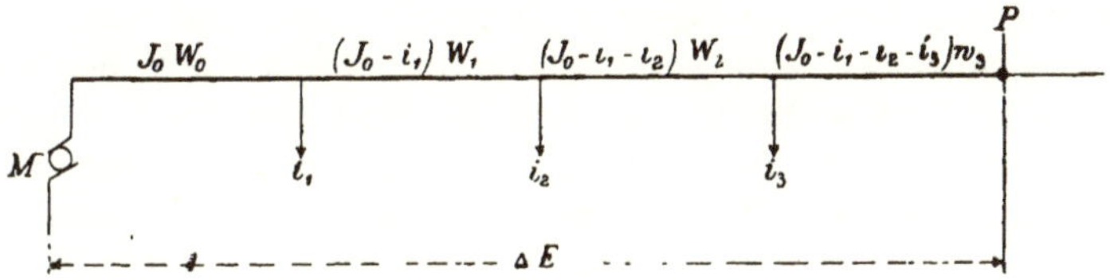

Fig. 2.

Wäre z. B. der Spannungsverlust in der in Fig. 2 dargestellten Leitung von der Maschine bei M bis zum Punkte P zu berechnen, so hat man vorerst alle die einzelnen Leitertheile durchfliessenden Stromstärken J_0, $J_0 - i_1$, $J_0 - i_1 - i_2$, ... zu bestimmen, um obige Produkte aufstellen zu können.

Der Spannungsverlust von M bis P ergibt sich dann aus folgender Gleichung:

$$\Delta E = W_0 J_0 + W_1 (J_0 - i_1) + W_2 (J_0 - i_1 - i_2) + w_3 (J_0 - i_1 - i_2 - i_3)$$

Wird dieser Ausdruck nach Produkten der Stromzu- und Stromabführungen J_0, i_1, i_2 und i_3 geordnet, so erhält man

$$\Delta E = J_0 (W_0 + W_1 + W_2 + w_3) -$$
$$- i_1 (W_1 + W_2 + w_3) - i_2 (W_2 + w_3) - i_3 w_3 \quad . \quad . \quad \text{III)}$$

Wenn es gestattet ist, für die Ausdrücke JW beziehungsweise für $J \frac{L\omega}{Q}$ die Benennung „Strommoment" einzuführen, so sagt obige Regel:

„Der Spannungsverlust von einem Punkte bis zu einer beliebigen anderen Stelle eines Leiters ist gleich der algebraischen Summe der Strommomente aller Stromzu- und Stromabführungen von jenem Punkte bis zu dieser Stelle, bezogen auf letztere."

Dieser Satz kann als Fundamentalsatz für die Berechnung der Spannungsverluste gelten und wird in allen Fällen vortheilhaft Anwendung finden können.

Leitungen mit gleichmässig vertheilter Stromabgabe.

Wenn die in Fig. 2 dargestellte Leitung nicht einzelne Stromabzweigungen, sondern eine über die ganze Länge der Leitung gleichmässig vertheilte Stromabgabe zu besorgen hat, welche pro laufenden Meter α Ampère beträgt, und wenn der Querschnitt der Leitung mit Q und der specifische Widerstand derselben mit ω bezeichnet wird, so lässt sich nach obigem Fundamentalsatze der in der Entfernung x von M auftretende Spannungsverlust ΔE wie folgt darstellen:

$$\Delta E = J_0 \frac{x\omega}{Q} - \int_0^x \frac{x\omega}{Q} \alpha \, dx = J_0 \frac{x\omega}{Q} - \frac{1}{2} \alpha \frac{x^2\omega}{Q} \quad . \; . \; . \quad 10)$$

wobei J_0 die der Leitung im Punkte M zugeführte Stromstärke ist.

Man erkennt in der Gleichung 10 die Gleichung einer Parabel, welche durch den Ursprung geht, und deren Achse parallel zur Ordinatenachse ist.

Bezeichnet man mit L die Länge der ganzen von M aus gespeisten Leitung, auf welcher die Stromstärke J_0 in gleichmässiger Vertheilung entnommen wird, so ist $J_0 = \alpha L$, und es erhält obige Gleichung 10 die Form

$$\Delta E = \frac{\alpha\omega}{Q} \left[L x - \frac{1}{2} x^2 \right].$$

ΔE wird ein Maximum für $x = L$, also am Ende der Leitung und erhält den Werth:

$$\Delta E_{max} = \frac{1}{2} \frac{\alpha\omega}{Q} L^2 \quad . \; . \; . \; . \; . \; . \; . \quad 11)$$

Ist der maximale Spannungsverlust ΔE_{max}, welcher in einer gleichmässig belasteten Leitung auftreten darf, gegeben, so kann man den Leitungsquerschnitt derselben nach folgender Gleichung berechnen

$$Q = \frac{1}{2} \frac{a\omega}{\varDelta E_{max}} L^2 \quad . \quad . \quad . \quad . \quad . \quad . \quad 11a)$$

Leitungen mit Stromzuführung von zwei Seiten bei gleichem Potential (geschlossene Leitungen).

Komplicirter werden die Verhältnisse, wenn die Stromzuführung von zwei Seiten stattfindet, wie dies z. B. bei der in Fig. 3 dargestellten Anordnung der Fall ist.

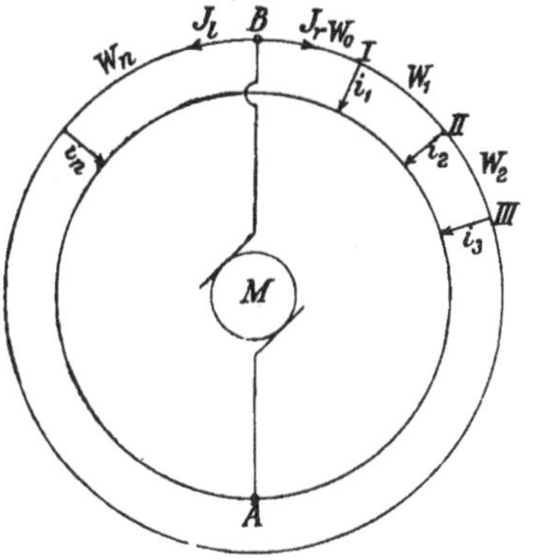

Fig. 3.

Die Bestimmung der in den einzelnen Querschnitten fliessenden Stromstärken kann hier erst nach Wahl der einzelnen Querschnitte, resp. deren Verhältnis zu einander und nach Auflösung einer Gleichung mit zwei Unbekannten geschehen. Dabei hat man von folgender Betrachtung auszugehen: An einem gewissen Punkte der Leitung müssen die von links und die von rechts zugeführten Ströme zusammenkommen und müssen daselbst die in dem rechten und die in dem linken Leitungstheile auftretenden Spannungsverluste einander gleich sein, d. h. es muss die Gleichung bestehen:

$$\Sigma \varDelta e_l = \Sigma \varDelta e_r \ .$$

Nennt man die von B nach rechts fliessenden Stromstärken J_r, dagegen die nach links strömenden J_l, so kann man schreiben

$$\Sigma J_l W_l = \Sigma J_r W_r \ .$$

Bezeichnet man die einzelnen, im Sinne der Uhr von B aus folgenden Stromabzweigungen fortlaufend mit i_1, i_2, i_3 .... i_n und die Widerstände der einzelnen Leitertheile entsprechend mit W_0, W_1, W_2 ..... W_n, so lässt sich obige Gleichung wie folgt schreiben:

$$J_r W_0 + (J_r - i_1) W_1 + (J_r - i_1 - i_2) W_2 + \ldots\ldots$$
$$= J_l W_n + (J_l - i_n) W_{n-1} + \ldots\ldots$$

Aus dieser Gleichung und der zweiten Bedingung, dass

$$J_r + J_l = i_1 + i_2 + i_3 + \ldots\ldots + i_n$$

ist, müssen erst die beiden Unbekannten J_r und J_l berechnet werden, um sodann an die Ermittlung des Spannungsverlustes an irgend einem Punkte schreiten zu können. Es ist

$$J_l = i_1 + i_2 + \ldots\ldots + i_n - J_r,$$

so dass sich obige Gleichung wie folgt schreiben lässt:

$$J_r W_0 + (J_r - i_1) W_1 + (J_r - i_1 - i_2) W_2 + \ldots\ldots$$
$$= - (J_r - i_1 - i_2 - \ldots\ldots - i_n) W_n -$$
$$- (J_r - i_1 - i_2 - \ldots\ldots - i_{n-1}) W_{n-1} - \ldots\ldots$$

Wird dieselbe nach Produkten von J_r und i geordnet, so ergibt sich

$$J_r (W_0 + W_1 + W_2 + \ldots\ldots + W_{n-1} + W_n) -$$
$$- i_1 (W_1 + W_2 + W_3 + \ldots\ldots + W_{n-1} + W_n) -$$
$$- i_2 (W_2 + W_3 + \ldots\ldots + W_n) - i_3 (W_3 + \ldots\ldots + W_n) - \ldots\ldots$$
$$- i_{n-1} (W_{n-1} + W_n) - i_n W_n = 0.$$

Ebenso hätte man erhalten können

$$J_l (W_n + W_{n-1} + \ldots\ldots + W_2 + W_1 + W_0) -$$
$$- i_n (W_{n-1} + \ldots\ldots + W_2 + W_1 + W_0) - \ldots\ldots - i_3 (W_2 + W_1 + W_0) -$$
$$- i_2 (W_1 + W_0) - i_1 W_0 = 0.$$

Diese Gleichungen hätten sich ohneweiters aus dem Fundamentalsatze ergeben, da von B bis B, also in demselben Punkte, offenbar kein Spannungsverlust auftreten kann, und daher auch die algebraische Summe aller Stromzu- und Stromabführungen von B bis B ebenfalls Null sein muss.

Aus diesen Gleichungen kann man J_r und J_l wie folgt bestimmen:

$$J_r = i_n \frac{W_n}{\Sigma W} + i_{n-1} \frac{W_n + W_{n-1}}{\Sigma W} + \ldots + i_2 \frac{W_n + W_{n-1} + \ldots + W_2}{\Sigma W} +$$

$$+ i_1 \frac{W_n + W_{n-1} + \ldots\ldots + W_3 + W_2 + W_1}{\Sigma W} \quad . \; . \; . \; 12)$$

$$J_l = i_1 \frac{W_0}{\Sigma W} + i_2 \frac{W_0 + W_1}{\Sigma W} + \ldots + i_{n-1} \frac{W_0 + W_1 + \ldots + W_{n-3} + W_{n-2}}{\Sigma W} +$$

$$+ i_n \frac{W_0 + W_1 \ldots\ldots + W_{n-2} + W_{n-1}}{\Sigma W} \quad . \; . \; . \; 12a)$$

wobei $\Sigma W = W_0 + W_1 + \ldots\ldots + W_{n-1} + W_n$, also den Widerstand der ganzen Leitung darstellt. Man ersieht daraus, dass sich die zuzuführenden Stromstärken J_r und J_l als eine Summe von Theilströmen der einzelnen Stromabzweigungen ergeben, welche Theilströme sich zu den betreffenden Stromabzweigungen wie der Widerstand des einen Leitungsarmes zu jenem der ganzen Leitung verhalten.

So kann man sich die Stromstärke i_1 in die beiden Theilströme $i_1 \frac{W_n + W_{n-1} + \ldots + W_2 + W_1}{\Sigma W}$ und $i_1 \frac{W_0}{\Sigma W}$, deren Summe natürlich i_1 beträgt, zerlegt denken, von welchen der erste Theilstrom über W_0, der zweite über $W_n, W_{n-1} \ldots\ldots W_2$ und W_1 dem Punkte I zufliesst.

Um daher in einer solchen geschlossenen Leitung die von den beiden Seiten zuzuführenden Stromstärken zu ermitteln, hat man für die einzelnen Stromabzweigungen nur diese Theilströme zu bestimmen und die zusammengehörigen Theilströme aller Stromabzweigungen zu addiren.*)

Nachdem die Stromvertheilung ermittelt ist, ergibt sich der Spannungsverlust von dem Punkte B bis zu einer beliebigen Stelle, z. B. II, wie folgt:

$$\Delta E_{II} = J_r W_0 + (J_r - i_1) W_1, \text{ beziehungsweise}$$

$$\Delta E_{II} = J_l W_n + (J_l - i_n) W_{n-1} + (J_l - i_n - i_{n-1}) W_{n-2} + \ldots\ldots$$

$$\ldots\ldots + (J_l - i_n - i_{n-1} - \ldots\ldots - i_3) W_2.$$

*) Vergl. auch J. Herzog, Elektrotechn. Zeitschrift 1893, Seite 10

Ordnet man diese Gleichungen nach Produkten von J, beziehungsweise i, so erhält man

$$\Delta E_{II} = J_r (W_0 + W_1) - i_1 W_1 \quad \text{13)}$$

$$\Delta E_{II} = J_l (W_n + W_{n-1} + W_{n-2} + \ldots + W_3 + W_2) -$$

$$- i_n (W_{n-1} + W_{n-2} + \ldots + W_3 + W_2) - \ldots - i_3 W_2 \quad \text{13a)}$$

Es ist also der Spannungsverlust von B bis II gleich der algebraischen Summe der Strommomente aller Stromzu- und Stromabführungen von B bis II und zwar gleichgiltig, ob man rechts- oder linksherum geht.

Diese Gleichungen stimmen mit obigem Fundamentalsatze vollkommen überein und hätten sich bei Anwendung desselben unmittelbar ergeben müssen.

Die in Fig. 3 dargestellte geschlossene Kreisleitung verhält sich genau so, wie eine ausgestreckte Leitung, Fig. 4, an deren beiden Enden B_1 und B_2 das Potential durch Stromzuführung auf gleicher Höhe konstant erhalten wird, indem dann diese beiden Endpunkte B_1 und B_2 vom elektrischen Standpunkte wie ein gemeinsamer Punkt B (koïncident) anzusehen sind.

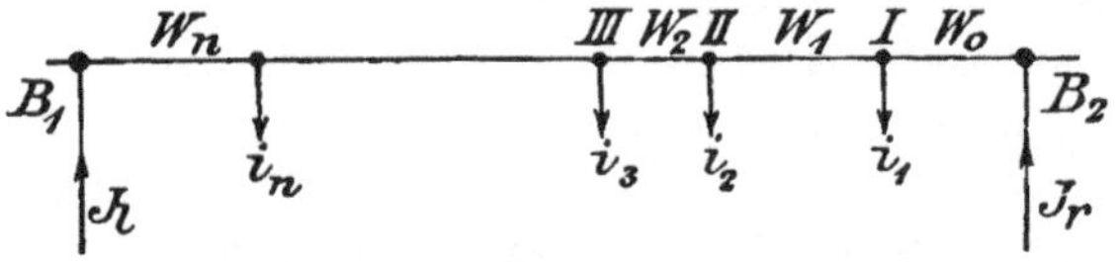

Fig. 4.

Eine solche Leitung wird daher eine geschlossene Leitung benannt im Gegensatze zu den offenen Leitungen, welche nur von einer Seite Stromzuleitung erhalten. Die Stromvertheilung, sowie die auftretenden Spannungsverluste werden genau wie oben berechnet.

Leitungen mit Stromzuführung von zwei Seiten bei ungleichem Potential.

Wenn das Potential in dem Punkte B_1 nicht auf derselben Höhe erhalten wird wie in B_2, sondern um die Spannung V höher ist, als in B_2, so kann nach dem Fundamentalsatze folgende Gleichung aufgestellt werden:

$$V = J_l' \Sigma W - i_n (W_0 + W_1 + \ldots + W_{n-2} + W_{n-1}) -$$

$$i_{n-1} (W_0 + W_1 + \ldots + W_{n-2}) - i_2 (W_0 + W_1) - i_1 W_0.$$

Setzt man hierin $V = J\,\Sigma W$, wobei J jenen Strom darstellt, welcher zufolge des Spannungsunterschiedes V zwischen B_1 und B_2 auftreten müsste, wenn gar keine Abzweigungen vorhanden wären, so erhält man

$$J'_l = J + i_1 \frac{W_0}{\Sigma W} + i_2 \frac{W_0 + W_1}{\Sigma W} + \ldots + i_{n-1} \frac{W_0 + W_1 + \ldots + W_{n-3} + W_{n-2}}{\Sigma W}$$

$$+ i_n \frac{W_0 + W_1 + \ldots\ldots + W_{n-2} + W_{n-1}}{\Sigma W} \quad \ldots\ldots \quad 14)$$

beziehungsweise $J'_l = J + J_l$ wobei J_l die im Punkte B_1 zuzuführende Stromstärke bedeutet, wenn die beiden Punkte B_1 und B_2 auf dem gleichen Potential erhalten werden.

Auf gleiche Weise erhält man

$$J'_r = -J + i_n \frac{W_n}{\Sigma W} + i_{n-1} \frac{W_n + W_{n-1}}{\Sigma W} + \ldots\ldots + i_2 \frac{W_n + \ldots + W_2}{\Sigma W} +$$

$$+ i_1 \frac{W_n + \ldots\ldots + W_1}{\Sigma W} \quad \ldots\ldots\ldots \quad 14a)$$

beziehungsweise

$$J'_r = -J + J_r.$$

Hiernach vertheilen sich die Stromabzweigungen mit ihren Theilströmen in derselben Weise auf die beiden Punkte B_1 und B_2, ob dieselben auf gleichem Potential erhalten werden oder einen Spannungsunterschied aufweisen, und man erhält die den beiden Punkten B_1 und B_2 zuzuführenden Stromstärken aus der Summe der betreffenden Theilströme der Stromabzweigungen, vermehrt oder vermindert um jenen Strom $J = \frac{V}{\Sigma W}$, welcher dem Potentialgefälle zwischen beiden Punkten entspricht.

Der Spannungsunterschied vom Punkte B_2 bis zum Punkte II (Fig. 4) ergibt sich analog wie früher gemäss dem Fundamentalsatze

$$\Delta E'_{II} = J'_r\,(W_0 + W_1) - i_1\,W_1$$

und wenn man $J'_r = J_r - J$ einsetzt,

$$\Delta E'_{II} = J_r\,(W_0 + W_1) - J\,(W_0 + W_1) - i_1\,W_1 = \Delta E_{II} - J\,(W_0 + W_1) \quad 15)$$

also entsprechend der Stromstärke J abweichend von jener Grösse, welche er bei gleichem Potential der Punkte B haben würde.

Leitungen mit mehrfacher Stromzu- und Stromableitung.

Allgemeiner als der eben behandelte ist der in Figur 5 dargestellte Fall, wo es sich um die in dem Mittelleiter einer Dreileiteranlage auftretenden Spannungsunterschiede handelt.

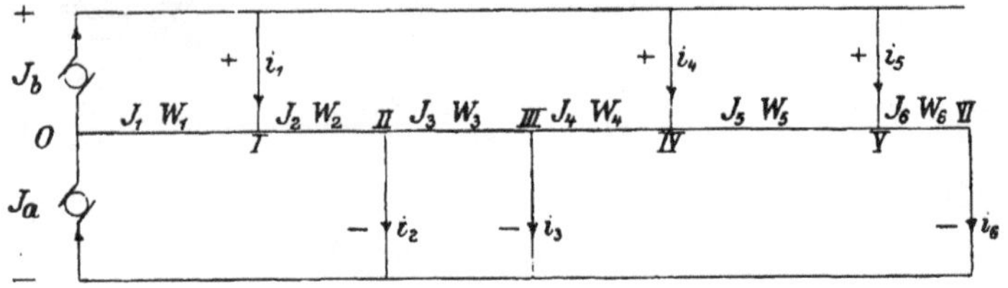

Fig. 5.

Von der Stromquelle ausgehend, sind die einzelnen Stromzu- und Stromableitungen fortlaufend mit i_1, i_2, i_3 ..... bezeichnet, und es sollen die vom positiven Pol zum Mittelleiter fliessenden Zuleitungen als $+$ und die vom Ausgleichsleiter zum negativen Pol fliessenden Ableitungen als — betrachtet werden.

Die Widerstände der Leitertheile zwischen den einzelnen Stromzu- und Stromableitungen seien W_1, W_2, W_3, ... und können aus der Länge L, dem Querschnitt Q und dem specifischen Widerstand ω des betreffenden Leitertheiles berechnet werden.

Die in diesen Leitertheilen fliessenden Stromstärken seien mit J_1, J_2, J_3 ..... bezeichnet und müssen die von der Stromquelle entfernteren Stromzu- und Stromableitungen stets zu Null ergänzen. Demnach ist

$$J_6 = + i_6$$
$$J_5 = i_6 - i_5$$
$$J_4 = i_6 - i_5 - i_4$$
$$J_3 = i_6 - i_5 - i_4 + i_3$$
$$J_2 = i_6 - i_5 - i_4 - i_3 + i_2$$
$$J_1 = i_6 - i_5 - i_4 + i_3 + i_2 - i_1$$

Die beiden Stromquellen müssen die Stromstärken J_a und J_b leisten, und zwar ist

$$J_a = i_2 + i_3 + i_6 \text{ und } J_b = i_1 + i_4 + i_5$$

und deren Differenz

$$J_a - J_b = i_6 - i_5 - i_4 + i_3 + i_2 - i_1 = J_1.$$

Der Spannungsverlust von 0 bis zu irgend einer Stelle der Leitung, z. B. bei III, ergibt sich aus der Summe der Produkte der Stromstärken J_1, J_2 und J_3 mit den bezüglichen Widerständen W_1, W_2, W_3 wie folgt:

$$\Delta E_{III} = J_1 W_1 + J_2 W_2 + J_3 W_3;$$

setzt man für $J_2 = J_1 + i_1$ und für $J_3 = J_1 + i_1 - i_2$ ein, so ergibt sich

$$\Delta E_{III} = J_1 W_1 + J_1 W_2 + i_1 W_2 + J_1 W_3 + i_1 W_3 - i_2 W_3$$

und hieraus durch Ordnung nach J_1, i_1 und i_2

$$\Delta E_{III} = J_1 (W_1 + W_2 + W_3) + i_1 (W_2 + W_3) - i_2 W_3;$$

da $J_1 = J_a - J_b$ ist, folgt

$$\Delta E_{III} = J_a (W_1 + W_2 + W_3) - J_b (W_1 + W_2 + W_3) + \\ + i_1 (W_2 + W_3) - i_2 W_3. \quad \ldots \ldots \quad 16)$$

Bei richtiger Benutzung des Fundamentalsatzes hätte man diese Gleichung ohneweiters niederschreiben können, indem danach ΔE_{III} die algebraische Summe der Strommomente aller Stromzu- und Stromabführungen von 0 bis III ist.

Noch allgemeiner wird der Fall, wenn man auf irgend eine Weise die Spannung im Punkte V jener im Punkte 0 gleich halten würde, beispielsweise dadurch, dass man ebenso wie in 0 auch in V einen automatischen Spannungsausgleich beider Gruppen herbeiführt.

Es würde dann im Punkte V eine Stromstärke i_5' hinzutreten müssen, welche positiv oder negativ oder auch Null sein kann, und es würden sich die anderen Stromstärken J_a, J_b, J_1, J_2, J_3, J_4 und J_5 entsprechend ändern müssen.

Nach dem Fundamentalsatze muss alsdann zwischen 0 und V, da zwischen denselben keine Spannungsdifferenz herrscht, die Summe der Strommomente der zufliessenden und abfliessenden Stromstärken gleich Null sein, gleichgiltig, ob die Strommomente auf den Punkt 0 oder auf den Punkt V bezogen werden. Demnach ist es leicht, für diesen Fall i_5' und J_1 zu berechnen.

Es ergibt sich nämlich i_5' aus der Summe der auf den Punkt 0 bezogenen Strommomente wie folgt:

$$i_1 W_1 - i_2 (W_1 + W_2) - i_3 (W_1 + W_2 + W_3) + i_4 (W_1 + W_2 + W_3 + W_4) + \\ + (i_5 - i_6 + i_5')(W_1 + W_2 + W_3 + W_4 + W_5) = 0$$

und daraus

$$i_5' = \frac{-i_1 W_1 + i_2 (W_1 + W_2) + i_3 (W_1 + W_2 + W_3) -}{W_1 + W_2 + W_3 + W_4 + W_5}$$

$$\frac{-i_4 (W_1 + W_2 + W_3 + W_4) - (i_5 - i_6)(W_1 + W_2 + W_3 + W_4 + W_5)}{W_1 + W_2 + W_3 + W_4 + W_5}.$$

Ebenso hätte man aus der Summe der auf den Punkt V bezogenen Strommomente erhalten

$$J_1 = \frac{-i_4 W_5 + i_3 (W_4 + W_5) + i_2 (W_3 + W_4 + W_5) - i_1 (W_2 + W_3 + W_4 + W_5)}{W_1 + W_2 + W_3 + W_4 + W_5}.$$

Selbstverständlich muss die Summe von $i_5' + J_1$ gleich der algebraischen Summe aller anderen Stromstärken sein, jedoch entgegengesetztes Zeichen haben, was sich auch durch Addition der letzten zwei Gleichungen ergibt, indem

$$i_5' + J_1 = -i_1 + i_2 + i_3 - i_4 - i_5 + i_6$$

ist. Nach Ermittlung der Stromstärken i_5' und J_1 lassen sich die anderen Stromstärken in den einzelnen Theilen des Leiters ebenso wie die Spannungsverluste bis zu irgend einem Punkte desselben wie früher berechnen.

Leitungsnetze mit Stromzu- und Stromableitungen.

Die komplicirtesten Leitungsnetze beim Parallelschaltungssystem lassen sich stets in einzelne untereinander bei den Speisepunkten zusammenhängende Theile zerlegen, welche entweder einen einzelnen Strang, wie in Fig. 5, oder eine drei- oder mehrtheilige Verzweigung, wie in Fig. 6, oder endlich vollständige Maschen, wie in Fig. 7 darstellen.

Als Beispiel über die Berechnung einer Verzweigung soll nachstehend die in der Fig. 6 dargestellte Anordnung behandelt werden.

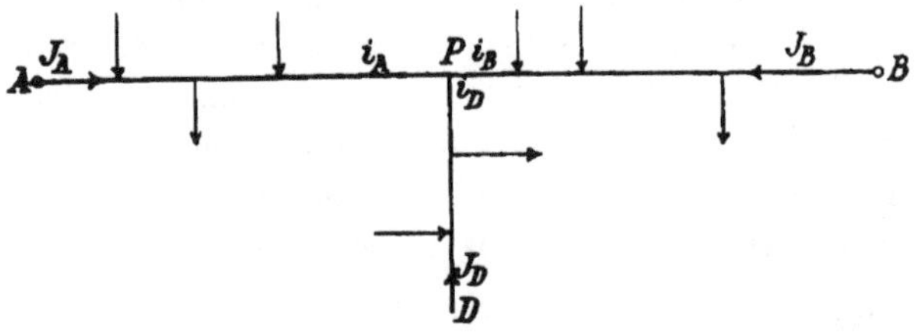

Fig. 6.

In den Punkten A, B und D wird das Potential gleich erhalten; die von denselben ausgehenden Leitungen vereinigen sich im Punkte P. Die Stromzu- und Stromableitungen zwischen A, B und D sind durch Pfeile angedeutet.

Wie aus der Zeichnung ersichtlich, wurde angenommen, dass im Punkte P von A, B und D die Stromstärken i_A, i_B und i_D zu- beziehungsweise abfliessen, deren algebraische Summe selbstverständlich gleich Null sein muss. $i_A + i_B + i_D = 0$. Da der Punkt P allen drei Leitungen gemeinsam ist, muss die Spannungsdifferenz desselben gegen A, B und D gleich sein, und es muss daher auch die Summe der Strommomente aller drei Leitungen, bezogen auf A, B, beziehungsweise D, einander gleich sein.

Bezeichnet man die Summe der Strommomente von A bis P, bezogen auf A mit Σ_A^P i W und die übrigen analog mit Σ_B^P i W und Σ_D^P iW, wobei jener Punkt, auf den die Strommomente bezogen sind, unten angegeben ist, so besteht die Gleichung

$$\Sigma_A^P iW = \Sigma_B^P iW = \Sigma_D^P iW.$$

Scheidet man in diesen Summen das Strommoment der noch unbekannten Ströme i_A, i_B und i_D von jenen der gegebenen Stromzu- und Stromableitungen i_1, i_2, i_3 . . . . ., so erhält man diese Gleichung in der Form

$$i_A \Sigma_A^P W + \Sigma_A^{P-1} iW = i_B \Sigma_B^P W + \Sigma_B^{P-1} iW =$$

$$= i_D \Sigma_D^P W + \Sigma_D^{P-1} iW;$$

daraus kann man i_A und i_D als Funktionen von i_B und i ableiten, und zwar

$$i_A = \frac{i_B \Sigma_B^P W + \Sigma_B^{P-1} iW - \Sigma_A^{P-1} iW}{\Sigma_A^P W}$$

und

$$i_D = \frac{i_B \Sigma_B^P W + \Sigma_B^{P-1} iW - \Sigma_D^{P-1} iW}{\Sigma_D^P W}.$$

Nach Vorhergehendem ist $i_A + i_D = - i_B$ und somit

$$- i_B = \frac{i_B \sum_B^P W + \sum_B^{P-1} iW - \sum_A^{P-1} iW}{\sum_A^P W} +$$

$$+ \frac{i_B \sum_B^P W + \sum_B^{P-1} iW - \sum_D^{P-1} iW}{\sum_D^P W}.$$

Durch Multiplikation mit $\sum_A^P W \times \sum_D^P W$ ergibt sich

$$- i_B \left[\sum_A^P W . \sum_D^P W . + \sum_B^P W . \sum_D^P W + \sum_B^P W . \sum_A^P W\right] =$$

$$= \sum_B^{P-1} iW . \sum_D^P W - \sum_A^{P-1} iW . \sum_D^P W + \sum_B^{P-1} iW . \sum_A^P W -$$

$$- \sum_D^{P-1} iW . \sum_A^P W$$

und daraus

$$i_B = - \frac{\sum_A^P W \left[\sum_D^{P-1} iW - \sum_B^{P-1} iW\right] + \sum_D^P W \left[\sum_A^{P-1} iW - \sum_B^{P-1} iW\right]}{\sum_A^P W \sum_B^P W + \sum_A^P W . \sum_D^P W + \sum_B^P W . \sum_D^P W}; \quad 17a)$$

ebenso hätte man erhalten

$$i_A = \frac{\sum_B^P W \left[\sum_D^{P-1} iW - \sum_A^{P-1} iW\right] + \sum_D^P W \left[\sum_B^{P-1} iW - \sum_A^{P-1} iW\right]}{\sum_A^P W . \sum_B^P W + \sum_A^P W . \sum_D^P W + \sum_B^P W . \sum_D^P W}, \quad 17b)$$

und endlich

$$i_D = \frac{\sum_A^P W \left[\sum_B^{P-1} iW - \sum_D^{P-1} iW\right] + \sum_B^P W \left[\sum_A^{P-1} iW - \sum_D^{P-1} iW\right]}{\sum_A^P W . \sum_B^P W + \sum_A^P W . \sum_D^P W + \sum_B^P W . \sum_D^P W}. \quad 17c)$$

Nach Ermittlung der Werthe für i_A, i_B und i_D kann man aus diesen und den gegebenen zu- und abfliessenden Stromstärken ohneweiters die Stromstärken J_A, J_B und J_D ermitteln, indem dieselben wie früher gleich sind der algebraischen Summe aller zu- und abfliessenden Stromstärken zwischen den Punkten A. beziehungsweise B oder D und dem Punkte P. Ebenso kann man genau wie früher die Spannungsdifferenz irgend eines Punktes gegen die Punkte A, B und D aus der Summe der Strommomente ermitteln.

Die Rechnung gestaltet sich einfacher und übersichtlicher, wenn man zuerst annimmt, es werde das Potential im Punkte P durch Stromzuführung gleich jenem in den Punkten A, B und D erhalten, und nun ermittelt, welche Stromstärken sodann den Punkten A, B, D und P zugeführt werden müssten, indem man wie früher die Summen der auf diese Punkte entfallenden Theilströme aller drei Leitungstheile ermittelt.

Die so gefundenen den Punkten A, B, D und P zuzuführenden Stromstärken seien mit A, B, D und P bezeichnet. Da jedoch im Punkte P in Wirklichkeit keine Stromzuführung erfolgt, ist diese Stromstärke auf die drei Punkte A, B und D im umgekehrten Verhältnisse zu dem Widerstande der Leitungstheile zu vertheilen, so dass $P_A \cdot \Sigma_P^A W = P_B \, \Sigma_P^B W = P_D \, \Sigma_P^D W$ ist, wobei $P_A + P_B + P_D = P$ jene Theilströme von P sind, welche auf die gleichnamigen Punkte entfallen.

Addirt man diese Theilströme zu jenen A, B und D, welche sich früher für diese Punkte ergeben haben, so erhält man aus $P_A + A = J_A$; $P_B + B = J_B$; $P_D + D = J_D$; die in den Punkten A, B und D wirklich zuzuführenden Stromstärken J_A, J_B und J_D und somit die ganze Stromvertheilung, wonach die Spannungsverluste leicht berechnet werden können.

Dasselbe Verfahren lässt sich auch auf vollständige Maschen mit Vortheil anwenden, und es soll nachstehend die in Fig. 7 dargestellte Anordnung hiernach als Zahlenbeispiel behandelt werden.

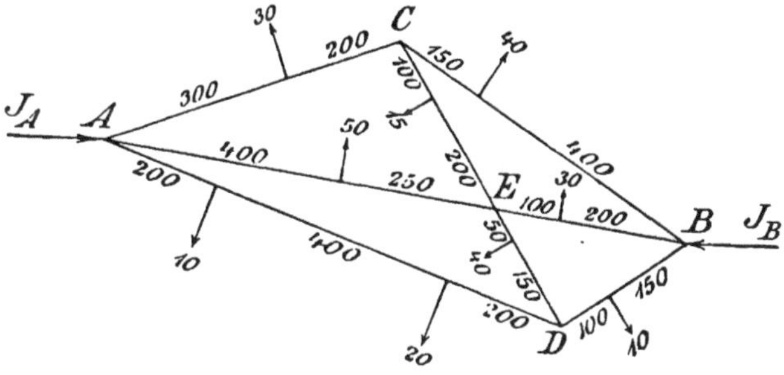

Fig. 7.

In den Punkten A und B werde das Potential auf gleicher Höhe erhalten, und es ist zu ermitteln, welche Stromstärken

J_A und J_B daselbst zuzuführen sind, und wie sich dieselben in dem gezeichneten Netze mit den durch Pfeile angedeuteten Stromabgaben vertheilen. Die Querschnitte der Leitungen seien vorläufig noch unbestimmt, jedoch sollen sämmtliche Leitungen von gleichem Querschnitte gewählt werden, so dass die bei den einzelnen Leitungsabschnitten eingeschriebenen Längen in Metern den Widerständen derselben proportional sind.

Die bei den durch Pfeile angedeuteten Stromabzweigungen beigesetzten Zahlen bedeuten die daselbst abzweigenden Stromstärken in Ampère.

Um die Stromvertheilung in diesem Leitungsnetze zu ermitteln, werde vorerst angenommen, dass sämmtliche Knotenpunkte, also auch die Punkte C, D und E gespeist, und auf gleichem Potential mit den Punkten A und B erhalten werden. Es ergeben sich dann die Belastungen der Knotenpunkte durch Zerlegung der Abzweigungen in ihre Theilströme, wie folgt:

$$\text{von A nach}\left|\begin{array}{l} C \;\; 30\,\frac{200}{500} = 12 \\[2mm] E \;\; 50\,\frac{250}{650} = 19{\cdot}23 \\[2mm] D \;\; 10\,\frac{600}{800} + 20\,\frac{200}{800} = 12{\cdot}5 \end{array}\right\} \text{zusammen } 43{\cdot}73^{A}$$

$$\text{von C nach}\left|\begin{array}{l} A \;\; 30\,\frac{300}{500} = 18 \\[2mm] E \;\; 15\,\frac{200}{300} = 10 \\[2mm] B \;\; 40\,\frac{400}{550} = 29{\cdot}1 \end{array}\right\} \text{zusammen } 57{\cdot}1^{A}$$

$$\text{von E nach}\left|\begin{array}{l} A \;\; 50\,\frac{400}{650} = 30{\cdot}77 \\[2mm] C \;\; 15\,\frac{100}{300} = 5 \\[2mm] D \;\; 40\,\frac{150}{200} = 30 \\[2mm] B \;\; 30\,\frac{200}{300} = 20 \end{array}\right\} \text{zusammen } 85{\cdot}77^{A}$$

$$\text{von D nach}\left\{\begin{array}{ll} \text{A} & 20\,\frac{600}{800}+10\,\frac{200}{800}=17{\cdot}5 \\ \text{E} & 40\,\frac{50}{200}=10 \\ \text{B} & 10\,\frac{150}{250}=6 \end{array}\right\}\text{zusammen } 33{\cdot}5^{A}$$

$$\text{von B nach}\left\{\begin{array}{ll} \text{C} & 40\,\frac{150}{550}=10{\cdot}9 \\ \text{E} & 30\,\frac{100}{300}=10 \\ \text{D} & 10\,\frac{100}{250}=4 \end{array}\right\}\text{zusammen } 24{\cdot}9^{A}$$

Wenn nunmehr die Punkte C und D nicht mehr gespeist angenommen werden, jedoch die Speisung im Punkte E beibehalten wird, so sind die Stromstärken von C und D, nämlich $57{\cdot}1^{A}$ und $33{\cdot}5^{A}$, im umgekehrten Verhältnisse der Widerstände in den Leitungen zu A, B und E auf diese Punkte zu vertheilen. Bezeichnet man mit i_{AC}, i_{EC}, i_{BC} und i_{AD}, i_{ED}, i_{BD} die hiernach auf die Punkte A, E und B entfallenden, von C bezw. D übernommenen Stromstärken, so kann man schreiben

$$571 = i_{AC} + i_{EC} + i_{BC} \text{ und}$$
$$i_{AC} \cdot 500 = i_{EC} \cdot 300 = i_{BC} \cdot 550,$$

beziehungsweise

$$33{\cdot}5 = i_{AD} + i_{ED} + i_{BD} \text{ und}$$
$$i_{AD} \cdot 800 = i_{ED} \cdot 200 = i_{BD} \cdot 250.$$

Hieraus ergibt sich:

$$\begin{array}{lll} i_{AC} = 15{\cdot}97 & i_{AD} = 4{\cdot}08 & i_{AC} + i_{AD} = 20{\cdot}05 \\ i_{EC} = 26{\cdot}61 & i_{ED} = 16{\cdot}34 & i_{EC} + i_{ED} = 42{\cdot}95 \\ i_{BC} = \underline{14{\cdot}52} & i_{BC} = \underline{13{\cdot}08} & i_{BC} + i_{BD} = 27{\cdot}60 \\ \phantom{i_{BC} =} 57{\cdot}1 & \phantom{i_{BC} =} 33{\cdot}5 & \end{array}$$

Die Belastung der gespeisten Punkte A, E, B wäre sodann

$$\begin{array}{l} \text{in A } 43{\cdot}73 + 20{\cdot}05 = 63{\cdot}78 \\ \text{in E } 85{\cdot}77 + 42{\cdot}95 = 128{\cdot}72 \\ \text{in B } 24{\cdot}9 + 27{\cdot}60 = 52{\cdot}50 \end{array}$$

Wird endlich auch die Speisung im Punkte E aufgelassen, so muss die Belastung dieses Punktes auf die beiden Punkte

A und B entsprechend den Widerständen der Verbindungsleitungen vertheilt werden.

Zur Vereinfachung dieser Aufgabe denken wir uns die Leitungen B C, beziehungsweise AD um C beziehungsweise D gedreht, so dass der Punkt B auf A und A auf B zu liegen kommt (Fig. 8).

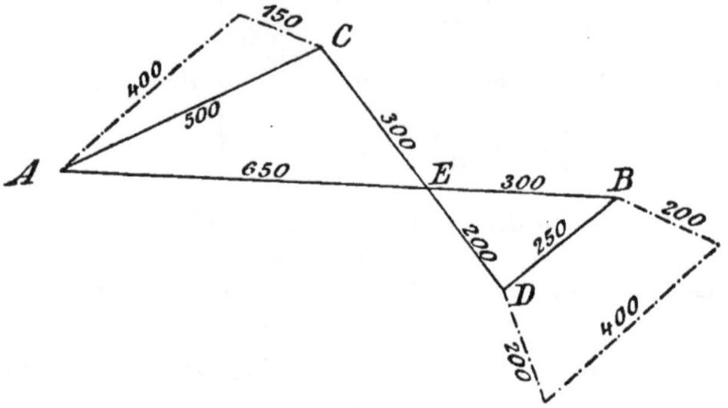

Fig. 8.

Es ergeben sich somit 4 Leitungsverbindungen von E nach A und B und zwar zwei einfache und zwei verzweigte. Der Widerstand der Verzweigungen ergibt sich nach der bekannten Regel $\frac{1}{W} = \frac{1}{W_1} + \frac{1}{W_2}$ beziehungsweise $W = \frac{W_1 W_2}{W_1 + W_2}$, und man kann daher schreiben

$$J_{AE} \cdot 650 = J_{CE}\left(300 + \frac{500 \cdot 550}{500 + 550}\right) = J_{BE} \cdot 300 = J_{DE}\left(200 + \frac{250.800}{250 + 800}\right)$$

und $J_{AE} + J_{CE} + J_{BE} + J_{DE} = 128{\cdot}72^A$, woraus sich folgende Werthe für die einzelnen Ströme ergeben:

$$J_{AE} = 21{\cdot}5,\ J_{BE} = 46{\cdot}6,\ J_{CE} = 24{\cdot}82,\ J_{DE} = 35{\cdot}8$$

Wenn man sich die Leitungen CB bezw. DA wieder zurückgelegt denkt, so vertheilen sich die letzten Ströme J_{CE} und J_{DE} auf die Punkte A und B im umgekehrten Verhältnisse zu den Widerständen der verzweigten Leitungswege und zwar in

$$J_{ACE} = 13,\ J_{BCE} = 11{\cdot}82,\ J_{ADE} = 8{\cdot}52,\ J_{BDE} = 27{\cdot}28$$

welche Werthe aus den Gleichungen

$$J_{ACE} \cdot 500 = J_{BCE} \cdot 550, \text{ und } J_{ACE} + J_{BCE} = J_{CE} = 24{\cdot}82 \text{ bezw.}$$

$$J_{ADE} \cdot 800 = J_{BDE} \cdot 250, \text{ und } J_{ADE} + J_{BDE} = J_{DE} = 35{\cdot}8$$

ermittelt wurden.

Die Belastungen in den beiden gespeisten Punkten sind sodann

in A nach	C	12	+ 15·97	+ 13	= 40·97	zusammen 106·8^{A}
	E	19·23	+ —	+ 21·5	= 40·73	
	D	12·5	+ 4·08	+ 8·52	= 25·10	
in B nach	C	10·9	+ 14·52	+ 11·82	= 37·24	zusammen 138·2^{A}
	E	10·	+ —	+ 46·6	= 56·6	
	D	4	+ 13·08	+ 27·28	= 44·36	

Nunmehr kann man alle übrigen Stromstärken, sowie auch nach Wahl eines Leitungsquerschnittes die auftretenden Spannungsunterschiede leicht berechnen.

Durch diese Berechnungsweise erhält man gleichzeitig Einblick über die Veränderungen, welche sich ergeben, wenn die Zahl der Speisepunkte eines Netzes vermehrt oder vermindert wird, was bei Behandlung der in der Praxis vorkommenden Fälle häufig von Vortheil ist.

Viel klarer wird jedoch der Einblick in die Verhältnisse bei der graphischen Untersuchung der Fälle, welche später eingehende Behandlung finden wird.

Ausgleichsleitungen.

Die bisher durchgeführten Untersuchungen von Vertheilungsleitungen sind zum grössten Theil auf der Annahme begründet, dass an bestimmten Punkten derselben die Spannung gleich und konstant erhalten wird.

Da die hierzu nothwendigen Regulirungseinrichtungen sowohl kostspielig als auch umständlich sind, sucht man dieselben dadurch zu vermeiden, dass man zum Ausgleich der Spannungen besondere Leitungen, sogenannte Ausgleichsleitungen anwendet, welche entweder nur diesem Zwecke dienen oder überdies auch als Vertheilungsleitungen herangezogen werden können. Man regulirt dann das ganze Leitungsnetz gemeinschaftlich durch Veränderung der Spannung an der Stromquelle entweder nach der Spannung eines möglichst central gelegenen Punktes oder besser nach der mittleren Spannung mehrerer Punkte des Netzes.

Um die für Bemessung solcher Ausgleichsleitungen giltigen Formeln zu ermitteln, wollen wir vorerst den einfachsten Fall betrachten, welcher in Fig. 9 dargestellt ist.

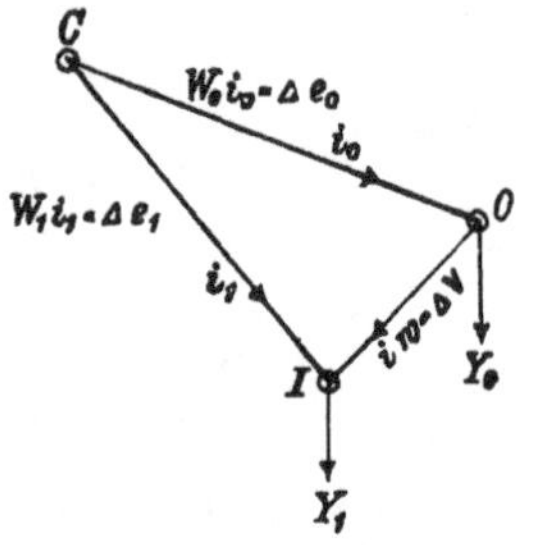

Fig 9.

Von einem Punkte C (z. B. der Centralstation) sollen durch zwei Hauptleitungen vom Widerstande W_0 und W_1 die Punkte 0 und I gespeist werden.

Dieselben sind untereinander durch eine Ausgleichsleitung zu verbinden, damit der Spannungsunterschied zwischen beiden den als zulässig betrachteten Werth ΔV nicht überschreiten kann.

Es ist zu ermitteln, welchen Widerstand w diese Ausgleichsleitung nicht überschreiten darf, damit bei dem ungünstigsten Falle, in welchem die Stromstärken Y_0 und Y_1 in den Punkten 0 und I entnommen werden, obige Bedingung erfüllt wird.

Wie aus Fig. 9 entnommen werden kann, sind die in den Hauptleitungen auftretenden Stromstärken mit i_0 und i_1 bezeichnet, während durch die Ausgleichsleitung die Stromstärke i fliessen soll.

Es bestehen sodann die Gleichungen:

$$i_1 = Y_1 - i; \qquad i_0 = Y_0 + i;$$
$$\Delta e_1 = W_1 i_1 = W_1 Y_1 - W_1 i; \qquad \Delta e_0 = W_0 i_0 = W_0 Y_0 + W_0 i;$$
$$\Delta V = \Delta e_1 - \Delta e_0 = W_1 Y_1 - W_0 Y_0 - i(W_1 + W_0);$$

daraus ergibt sich

$$i = \frac{W_1 Y_1 - W_0 Y_0 - \Delta V}{W_1 + W_0}$$

und da $\Delta V = wi$ ist, also $w = \frac{\Delta V}{i}$, erhält man

$$w = \Delta V \frac{W_1 + W_0}{W_1 Y_1 - W_0 Y_0 - \Delta V}$$

und endlich den Querschnitt der Ausgleichsleitung q, wenn die Länge derselben l und der specifische Widerstand ω ist

$$q = \frac{l\omega}{w} = \frac{l\omega}{\Delta V} \cdot \frac{W_1 Y_1 - W_0 Y_0 - \Delta V}{W_1 + W_0}$$

In den meisten Fällen wird der Widerstand der Hauptleitungen derart bemessen, dass bei den zu erwartenden grössten Stromentnahmen J_0 und J_1 an den einzelnen Vertheilungspunkten 0 und I ein gewisser, festgesetzter Spannungsverlust ΔE auftritt (Fig. 10).

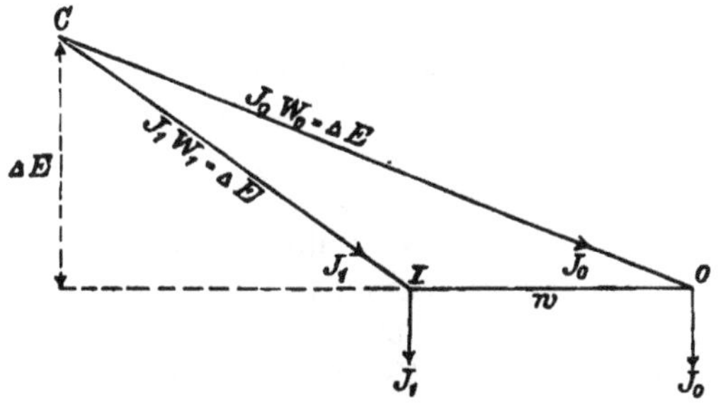

Fig. 10.

Die Ausgleichsleitung ist dann derart zu bemessen, dass in dem günstigsten Falle, das ist, wenn in dem einen Vertheilungspunkte z. B. I die volle Stromstärke J_1, in dem anderen 0 die zu erwartende geringste Stromstärke $J_0—I_0$ entnommen wird, der als zulässig angenommene Spannungsunterschied zwischen beiden Punkten ΔV nicht überschritten wird (Fig. 11).

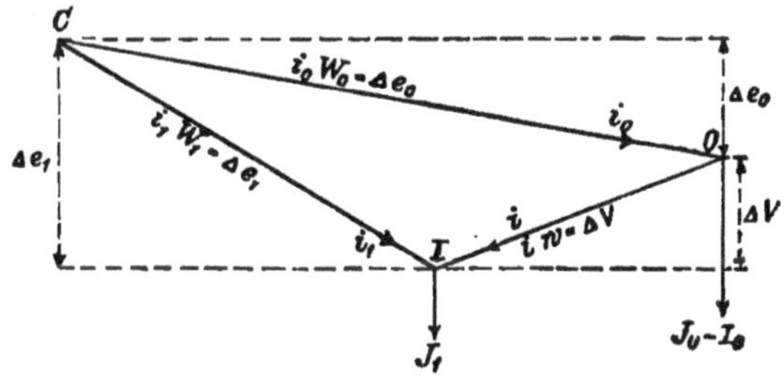

Fig. 11.

Es ist dann

$$\Delta E = J_1 W_1 = J_0 W_0,$$

und da nunmehr J_1 in Fig. 11 analog Y_1 in Fig. 9 und $J_0—I_0$ analog Y_0 ist, kann man in obigen Gleichungen $Y_1 = J_1$ und $Y_0 = J_0 — I_0$ setzen. Es ist demnach

$$W_1 Y_1 = W_1 J_1 = \Delta E \text{ und } W_0 Y_0 = W_0 J_0 - W_0 I_0 = \Delta E - W_0 I_0$$

und daher $W_1 Y_1 - W_0 Y_0 = W_0 I_0$. In die früher entwickelten Formeln eingesetzt, erhält man:

$$i = \frac{W_0 I_0 - \Delta V}{W_1 + W_0}, \qquad w = \Delta V \frac{W_1 + W_0}{W_0 I_0 - \Delta V}$$

und

$$q = \frac{l\omega}{\Delta V} \frac{W_0 I_0 - \Delta V}{W_1 + W_0}.$$

Daraus kann man, wenn w gegeben ist, die zulässige Stromschwankung in 0, nämlich I_0, berechnen, und zwar ist

$$I_0 = \frac{\Delta V}{w} \frac{W_1 + W_0}{W_0} + \frac{\Delta V}{W_0}.$$

In den meisten Fällen sind die grössten Stromentnahmen in den einzelnen Vertheilungspunkten (J_0, J_1) und der grösste Spannungsverlust in den Hauptleitungen ΔE gegeben, die Widerstände der Hauptleitungen W_0 und W_1 jedoch nicht ohneweiters gegenwärtig. Die obigen Gleichungen werden daher handlicher, wenn man

$$W_0 = \frac{\Delta E}{J_0} \qquad \text{und} \qquad W_1 = \frac{\Delta E}{J_1}$$

einsetzt. Man erhält dann folgende Ausdrücke:

$$i = \frac{J_1}{J_0 + J_1}\left(I_0 - J_0 \frac{\Delta V}{\Delta E}\right); \quad w = \frac{J_0 + J_1}{J_1} \frac{\Delta V \Delta E}{I_0 \Delta E - J_0 \Delta V};$$

$$q = l\omega \frac{J_1}{J_0 + J_1}\left(\frac{J_0}{\Delta V} - \frac{J_0}{\Delta E}\right); \quad I_0 = \frac{\Delta V}{w} \frac{J_0 + J_1}{J_1} + J_0 \frac{\Delta V}{\Delta E}.$$

Ist der Vertheilungspunkt 0, bei welchem das zeitweilige Ausschalten einer grösseren Stromstärke stattfindet, mit mehreren anderen Vertheilungspunkten durch Ausgleichsleitungen zu verbinden, so erhält man die hierfür massgebenden Formeln, wenn man statt $J_0 + J_1$ die Summe aller grössten Stromentnahmen an den einzelnen Vertheilungspunkten, also $\Sigma J = J_0 + J_1 + J_2 + \ldots$ und ferner in den Formeln für I_0 und w statt J_1 die Summe der grössten Stromentnahmen aller mit 0 zu verbindenden Vertheilungspunkte, also $\Sigma J - J_0$ einsetzt. Man erhält dann statt w den Kombinationswiderstand w_0 aller Ausgleichsleitungen.

Die entsprechenden allgemein giltigen Formeln lauten dann

$$I_0 = \frac{\Sigma J}{\Sigma J - J^0} \frac{\Delta V}{w_c} + J_0 \frac{\Delta V}{\Delta E} \quad \ldots\ldots\ldots \quad 18)$$

$$w_c = \frac{\Sigma J}{\Sigma J - J_0} \frac{\Delta V \Delta E}{I_0 \Delta E - J_0 \Delta V} \quad \ldots\ldots\ldots \quad 19)$$

Für die einzelnen Ausgleichsleitungen erhält man die Widerstände w' beziehungsweise w'' etc., sowie die Querschnitte q', q'' etc. und endlich die durch dieselben fliessenden Stromstärken i', i'' etc. aus obigen Gleichungen für w, q und i, indem man nur statt $J_0 + J_1$ wie oben ΣJ, dagegen statt J_1 die bezüglichen Stromstärken J_1, beziehungsweise J_2, J_3, ... etc. einsetzt. So findet man:

$$w' = \frac{\Sigma J}{J_1} \frac{\Delta V \, \Delta E}{I_0 \Delta E - J_0 \Delta V}; \quad w'' = \frac{\Sigma J}{J_2} \frac{\Delta V \, \Delta E}{I_0 \Delta E - J_0 \Delta V} \text{ etc. . . . . . . } \tag{20}$$

$$q' = l' \omega \frac{J_1}{\Sigma J}\left(\frac{I_0}{\Delta V} - \frac{J_0}{\Delta E}\right); \quad q'' = l'' \omega \frac{J_2}{\Sigma J}\left(\frac{I_0}{\Delta V} - \frac{J_0}{\Delta E}\right) \text{ etc. . . . } \tag{21}$$

$$i' = \frac{J_1}{\Sigma J}\left(I_0 - J_0 \frac{\Delta V}{\Delta E}\right); \quad i'' = \frac{J_2}{\Sigma J}\left(I_0 - J_0 \frac{\Delta V}{\Delta E}\right) \text{ etc. . . . . . } \tag{22}$$

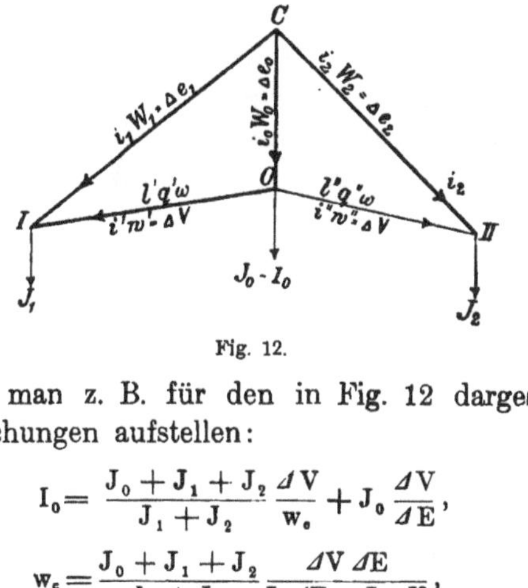

Fig. 12.

So kann man z. B. für den in Fig. 12 dargestellten Fall folgende Gleichungen aufstellen:

$$I_0 = \frac{J_0 + J_1 + J_2}{J_1 + J_2} \frac{\Delta V}{w_e} + J_0 \frac{\Delta V}{\Delta E},$$

$$w_e = \frac{J_0 + J_1 + J_2}{J_1 + J_2} \frac{\Delta V \, \Delta E}{I_0 \Delta E - J_0 \Delta V},$$

$$w' = \frac{J_0 + J_1 + J_2}{J_1} \frac{\Delta V \, \Delta E}{I_0 \Delta E - J_0 \Delta V},$$

$$w'' = \frac{J_0 + J_1 + J_2}{J_2} \frac{\Delta V \, \Delta E}{I_0 \Delta E - J_0 \Delta V},$$

$$q' = l' \omega \frac{J_1}{J_0 + J_1 + J_2}\left(\frac{I_0}{\Delta V} - \frac{J_0}{\Delta E}\right),$$

$$q'' = l'' \omega \frac{J_2}{J_0 + J_1 + J_2}\left(\frac{I_0}{\Delta V} - \frac{J_0}{\Delta E}\right),$$

$$i' = \frac{J_1}{J_0 + J_1 + J_2}\left(I_0 - J_0 \frac{\varDelta V}{\varDelta E}\right),$$

$$i'' = \frac{J_2}{J_0 + J_1 + J_2}\left(I_0 - J_0 \frac{\varDelta V}{\varDelta E}\right).$$

Würde die Veränderung der Stromentnahme nicht in dem mittleren der drei Punkte, sondern in einem seitlich gelegenen stattfinden, wie das in Fig. 13 dargestellt ist, so würden sich

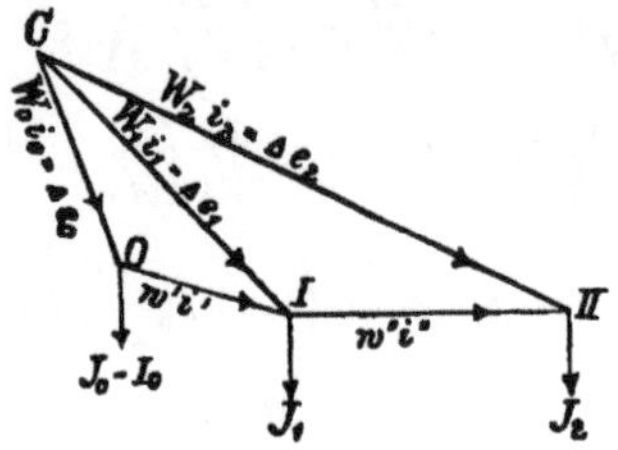

Fig. 13.

bei denselben Widerständen der Ausgleichsleitungen verhältnismässig viel höhere Spannungsunterschiede ergeben, indem sich nunmehr die ausgleichende Wirkung der Ausgleichsleitungen von II über den Punkt I hinweg bis zum Punkte 0 erstrecken muss. Es bestehen nunmehr folgende Beziehungen:

$$\varDelta E = J_0 W_0 = J_1 W_1 = J_2 W_2;$$

$$i_0 = J_0 - I_0 + i'; \; i_1 = J_1 + i'' - i'; \; i_2 = J_2 - i'';$$

$$\varDelta e_2 = i_2 W_2 = i_1 W_1 + i'' w'';$$

$$\varDelta e_1 = i_1 W_1 = i_0 W_0 + i' w'.$$

Unter Benützung dieser Gleichungen ergibt sich

$$i_2 W_2 = i_1 W_1 + i'' w''.$$

i_1 und i_2 durch J_1, J_2, i' und i'' ersetzt

$$[J_2 W_2] - i'' W_2 = [J_1 W_1] + i'' W_1 - i' W_1 + i'' w'',$$

$$i' W_1 = i'' (W_1 + W_2 + w''),$$

$$i' = i'' \frac{W_1 + w'' + W_2}{W_1}.$$

Der von 0 bis II auftretende Spannungsunterschied ist

$$\varDelta V = i' w' + i'' w'';$$

ersetzt man i' durch i'', so ergibt sich

$$\varDelta V = i'' \left[\frac{w' (W_1 + w'' + W_2)}{W_1} + w''\right]$$

und daraus

$$i'' = \Delta V \frac{W_1}{w'(W_1 + w'' + W_2) + w'' W_1};$$

somit ist dann

$$i' = \Delta V \frac{(W_1 + w'' + W_2)}{w'(W_1 + w'' + W_2) + w'' W_1}.$$

Ebenso findet man I_0 aus

$$i_1 W_1 = i_0 W_0 + i' w';$$

ersetzt man i_1 und i_0 durch J_0, I_0, J_1, i', und i'', so erhält man

$$[J_1 W_1] + i'' W_1 - i' W_1 = [J_0 W_0] - I_0 W_0 + i' W_0 + i' w'$$

und daraus

$$I_0 W_0 = i'(W_0 + w' + W_1) - i'' W_1;$$

ersetzt man i' und i'' durch die früher gefundenen Ausdrücke, so erhält man

$$I_0 = \Delta V \frac{(W_0 + w' + W_1)(W_1 + w'' + W_2) - W_1^2}{W_0 w'(W_1 + w'' + W_2) + W_0 w'' W_1} \quad \ldots\ldots \quad 23a)$$

Aus demselben Grunde wie oben empfiehlt es sich, die Widerstände der Hauptleitungen W_0, W_1 und W_2 durch die bekannten Grössen ΔE, J_0, J_1 und J_2 zu ersetzen, indem

$$W_0 = \frac{\Delta E}{J_0}; \quad W_1 = \frac{\Delta E}{J_1} \text{ und } W_2 = \frac{\Delta E}{J_2}$$

gesetzt werden kann, und es ergibt sich dann:

$$I_0 = \Delta V \frac{\Delta E^2 (J_0 + J_1 + J_2) + \Delta E w'(J_0 J_1 + J_0 J_2) + \Delta E w''(J_2 J_1 + J_2 J_0)}{\Delta E^2 w'(J_1 + J_2) + \Delta E w' w'' J_1 J_2 + \Delta E^2 w'' J_2} +$$

$$+ \frac{w' w'' J_0 J_1 J_2}{\Delta E^2 w'(J_1 + J_2) + \Delta E w' w'' J_1 J_2 + \Delta E^2 w'' J_2} \quad \ldots \quad 23b$$

Man kann sich leicht überzeugen, dass bei den gleichen Werthen für ΔV, ΔE, J_0, J_1, J_2 und w', w'' der Werth für I_0 im letzteren Falle viel geringer wird wie jener im früheren Falle (Fig. 12), und wird daraus die Lehre ziehen, dass es in Fällen, wo an einem Punkte eine stark wechselnde Belastung vorkommt (z. B. in einem Theater) am vortheilhaftesten ist, diesen Punkt in die Mitte eines einfachen Kreises von anderen Punkten zu legen. Alle diese Punkte werden dann am vortheilhaftesten von einer gemeinsamen Hauptleitung versorgt, welche sich, wie das Fig. 14 zeigt, von einem Punkte C an zu denselben verzweigt.

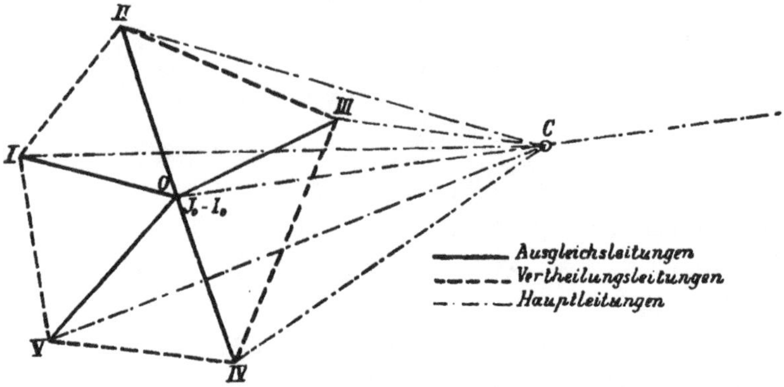

Fig. 14.

Graphische Untersuchung elektrischer Leitungen.

Alle diese oben rechnerisch durchgeführten Untersuchungen lassen sich auch auf graphischem Wege vornehmen. Die graphische Untersuchung elektrischer Leitungen erfordert wohl einige Uebung, bietet aber einen viel klareren Einblick in die Verhältnisse und ist daher hauptsächlich für das Studium besonders empfehlenswerth. Sämmtliche vorstehende Betrachtungen sind auf der einfachen Beziehung $\Delta E = JW$ aufgebaut, für welche daher vor Allem eine graphische Darstellung gesucht werden muss.

Dieselbe ist leicht durchzuführen, wenn man die Gleichung

$$\Delta E = JW \text{ beziehungsweise } \Delta E = \frac{JL\omega}{Q}$$

in die Form einer Proportion bringt und diese Proportion durch ähnliche Dreiecke darstellt.

Aus obigen Gleichungen lassen sich folgende Proportionen ableiten:

$$1.\quad \Delta E : W = J : 1; \text{ ferner} \quad 2.\quad \Delta E . Q : L = J : \frac{1}{\omega};$$

$$3.\quad \Delta E : L = J : \frac{Q}{\omega}; \quad 4.\quad Q : L = J : \frac{\Delta E}{\omega}.$$

Dieselben haben sämmtlich die Form a : b = c : d. In dieser Proportion stellt a die vierte Proportionale zu den drei gegebenen Grössen b, c und d vor und kann auf verschiedene Arten konstruirt werden.

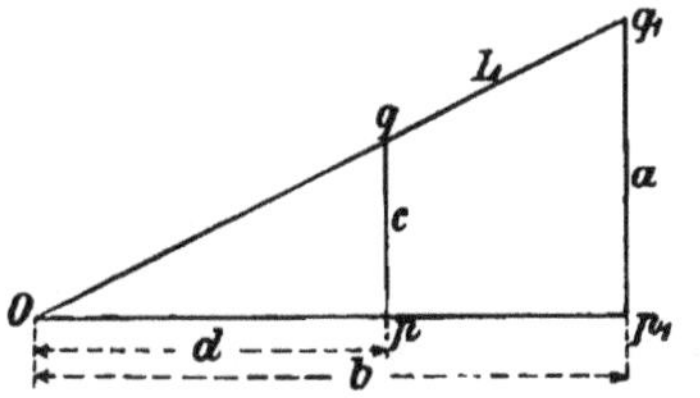

Fig. 15

In vorstehender Fig. 15 wurde z. B. der dem gegebenen Verhältnisse $\frac{c}{d}$ entsprechende Strahl L konstruirt, indem man von O aus d als Abscisse und c als die dazu gehörige Ordinate von p aus aufgetragen und O mit q verbunden hat. Hierauf wurde $\overline{Op_1} = b$ und $\overline{p_1 q_1} \parallel \overline{pq}$ gemacht, und es ergab sich dabei $\overline{p_1 q_1} = a$ als die gesuchte Strecke; denn es verhält sich

$$a : b = c : d.$$

Dieses Konstruktionsverfahren lässt sich auf alle drei obigen Proportionen anwenden.

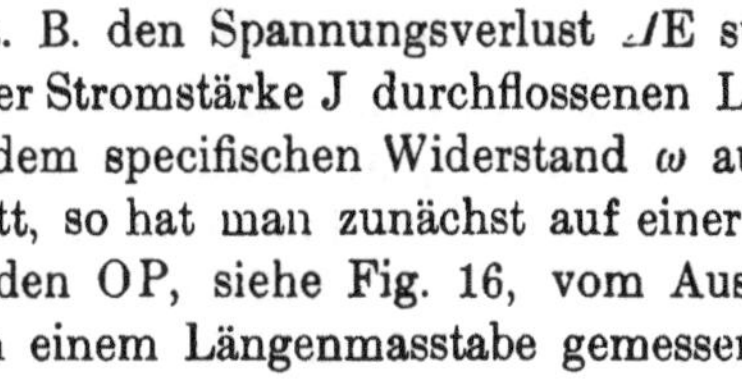

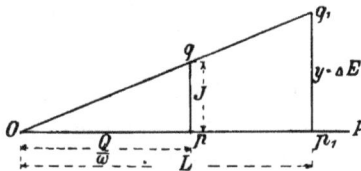

Fig. 16.

Will man z. B. den Spannungsverlust ΔE suchen, welcher in einem von der Stromstärke J durchflossenen Leiter vom Querschnitt Q und dem specifischen Widerstand ω auf der Länge L desselben auftritt, so hat man zunächst auf einer den Leiter darstellenden Geraden OP, siehe Fig. 16, vom Ausgangspunkte O aus in der nach einem Längenmasstabe gemessenen Entfernung $\frac{Q}{\omega}$ eine Normale zu errichten, auf derselben die den Leiter durchfliessende Stromstärke J nach einem Strommasstabe aufzutragen, und den so erhaltenen Punkt q mit dem Ausgangspunkte O durch die Linie $\overline{Oq}$ zu verbinden.

Errichtet man nunmehr in der Entfernung L vom Ausgangspunkte eine Normale zur Linie OP bis zum Schnitte mit der verlängerten Linie $\overline{Oqq_1}$, so gibt die Länge dieser Normalen $y = p_1 q_1$, am Strommasstabe abgemessen, den auf der Länge L des Leiters auftretenden Spannungsverlust $\varDelta E$ an.

Hätte man $\overline{Op} = \frac{1}{\omega}$ gemacht, so würde y das Produkt $\varDelta EQ$ darstellen, während, wenn $\overline{Op} = \frac{\varDelta_l E}{\omega}$ gemacht wird, $y = Q$ wird, d. h. jenen Querschnitt gibt, bei welchem am Ende der Länge L und bei der Stromstärke J der Spannungsverlust $\varDelta E$ entsteht.

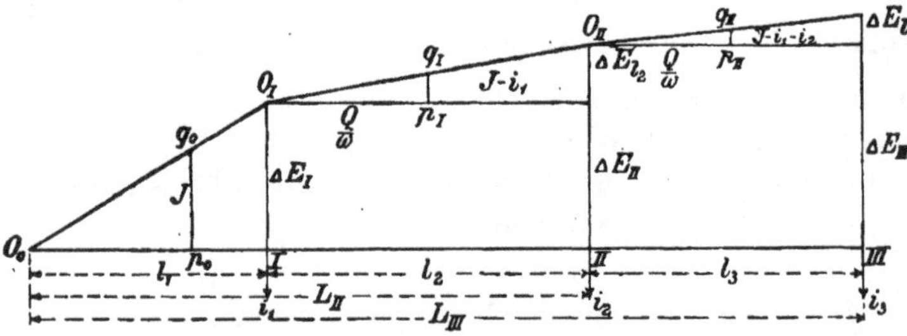

Fig. 17.

Die eben durchgeführte Konstruktion gibt uns nicht allein den Spannungsverlust, welcher von O bis p_1 auftritt, sondern es tritt uns sofort ein klares Bild über den Verlauf des Spannungsverlustes entlang der ganzen Leitung vor Augen, und wir können ohneweiters den Spannungsverlust an jedem anderen Punkte der Leitung aus der Zeichnung ersehen.

Ausserdem gibt uns die Neigung der beiden Linien $\overline{Oq}$ und $\overline{Op}$ gegeneinander im Zusammenhange mit der Höhe des Hilfsdreieckes $\overline{Op}$ die in der Leitung von O bis p_1 fliessende Stromstärke J, sowohl der Grösse, als auch der Richtung nach an, indem wir wissen, dass diese Linien den Seiten eines Hilfsdreieckes parallel sind, dessen Basis der Stromstärke J proportional ist, und nachdem ferner das Anwachsen des Spannungsverlustes mit der Stromrichtung übereinstimmen muss.

Aendert sich an einer Stelle des Leiters die denselben durchfliessende Stromstärke, z. B. zufolge einer Abzweigung, so ändert sich naturgemäss auch die Neigung der beiden Linien gegeneinander, und man erhält die Summe der Spannungsverluste an einem beliebigen Punkte, indem man die Konstruktion an den einzelnen Abzweigepunkten in derselben Weise wie früher wiederholt (siehe Figur 17).

Man konstruirt also zuerst den Spannungsverlust bei I, nämlich ΔE_1, dann den sich zu demselben addirenden Spannungsverlust ΔE_{12} und erhält in der Summe der beiden den Spannungsverlust ΔE_{II} und so fort.

Behufs Vereinfachung des Verfahrens kann man die Dreiecke $O_0\ p_0\ q_0$, $O_I\ p_I\ q^I$, $O_{II}\ p_{II}\ q_{II}$, welche alle die gleiche Basis $\frac{Q}{\omega}$ haben, in einer Figur vereinigen und braucht dann nur die entsprechenden Parallelen zu ziehen (siehe Fig. 18).

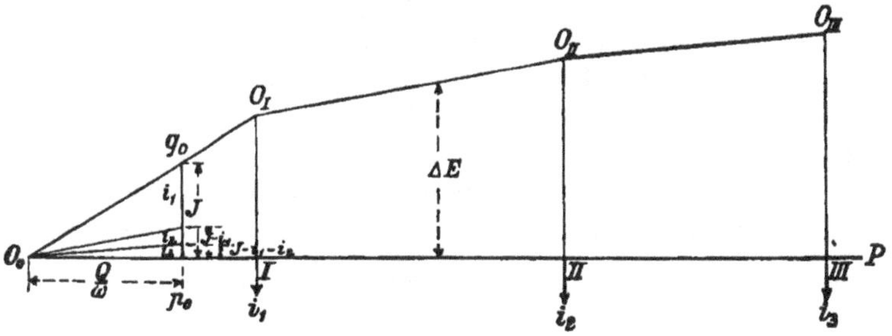

Fig. 18.

Bei dieser Konstruktion erscheinen die einzelnen von O_0 aufeinanderfolgend abzweigenden Stromstärken in derselben Reihenfolge auf der Linie $p_0\ q_0$, jedoch von q_0 nach abwärts aufgetragen. Es ändert an der Sache nichts, wenn man die Konstruktion um 180^0 gedreht ausführt, d. h. die von O_0 aus fliessende Stromstärke J zuerst auf einer Vertikalen $O_0\ 3$, siehe Fig. 19, aufträgt und in dem so erhaltenen Punkte eine horizontale Gerade zieht, auf welcher die Strecke $\frac{Q}{\omega}$ aufgetragen wird.

Man erhält die einzelnen Hypotenusen der Hilfsdreiecke parallel wie früher, hat aber den Vortheil, dass die von O_0 aus aufeinanderfolgenden Stromabzweigungen auch in der Konstruktion von O_0 aus aufeinanderfolgen.

Ausserdem bekommt man ein Bild der in den einzelnen Leitungsquerschnitten fliessenden Stromstärken in den Ordinaten einer Fläche (in Fig. 19 schraffirt), welche erhalten wird, wenn man von den Punkten 1, 2, 3 . . . . der Hilfsdreiecke parallele Gerade bis zu den Richtlinien der betreffenden Abzweigungsstellen zieht.

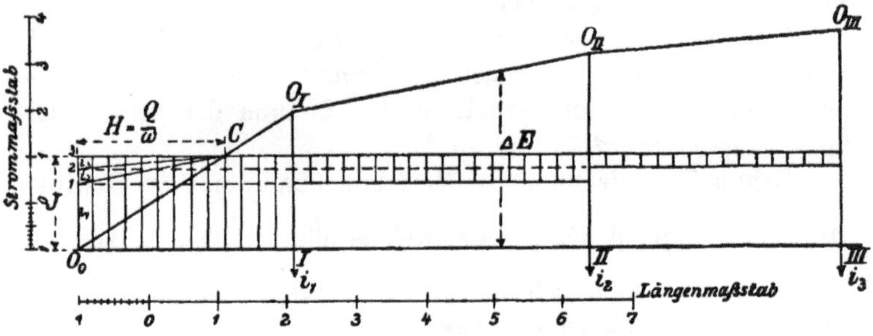

Fig. 19.

Um sich in den Masstäben nicht zu irren, konstruire man den Längenmasstab horizontal, den Strommasstab aber vertikal und merke sich, dass alle Strecken in dem ihnen parallelen Masstabe aufzutragen oder abzugreifen sind.

Wenn irgendwo der Querschnitt des Leiters geändert wird, z. B. in der Entfernung l von O_0, so hat man behufs Bestimmung des Spannungsverlustes nur die Höhe des Hilfsdreieckes $H = \frac{Q}{\omega}$ von da an in $H_1 = \frac{Q_1}{\omega}$ zu ändern, das heisst den Pol C nach C′ zu versetzen (siehe Fig. 20).

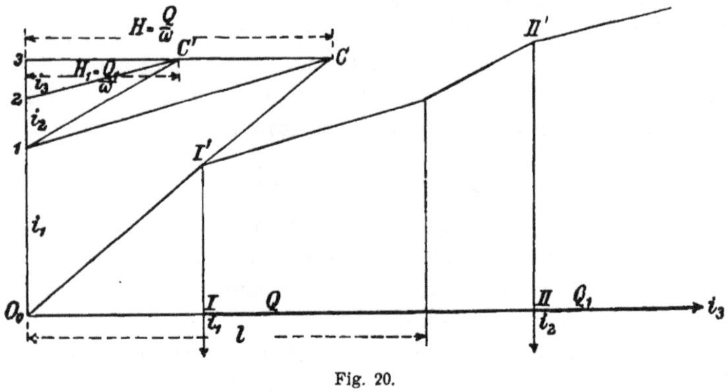

Fig. 20.

Die Richtigkeit der Konstruktion wird nicht beeinträchtigt, wenn man die Hilfsdreiecke statt rechtwinkelig schiefwinkelig ausführt, jedoch ebenso wie früher die Höhe der Hilfsdreiecke

$$H = \frac{Q}{\omega} \text{ bezw. } H = \frac{\varDelta E}{\omega} \text{ oder } H = \frac{1}{\omega}$$

beibehält. Der so konstruirte Linienzug (siehe Fig. 21) wird zu dem gesuchten Diagramme durch eine zu der letzten Seite des Hilfsdreieckes parallele Linie ergänzt, und es sind die Ordinaten des Diagrammes parallel zur Basis der Hilfsdreiecke abzumessen.

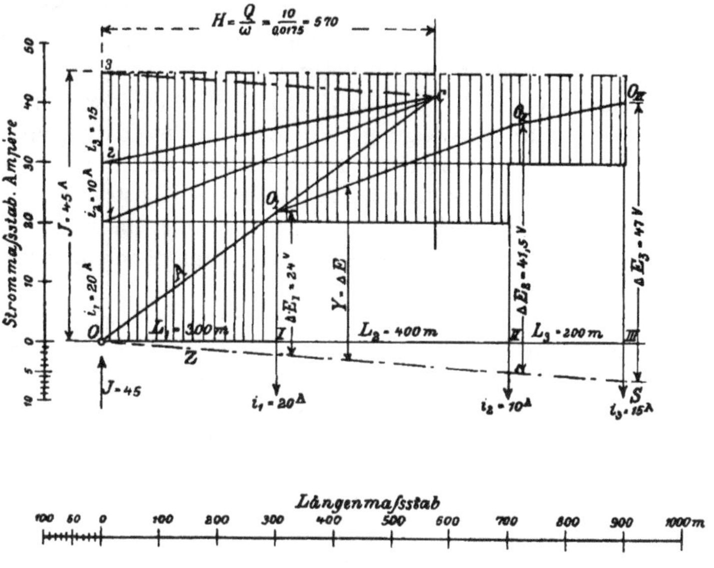

Fig. 21.

Nachdem in Fig. 21 die Höhe der Hilfsdreiecke $H = \frac{Q}{\omega}$ gewählt wurde, erhalten wir in den Ordinaten des Diagrammes die an den einzelnen Punkten der Leitung auftretenden Spannungsverluste, wenn wir dieselben am Strommasstabe abmessen.

Die Darstellung der in den einzelnen Theilen der Leitung fliessenden Stromstärken geschieht genau wie früher (siehe schraffirte Fläche).

Die dem Diagramme zu Grunde liegenden Annahmen sind in demselben eingetragen, und es wurde die Konstruktion unter Benützung des nebenan gezeichneten Strom- und Längenmassstabes durchgeführt. Der Querschnitt der im ganzen 900 m langen Leitung, welche an 3 Stellen I, II und III Strom von zusammen 45 Ampère abzugeben hat, ist durchgehends mit 10 qmm angenommen, so dass unter Zugrundelegung eines specifischen Leitungswiderstandes von $\omega = 0{\cdot}0175$ die Höhe der Hilfsdreiecke $H = \frac{10}{0{\cdot}0175} = 570$ Längeneinheiten zu wählen ist. Das aus dem Linienzuge O_0, O_I, O_{II}, O_{III} und der Schlusslinie O_0S gebildete Diagramm gibt ein Bild der an den verschiedenen Stellen des Leiters auftretenden Spannungsverluste, von denen jene bei I, II und III abgemessen und kotirt sind.

Ebenso wie wir die an den einzelnen Punkten der Leitung stattfindenden Stromabzweigungen durch Richtungsänderungen des oberen Linienzuges zum Ausdruck brachten, hätten wir ohne irgend welchen Einfluss auf die Richtigkeit der Konstruktion die obere Linie unverändert lassen können und die stattfindenden Stromabzweigungen durch entsprechende Richtungsänderungen der unteren Linie darstellen können.

Zur Förderung der Uebersichtlichkeit wollen wir jedoch als Regel aufstellen, dass alle Veränderungen durch Stromabzweigungen in der Linie A, der sogenannten Abzweigungslinie (in Fig. 21 voll ausgezogen), zum Ausdruck gebracht werden sollen, während alle Veränderungen zufolge Stromzuführung in der (strichpunktirt gezeichneten) sogenannten Zuführungslinie Z zur Darstellung gebracht werden.

Es lässt sich dann ganz allgemein aussprechen, dass die Spannungsverluste an den einzelnen Punkten der Leitung durch die Länge der Ordinaten zwischen der Abzweigungslinie und der Zuführungslinie dargestellt werden.

Diese Regel gilt für alle denkbaren Fälle, da sich für alle, mögen dieselben noch so komplicirt sein, die entsprechenden Abzweigungs- und Zuführungslinien konstruiren lassen.

Beide Linien sind von einander nur insofern abhängig, als die Summe der Stromabzweigungen immer gleich sein muss der Summe der Stromzuführungen, so dass die Basis der Hilfsdreiecke für beide Linien gleich gross sein muss. Ferner stehen diese beiden Linien noch indirekt in Beziehung zu einander, indem der in jedem Punkte der Leitung fliessende Strom durch die gegenseitige Neigung dieser beiden Linien an dem betreffenden Punkte ausgedrückt erscheint. Zieht man nämlich in den Hilfsdreiecken zu den einzelnen übereinander liegenden Theilen dieser beiden Linien vom Scheitel C aus parallele Linien, so schneiden dieselben von der Basis der Hilfsdreiecke Längen ab, welche dem in dem betreffenden Theile der Leitung fliessenden Strome proportional sind.

Die Zuführungslinie ist in ihren einzelnen Theilen bestimmt, wenn entweder ein Punkt und die Richtung der einzelnen Theile, oder wenn für jeden geradlinigen Theil zwei Punkte gegeben sind.

Sind die Zuführungspunkte und die bei denselben zufliessenden Stromstärken gegeben, so lässt sich die Zuführungslinie ohneweiters konstruiren. Dasselbe gilt auch für die Abzweigungslinie.

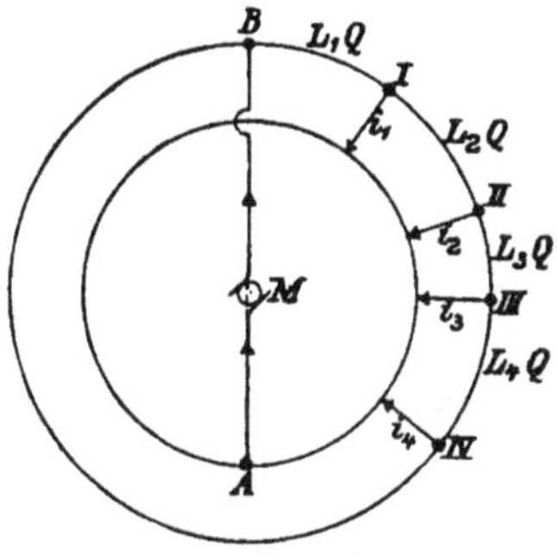

Fig. 22.

Will man z. B. die Spannungsverluste in einer ringförmig in sich geschlossenen Leitung (siehe Fig. 22), welche auf S. 21 rechnerisch ermittelt wurden, graphisch darstellen, wobei der Einfachheit halber Q und ω in der genannten Leitung gleich angenommen werden, so hat man wie folgt vorzugehen:

Man denkt sich die Leitung im Punkte B auseinandergeschnitten, in eine Gerade ausgestreckt, in die Abscissenaxe eines rechtwinkeligen Koordinatensystems (siehe Fig. 23) verlegt, und in den einzelnen Stromabzweigungspunkten I, II, III, IV ... normale Richtlinien der Stromabzweigungen gezogen. Nun konstruirt man wie früher die Hilfsdreiecke, indem man die an den einzelnen Punkten abzweigenden Stromstärken nach einem Strommasstabe auf der Ordinatenaxe aufeinanderfolgend aufträgt, in der Höhe $H = \frac{Q}{\omega}$ von der Ordinatenaxe den Scheitelpunkt C wählt und denselben durch die Hilfslinien mit den Punkten auf der

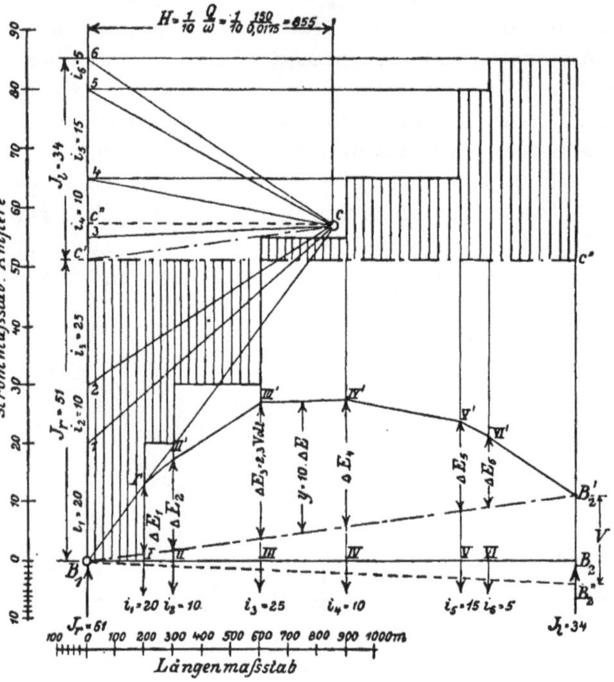

Fig 23.

Ordinatenaxe verbindet. Zieht man nunmehr zwischen den Richtlinien der Stromabzweigungen aneinander anschliessend Parallele zu den bezüglichen Seiten der Hilfsdreiecke, so erhält man die Abzweigungslinie B, I', II', ... VI', B'_2, welche durch die Zuführungslinie zu dem gewünschten Diagramme der Spannungsverluste ergänzt werden muss. Die letztere ist dadurch bestimmt, dass der Spannungsverlust im Punkte B Null sein muss, so dass in den Punkten B_1 und B'_2 die Stromzuführungs- und Stromabführungslinien einander schneiden müssen. Da ausser bei B keine weitere Stromzuführung stattfindet, muss die Stromzuführungslinie eine

Gerade sein, welche, wie bereits erwähnt, die Stromabzweigungslinie bei B_1 und B'_2 schneidet. Dieselbe ist in der Figur strichpunktirt gezeichnet und vervollständigt die Stromabzweigungslinie zu einem Diagramm, dessen vertikale Ordinaten Y, am Strommasstabe abgemessen, die an den einzelnen Punkten der Leitung auftretenden Spannungsverluste ΔE geben.

Nachdem bei dem gewählten Querschnitte von 150 qmm die Höhe des Hilfsdreieckes $\left[H = \frac{Q}{\omega} = \frac{150}{0{\cdot}0175} = 8550 \text{ Längeneinh.}\right]$ zu lang werden und die Konstruktion auf der Zeichenfläche nicht mehr Platz finden würde, wurde diese Höhe auf ein Zehntel ihrer wirklichen Länge verjüngt und $H = \frac{1}{10} \frac{Q}{\omega} = 855$ Längeneinheiten gewählt. Demzufolge werden die Ordinaten Y in dem Diagramme der Spannungsverluste zehnmal zu gross, also $Y = 10 \times \Delta E$, so dass deren Längen durch zehn zu dividiren sind, damit sie, am Strommasstab abgemessen, die wirklich auftretenden Spannungsverluste geben.

Um die in den einzelnen Theilen der Leitung fliessenden Stromstärken kennen zu lernen, hat man nur vom Scheitelpunkte C aus parallel zur Zuführungslinie eine Linie CC' zu ziehen. Dieselbe schneidet mit den übrigen Linien der Hilfsdreiecke auf der Basis derselben Strecken ab, welche den in den betreffenden Theilen des Leiters fliessenden Stromstärken proportional sind. So z. B. erhält man in dem Abschnitte $C'B_1$, die von B_1, nach rechts fliessende Stromstärke J_r und in C' 6 die von B nach links fliessende Stromstärke J_l. Um die in jedem Punkte des Leiters fliessenden Stromstärken, sowie deren Richtung übersichtlich darzustellen, wurde ebenso wie in Fig. 21 ein Diagramm konstruirt (schraffirte Fläche), in welchem die in jedem Punkte des Leiters fliessenden Stromstärken als vertikale Ordinaten erscheinen, welche, je nachdem sie oberhalb oder unterhalb der Linie C'C'' liegen, verschiedene Stromrichtung darstellen.

In obiger Fig. 23 wurden die Abzweigungspunkte auf der Abscissenaxe von links nach rechts aufeinanderfolgend mit römischen Ziffern bezeichnet, während die Punkte auf der Ordinatenaxe mit arabischen Ziffern derart benannt wurden, dass der Endpunkt der Strecke i_1 die Bezeichnung 1, der Endpunkt der Strecke i_2 die Ziffer 2 und so fort trägt. Diese Bezeichnung hat den Vortheil, dass die von den einzelnen Punkten von links nach rechts zu ziehenden Abzweigungslinien || zu den von derselben Nummer ausgehenden Scheitellinien gezogen werden, also z. B. I′ II′ || 1 C, II′ III′ || 2 C . . . . ., so dass eine Irrung nicht leicht möglich ist.

Dasselbe Diagramm gilt auch für eine Leitung, welche von zwei Seiten B_1 und B_2 (Fig. 4 Seite 24) bei gleichem Potential Stromzuführung erhält.

Man kann aber auch ohneweiters erkennen, welche Verhältnisse auftreten, wenn das Potential im Punkte B_1 um die Spannung V höher erhalten wird als jenes im Punkte B_2.

Zu dem Zwecke hat man nur vom Punkte B'_2 die Spannung V (im Strommasstabe gemessen) nach abwärts aufzutragen und den so erhaltenen Punkt B''_2 mit B_1 durch eine gerade Linie $B_1 B''_2$ zu verbinden, welche nunmehr die neue Stromzuführungslinie ist. Die Ordinaten zwischen dieser und der früher gefundenen Stromabzweigungslinie geben die an den einzelnen Punkten der Leitung auftretenden Spannungsunterschiede gegenüber dem Punkte B_1 an, und die gegenseitige Neigung dieser Linien lässt sofort den an jedem Theil der Leitung fliessenden Strom erkennen. Zieht man nämlich vom Scheitel C aus eine Linie CC″ parallel zur Stromzuführungslinie $B_1B''_2$ und misst die Entfernung des Punktes C″ von den Punkten B_1, 1, 2 . . . . . 6 in der Basis der Hilfsdreiecke am Strommasstabe ab, so erhält man die in den bezüglichen Theilen der Leitungen fliessenden Stromstärken. So würde beispielsweise nunmehr in der Leitung von B_1 nach I eine Stromstärke B_1 C″ = 59^A und von B_2 nach VI eine Stromstärke C″ 6 = 28 fliessen etc. Man sieht auch hieraus dasselbe, was bereits früher rechnerisch ermittelt wurde, dass der Einfluss der Stromabzweigungen unverändert bleibt, und dass die Veränderungen der Stromvertheilung nur durch die dem Spannungsunterschiede V entsprechende Stromstärke C′C″ verursacht werden.

Als weiteres Beispiel ist in Fig. 24 der Mittelleiter einer Dreileiteranlage untersucht und dabei eine Stromvertheilung angenommen, welche oberhalb der Konstruktion schematisch dargestellt ist und analog der in Fig. 5 gezeichneten und dort rechnerisch untersuchten Anordnung gewählt wurde.

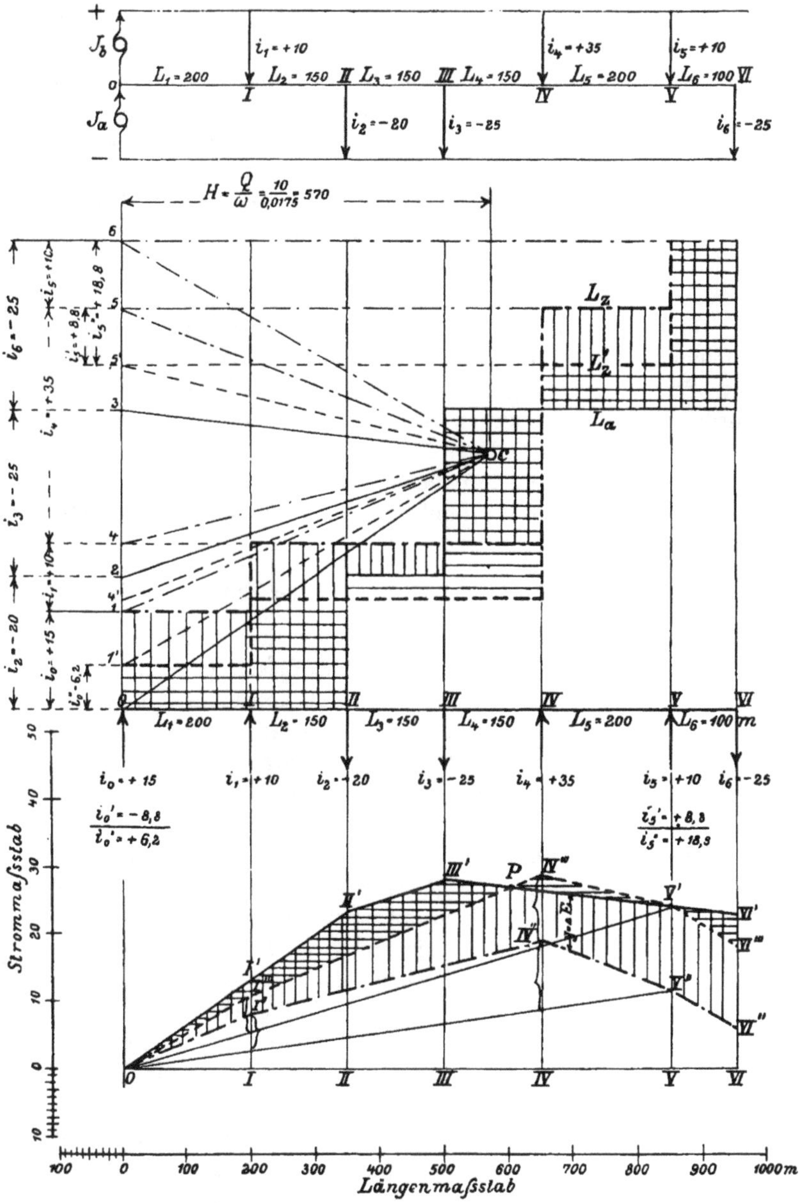

Fig. 24.

Im Punkte 0 der Alternativleitung wird die Spannung der beiden Leitungsgruppen von der Stromquelle aus konstant erhalten, so dass daselbst hinsichtlich des Mittelleiters der Spannungsverlust Null angenommen werden kann.

Der Querschnitt der Leitung sei durchwegs gleich und zwar 10 qmm gewählt, und der specifische Leitungswiderstand der aus Kupfer gedachten Leitung wie bisher mit 0·0175 angenommen. Als Höhe der Hilfsdreiecke ergibt sich daher

$$H = \frac{Q}{\omega} = \frac{10}{0 \cdot 0175} = 570 \text{ Längeneinheiten.}$$

Nachdem auf der Abscissenaxe nach dem Längenmasstabe aufeinanderfolgend die einzelnen Punkte der Stromzuführungen und Stromabzweigungen I, II, III, ... VI festgelegt sind, wurde mit der Konstruktion der Stromabzweigungslinie begonnen, indem man auf der Ordinatenaxe die abzweigenden Stromstärken i_2, i_3 und i_6 aufeinanderfolgend nach dem Strommasstabe auftrug, wodurch man die Punke 2, 3 und 6 auf der Ordinatenaxe erhielt.

Nach Annahme des Scheitels C in der Entfernung $H = \frac{Q}{\omega}$ von der Ordinatenaxe werden die Linien der Hilfsdreiecke 0 C, 2 C, 3 C (voll ausgezogen) gezogen und diesen parallel die einzelnen Theile der Stromabzweigungslinie konstruirt.

Damit die Konstruktion übersichtlicher wird, wurde das Diagramm unterhalb der Hilfsdreiecke dargestellt, und man erkennt in dem voll ausgezogenen Linienzuge 0 II′ III′ VI′ die Stromabzweigungslinie.

Behufs Konstruktion der Zuführungslinie geht man ganz analog vor, nur trägt man jetzt, vom Punkte 6 der Ordinatenaxe ausgehend, die einzelnen Stromzuführungen i_5, i_4 und i_1 aufeinanderfolgend von oben nach unten in Einheiten des Strommasstabes auf. Man subtrahirt dadurch von den Stromabzweigungen die Stromzuführungen und erhält so die Punkte 5, 4 und 1 und endlich in der noch fehlenden Strecke 1 bis 0 die von der Stromquelle dem Punkte 0 zur Herstellung des Gleichgewichtes zuzuführende Stromstärke $i_0 = + 15$.

Die Linien der Hilfsdreiecke 6 C, 5 C, 4 C und 1 C geben die Richtungen der einzelnen Theile der Zuführungslinie an; um dieselbe jedoch in richtiger Lage zur bereits gezeichneten

Abzweigungslinie zu konstruiren, ist es nothwendig, einen Punkt derselben zu kennen. Wie bereits Eingangs erwähnt, muss im Punkte 0 der Spannungsverlust Null sein, so dass sich daselbst Abzweigungs- und Zuführungslinie schneiden müssen.

Man wird also, vom Punkte 0 ausgehend, die Linie 0 I″ parallel zur Hilfslinie C 1 und daran anschliessend die ganze Zuführungslinie 0 I″ IV″ V″ VI″ parallel den weiteren Hilfslinien konstruiren können.

Die Ordinaten Y zwischen diesen beiden Linien geben uns die an den einzelnen Punkten auftretenden Spannungsverluste in Einheiten des Strommasstabes an. Um auch hier wieder die die einzelnen Stellen des Leiters durchfliessenden Stromstärken dem Zeichen und der Grösse nach bildlich darzustellen, wurden ebenso wie früher den Stromabzweigungen und den Stromzuführungen entsprechende Linienzüge L_a und L_z konstruirt, und man erhielt in der oberen Figur die vertikal schraffirte, zackige Fläche als Diagramm der in der Alternativleitung auftretenden Stromstärken. Nimmt man nun an, es würde ebenso wie in 0 auch im Punkte V die Spannung der beiden Leitungsgruppen gleich erhalten werden, so dass also im Punkte V ebenso wie in 0 kein Spannungsverlust auftritt, so müsste jedenfalls in V eine Stromstärke i_5' hinzutreten, welche vorläufig weder der Grösse, noch dem Zeichen nach bekannt ist.

Die Ermittlung dieser Stromstärke, sowie auch die Darstellung der dann an den verschiedenen Punkten der Leitung auftretenden Spannungsverluste lässt sich auf dem Diagramme leicht durchführen, wenn man die Stromzuführungslinie zwischen 0 und V so dreht, dass der Punkt V″ auf den Punkt V′ fällt.

Zu diesem Zwecke zieht man die Hilfslinien 0 V″ und 0 V′ und trägt die Ordinaten zwischen der ersteren und der Zuführungslinie von letzterer aus auf, wodurch man die neue Zuführungslinie 0 I‴ IV‴ V′ erhält. Die Linie V′ VI‴, welche in ihrer Richtung von der Veränderung unbeeinflusst sein muss, wird von V′ aus || zu V″ VI″ gezogen.

Die Ordinaten zwischen der neuen Zuführungslinie und der Abzweigungslinie (quer schraffirte Fläche) geben ein Bild der nunmehr auftretenden Spannungsverluste. Man sieht daraus, dass die Spannungsverluste zwischen V′ und P negativ werden, in P

Null sind und von da bis zu Punkt 0 positiv, aber nicht mehr so bedeutend wie früher auftreten.

Zieht man zu den einzelnen Theilen der neuen Stromzuführungslinie parallele Linien vom Scheitel der Hilfsdreiecke C aus, so erhält man auf der Ordinatenaxe die Fusspunkte 5', 4' und 1' und erkennt sofort, dass im Punkte V die Stromstärke $i_5' = + 8{\cdot}8$ hinzugetreten ist, so dass die nunmehr in V zufliessende Stromstärke $i_5'' = 10 + 8{\cdot}8 = 18{\cdot}8$ beträgt, wogegen die in 0 zugeführte Stromstärke um denselben Betrag $i_0' = - 8{\cdot}8$ verringert wurde, also auf $i_0'' = + 6{\cdot}2$ gesunken ist. Die nunmehr in den einzelnen Theilen des Leiters fliessenden Stromstärken ergeben sich wie früher aus den horizontalschraffirten Flächen zwischen dem Linienzuge L'_z und L_a.

Analog dem in Fig. 6 dargestellten Fall wurde in Fig. 25 ein Beispiel graphisch untersucht, wobei von drei Punkten A, B und D Leitungen ausgehen, welche sich im Punkte P treffen. Die drei Punkte A, B und D sollen durch entsprechende Einrichtungen auf gleichem Potential erhalten werden, so dass bei allen drei Punkten der Spannungsverlust Null angenommen werden kann. Die von den Leitungen abzweigenden Stromstärken, sowie die Lage der Stromabzweigungen sind aus der oberhalb des Diagrammes gezeichneten schematischen Darstellung ersichtlich.

Zur Untersuchung dieses Beispieles wurde in bekannter Weise für die Leitung AB und sodann für die Leitung DP getrennt das Diagramm konstruirt, und es wurde vorerst angenommen, dass auch der Punkt P gespeist und auf dem gleichen Potential wie AB und D erhalten werde.

Da man sich über die zu wählenden Querschnitte noch nicht völlig klar ist, wurde vorerst nur festgesetzt, dass die Querschnitte aller drei Theile AP, BP und DP aus praktischen Gründen einander gleich gewählt werden sollen, und dass der specifische Widerstand $\omega = 0{\cdot}0175$ sei.

Die Höhe der Hilfsdreiecke ist daher für beide Diagramme $H = \frac{1}{\omega} = 57$ zu wählen, so dass alsdann die Ordinaten der Diagramme $Y = \Delta E \,.\, Q$ das Produkt aus dem Querschnitt Q und den an den verschiedenen Punkten auftretenden, mit dem Querschnitte Q zusammenhängenden Spannungsverlusten beziehungsweise die Spannungsverluste ΔE bei dem Querschnitte Q = 1 darstellen.

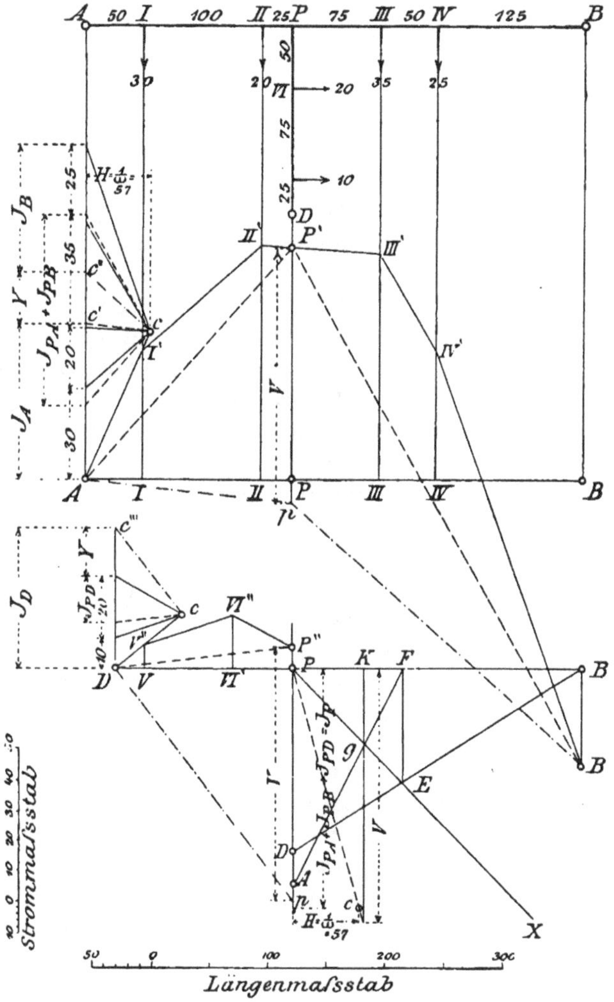

Fig. 25.

Man erhält auf diese Weise für die Linie A B die Stromabzweigungslinie A I′ II′ III′ IV′ B′ und für die Leitung D P die Stromabzweigungslinie D V″ VI″ P″. Für den vorläufig angenommenen Fall, dass auch der Punkt P gespeist und auf demselben Potential erhalten werde wie A, B und D, ergeben sich die strichlirt gezeichneten Stromzuführungslinien AP′, P′B′ und DP″.

Zieht man zu diesen Stromzuführungslinien in den Hilfsdreiecken parallele Linien, so findet man jene Stromstärken, welche im Punkte P zuzuführen sind, falls derselbe gespeist wird und zwar für die Leitung AB die Stromstärke $J_{PA} + J_{PB}$ und für die Leitung DP die Stromstärke J_{PD}, deren Summe $J_{PA} + J_{PB} + J_{PD} = J_P$ ist. Da nun in Wirklichkeit bei P keine Stromzuführung stattfindet, muss die Stromstärke J_P auf die drei gespeisten Punkte A, B und D entsprechend dem Widerstande der Leitungen PA, PB und PD vertheilt werden.

Bei der graphischen Darstellung vereinfacht sich die Konstruktion, wenn man jenen Spannungsverlust ermittelt, welcher im Punkte P auftreten muss, sofern derselbe nicht gespeist wird, und welcher sich aus dem Gesammtwiderstande der drei Leitungen AP, BP und DP mal der Stromstärke J_P ergibt.

Der Gesammtwiderstand der drei Leitungen kann nach der Gleichung $\frac{1}{W} = \frac{1}{W_1} + \frac{1}{W_2} + \frac{1}{W_3}$ bezw. $W = \frac{W_1 W_2 W_3}{W_1 W_2 + W_1 W_3 + W_2 W_3}$ berechnet werden.

Derselbe lässt sich jedoch sehr einfach graphisch finden, indem man zuerst von zwei der Leitungen den Kombinationswiderstand ermittelt und sodann von diesem und dem Widerstand der dritten Leitung den Gesammtwiderstand feststellt.

Zu dem Zwecke wurde die in Fig. 25 (rechts, unten) ausgeführte Konstruktion durchgeführt, wobei der Widerstand der Leitung PB bezw. deren Länge auf einer Geraden PB und jener der zweiten Leitung PD auf einer senkrechten im Punkte P aufgetragen und die Endpunkte DB mit einer Geraden verbunden wurden. Wird sodann der rechte Winkel durch die Linie PX halbirt, so stellt die Entfernung des Schnittpunktes E von einer der beiden Geraden den Kombinationswiderstand bezw. die Kombinationslänge von PB und PD dar. Wird auch dieser Widerstand mit jenem der Leitung PA in gleicher Weise kombinirt, so erhält man den Punkt G, dessen Abscisse PK den gesuchten Gesammtwiderstand bezw. die demselben entsprechende Leitungslänge darstellt.

Der bei diesem Widerstande und der Stromstärke J_P auftretende Spannungsverlust V lässt sich in bekannter Weise unter Benützung der Poldistanz H = 57 konstruiren.

Wird dieser Spannungsverlust V von P' und P'' nach abwärts aufgetragen, so erhält man im Punkte p einen Punkt der richtigen Stromzuführungslinie, und es lässt sich diese selbst nunmehr zeichnen (strichpunktirte Linien ApB' und Dp). Zieht man in den Hilfsdreiecken Parallele zu diesen Zuführungslinien, so findet man die Stromstärken J_A, J_B und J_D, welche von A, B und D ausgehen. Die Grösse Y stellt jene Stromstärke dar, welche von D nach P gelangt und dort der Leitung AB zufliesst. In der Gleichheit dieser beiden Grössen in beiden Diagrammen ist ein Beweis der richtigen Konstruktion zu erblicken.

Wie man aus diesem Beispiele entnimmt, ist das beschriebene Verfahren ganz allgemein anwendbar und auch für komplicirte Fälle in gleicher Weise durchführbar. Dieses Verfahren bietet gleichzeitig den Vortheil, dass unter einem der Einfluss festgestellt wird, welchen eine Stromzuführung in dem thatsächlich nicht gespeisten Knotenpunkte verursachen würde, was in den meisten Fällen in Hinsicht auf den künftigen Ausbau eines Vertheilungsnetzes wissenswerth erscheint.

Ebenso wie die Vertheilungsleitungen, kann man auch die Ausgleichsleitungen graphisch untersuchen.

Als Vorbild hierfür ist in Fig. 26 der in Fig. 10 dargestellte Fall graphisch behandelt, dabei jedoch angenommen, dass die Ausgleichsleistung von 0 bis I gleichzeitig als Vertheilungsleitung benützt wird, von welcher die Stromstärken i_a, i_b, i_c und i_d entnommen werden.

Da die Bezeichnungen übereinstimmend mit Fig. 10 und Fig. 11 beigefügt wurden, bedarf die Zeichnung keiner weiteren Erklärung. Da der Querschnitt der Ausgleichsleitung von jener der Hauptleitungen abweicht, wurden in Fig. 26 auf der Geraden CC Strecken aufgetragen, welche den Widerständen W_1, w und W_0 proportional sind, und die Höhe der Hilfsdreiecke H = 1 gewählt.

Nach Obigem lassen sich ganz allgemein folgende Regeln für die graphische Untersuchung elektrischer Leitungen aufstellen:

Man konstruirt ein Hilfsdreieck, auf dessen Basis man nach einem gewählten Strommasstabe die einzelnen Stromabzweigungen beziehungsweise Stromzuführungen in derselben Aufeinanderfolge aufträgt, wie dieselben wirklich in der Leitung erfolgen, und verbindet die so erhaltenen Punkte der Basis mit

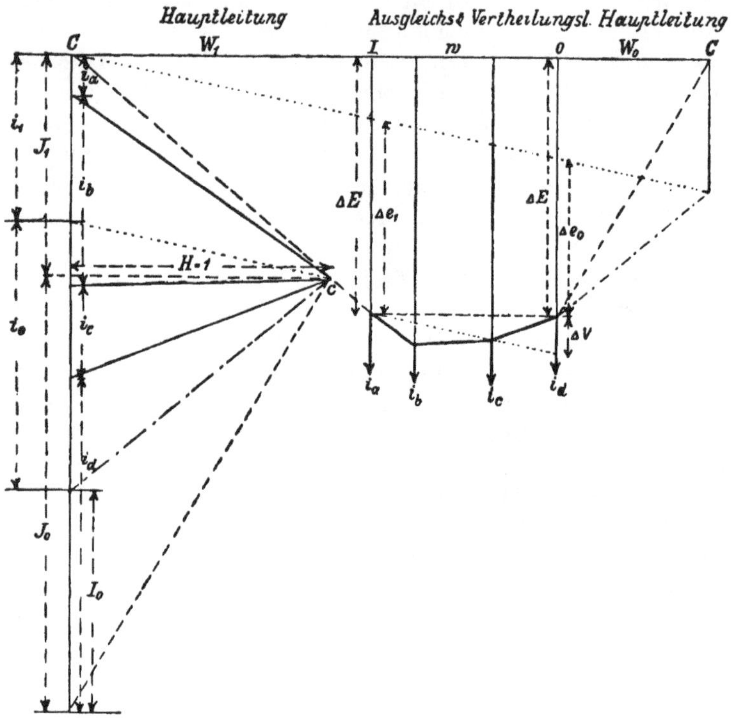

Fig. 26.

einem Scheitel C, welcher irgendwo in der nach einem gewählten Längenmasstabe gemessenen Höhe H = 1 beziehungsweise $H = \frac{Q}{\omega}$ oder $H = \frac{\Delta E}{\omega}$ oder endlich $H = \frac{1}{\omega}$ über der Basis gewählt wird.

Zieht man nunmehr zwischen den zur Basis der Hilfsdreiecke parallelen Richtlinien der einzelnen Stromabzweigungen beziehungsweise Stromzuführungen, welche nach dem gewählten Längenmasstabe um die Widerstände beziehungsweise die Länge der einzelnen Leitungsabschnitte von einander entfernt gezogen werden, an einander anschliessend Parallele zu den entsprechenden Linien der Hilfsdreiecke, so erhält man die Abzweigungs- bezw. Zuführungslinie ihrer Richtung nach, während die relative Lage dieser beiden Linien zu einander erst bestimmt ist, wenn die Ordinate des Diagrammes für irgend einen Punkt gegeben ist.

Wenn nur eine dieser beiden Linien auf Grund der vorliegenden Stromangaben in der oben dargestellten Weise konstruirt wurde, dagegen für die andere der beiden Linien diese Angaben fehlen, so lässt sich die Lage und Richtung der letzteren zur ersteren Linie nur dann finden, wenn für jeden geradlinigen Theil derselben zwei Ordinaten des gesuchten Diagrammes gegeben sind.

Das so erhaltene Diagramm hat folgende Eigenschaften:

1. Die parallel zur Basis der Hilfsdreiecke zu messenden Ordinaten des Diagrammes geben uns, wenn auf der Abscissenaxe die Widerstände aufgetragen sind und wenn $H = 1$ gewählt wird, die an den einzelnen Punkten der Leitung auftretenden Spannungsverluste. Die Ordinaten geben uns ferner, wenn auf der Abscissenaxe die Leitungslängen aufgetragen sind und wenn

$H = \frac{Q}{\omega}$	die an den einzelnen Punkten der Leitung auftretenden Spannungsverluste,
$H = \frac{\Delta E}{\omega}$	den für die ganze Leitung zu wählenden Querschnitt Q, damit der gegebene Spannungsverlust ΔE an dem in's Auge gefassten Punkte auftritt,
$H = \frac{1}{\omega}$	das Produkt $Q \times \Delta E$, beziehungsweise den Querschnitt Q für den Spannungsverlust von 1 Volt.

2. Die Neigung zweier Linien des Diagrammes, welche demselben Punkte der Leitung angehören, geben die dort fliessende, beziehungsweise zu- oder abfliessende Stromstärke an, indem die zu denselben parallel gezogenen Linien des betreffenden Hilfsdreieckes von der Basis eine Strecke abschneiden, die der betreffenden Stromstärke proportional ist.

Will man für eine Leitung, deren Querschnitt an verschiedenen Stellen verschieden ist, ein Diagramm der auftretenden Spannungsverluste darstellen, so hat man entweder für jeden der vorkommenden Querschnitte die Höhe der Hilfsdreiecke

$H = \frac{Q}{\omega}$ verschieden zu wählen, oder man hat die Richtlinien der Stromzu- oder Stromableitungen in der Entfernung $\frac{L}{Q}$ beziehungsweise $\frac{L\omega}{Q} = W$ von einander zu ziehen und die Höhe der Hilfsdreiecke $H = \frac{1}{\omega}$ beziehungsweise $H = 1$ zu wählen.

Die graphische Untersuchung der Leitungen zeigt volle Uebereinstimmung mit den Methoden der Graphostatik, und wir erkennen aus dieser Uebereinstimmung auch die volle Analogie der behandelten Fälle.

In Fig. 23 kann beispielsweise die Linie $B_1 B_2$ auch einen Träger darstellen, welcher in B_1 und B_2 unterstützt ist und auf welchen in den Punkten I, II, III . . . . . IV die ruhenden Einzellasten $i_1, i_2 \ldots\ldots i_b$ einwirken. In einem solchen Träger treten sodann ganz ähnliche Erscheinungen auf, wie in dem in Fig. 17 untersuchten Leiter.

An Stelle der Stromabzweigungen treten die Einzellasten, die in den Punkten B_1 und B_2 zuzuführenden Stromstärken J_l und J_r entsprechen den Auflagerdrücken daselbst.

Nach den Gesetzen der Statik ist das Drehmoment eines Auflagerdruckes gegen den anderen Unterstützungspunkt gleich der Summe der Drehmomente aller Einzellasten gegen denselben.

Uebereinstimmend hiermit haben wir gefunden, dass beispielsweise das Leitungsmoment der in B_1 zuzuführenden Stromstärke J_r gegen B_2 gleich ist der Summe der Leitungsmomente aller einzelnen Stromstärken gegen denselben Punkt B_2.

Ferner lehrt die Statik, dass das Biegungsmoment M in einem beliebigen Punkte p gleich ist der algebraischen Summe der Drehmomente aller links oder rechts davon befindlichen Auflager-Drücke und Einzellasten gegen diesen Punkt.

Ganz analog haben wir früher gefunden, dass der Spannungsverlust an einem beliebigen Punkte p gleich ist der algebraischen Summe der Leitungsmomente aller links oder rechts davon befindlichen Strom-Zu- oder Abführungen.

Endlich ist die in einem beliebigen Querschnitte auftretende Transversalkraft oder verticale Schubkraft der diesen Querschnitt durchfliessenden Stromstärke analog, denn beide sind gleich der algebraischen Summe aller links oder rechts wirkenden Kräfte, resp. zu- oder abfliessenden Stromstärken.

Nachdem nun die volle Analogie feststeht, ist es einleuchtend, dass man die für diesen Fall geltenden Hilfssätze der Graphostatik auch bei der graphischen Berechnung solcher Glühlichtleitungen anwenden kann.

Auch ist einzusehen, dass nicht allein die oben benützten, sondern auch die anderen graphischen Hilfsmethoden der Statik bei Untersuchung elektrischer Leitungsnetze Anwendung finden können.*)

Es würde jedoch zu weit führen, hier auf alle diese Methoden einzugehen; und wir begnügen uns daher mit den oben mitgetheilten und behandelten Beispielen, welche fast alle gewöhnlich vorkommenden Fälle umfassen und vor Allem geeignet sind, eine klare Vorstellung über die in elektrischen Leitungsnetzen auftretenden Verhältnisse zu erwecken, so dass man die in jedem Falle günstigste Anordnung leicht erkennen und den Einfluss irgend einer Veränderung leicht überblicken kann.

Man ist daher bei Benützung des graphischen Verfahrens in der Lage, die Arbeiten anderer ebenso wie die eigenen zu übersehen und jederzeit weitere Betrachtungen an dieselben zu knüpfen.

In der Praxis wird man je nach den Umständen sowohl von der Rechnung, als auch von der graphischen Untersuchung Gebrauch machen.

Die in den verschiedenen Fällen massgebenden Gesichtspunkte, sowie die zur Untersuchung derselben einzuschlagenden Wege sollen bei Behandlung der verschiedenen praktischen Fälle besonders erläutert werden.

---

*) Vergleiche J. Herzog, Elektrotechn. Zeitschr. 1893 I. Seite 10.

III. Ueber die Bemessung der Leitungen vom wirthschaftlichen Standpunkte.

Stromfortleitungskosten.

Die nach obigen Regeln gefundenen Bemessungen dürfen nicht ohneweiters der Anordnung zu Grunde gelegt werden, da es leicht vorkommen kann, dass sowohl die mit denselben verbundenen Gesammtkosten der Leitungs- und Betriebsanlage, als auch die beim Betriebe erwachsenden Arbeitsverluste und damit zusammenhängenden nutzlosen Betriebskosten derart hoch ausfallen, dass eine Abänderung der Leitungsquerschnitte vom wirthschaftlichen Standpunkte geboten erscheint. Während einerseits die Anlagekosten der Leitungsanlage um so geringer werden, je schwächer die Leitungen sind, ist es andererseits nothwendig, die Betriebsanlage so stark zu wählen, dass sie geeignet ist, ausser der ihr zukommenden grössten Nutzleistung auch die Spannungsverluste in den Leitungen zu überwinden. Es werden daher für die Verstärkung der Betriebsanlage gewisse Kosten aufzuwenden sein, welche um so grösser auffallen, je schwächer die Querschnitte der Leitungen gewählt werden.

Ausserdem ist zu berücksichtigen, dass der Strom bei dem Durchfliessen eines Leiters Arbeit abzugeben hat, welche sich in Erwärmung des Leiters kundgibt und, nachdem kein Nutzen aus ihr gezogen wird, als Verlust betrachtet werden muss. Dieser Arbeitsverlust und die dadurch erwachsenden Betriebskosten werden ebenfalls um so grösser sein, je schwächer die Leitung gewählt wurde.

Wenn man zu den für diese Arbeitsverluste jährlich aufzuwendenden Betriebskosten die jährliche Verzinsung und Amortisation obiger Kosten für die Leitungs- und Betriebsanlage hinzuzählt, so erhält man bei den sogenannten Hauptleitungen, welche nur der Stromfortleitung dienen, die alljährlich hiefür zu verwendenden sogenannten „Stromfortleitungskosten“.

Dieselben werden bei einem bestimmten Querschnitt der betreffenden Leitung, welchen wir den „wirthschaftlichen Querschnitt“ nennen wollen, ein Minimum werden.

Um letzteren ermitteln zu können, hat man die Stromfortleitungskosten als Funktion des Querschnittes darzustellen und deshalb vor Allem die einzelnen Bestandtheile derselben als solche auszudrücken.

Die Anlagekosten einer Leitung $k_l = LP + C$ sind gleich der Länge L der Leitung in Metern mal dem Preis P derselben pro Meter mehr einer additionellen Konstanten C, welche die Kosten der für jede Hauptleitung erforderlichen Anschlussapparate enthält. Der Preis der Leitung kann als Funktion des Querschnittes Q ausgedrückt werden, indem bei stärkeren Leitungen, bei welchen allein die wirthschaftliche Frage von Bedeutung werden kann, der Preis pro Meter P innerhalb ziemlich weiter Grenzen eine lineare Funktion von Q ist, also $P = aQ + c$. Es werden demnach auch die Anlagekosten der Leitung linear mit Q ansteigen und durch die Gleichung $k_l = L(aQ + c) + C$ dargestellt werden können.

Die Betriebseinrichtungen, welche zufolge der in der Leitung auftretenden Spannungsverluste nothwendig werden, verursachen gewisse Anlagekosten, welche nach erfolgter Wahl des Systemes annähernd im Verhältnisse zur geforderten Leistungsfähigkeit steigen.

Wird die volle Leistung der Betriebsanlage in Volt-Ampère ausgedrückt, und der auf ein Volt-Ampère entfallende Antheil der Kosten derselben mit b bezeichnet, so kann der auf den vollen Effektverlust in der Leitung entfallende Antheil der Betriebsanlagekosten $k_b = b \,.\, \Delta E \,.\, J$ gesetzt werden. Dabei bedeutet J die Stromstärke in Ampère*) und ΔE den Spannungsverlust in Volt, welche in der betreffenden Leitung bei vollem Betriebe auftreten. Der letztere lässt sich durch den Ausdruck $\Delta E = J \frac{L\omega}{Q}$ darstellen, worin L die Länge der Leitung in Metern, Q den Quer-

*) Diese sogenannte volle Betriebsstromstärke J entspricht stets dem grössten gleichzeitig konsumirten Effekt, also z. B bei Beleuchtungsanlagen der maximalen Anzahl der gleichzeitig brennenden Lampen, und darf nicht verwechselt werden mit der der angeschlossenen Lampenanzahl entsprechenden Stromstärke.

schnitt derselben in Quadratmillimetern und ω den specifischen Widerstand des verwendeten Leitungsmateriales in Ohm bei 15° C. darstellt. Wird dieser Werth für ΔE in den Ausdruck für k_b eingesetzt, so erhält man

$$k_b = b J^2 \frac{L \omega}{Q}.$$

Die Summe von k_l und k_b gibt die für die Stromfortleitung aufzuwendenden Anlagekosten

$$k = k_l + k_b = L(aQ + c) + bJ^2 \frac{L\omega}{Q} + C.$$

Bedeutet p_l den Procentsatz für Verzinsung, Amortisation und Instandhaltung der Leitungsanlage und p_b jenen für die Betriebsanlage, so betragen die im Jahr für Verzinsung, Amortisation und Instandhaltung auflaufenden Kosten für die Stromfortleitung

$$K_a = \frac{p_l}{100} k_l + \frac{p_b}{100} k_b = \frac{p_l}{100} [L(Qa + c) + C] + \frac{p_b}{100} b J^2 \frac{L\omega}{Q}.$$

Ausser diesen von den Anlagekosten bedingten jährlichen Kosten K_a erwachsen noch durch die in der Leitung auftretenden Arbeitsverluste jährlich fortlaufende Betriebskosten K_b, welche gefunden werden, indem man vorerst ermittelt, wie viele Stunden die in's Auge gefasste Anlage bei vollem Strome betrieben werden müsste, damit die dabei zur Ueberwindung der Leitungswiderstände aufzuwendende Arbeit in Summe eben so gross wird, wie die bei dem wirklichen Betriebe jährlich erwachsenden Arbeitsverluste.

Nennt man diese Zeit die durchschnittliche Dauer der vollen Effektverluste im Jahre und bezeichnet man dieselbe mit T, so sind die im Jahre erwachsenden Arbeitsverluste in Volt-Ampère-Stunden $\Delta A = \Delta E J T$.

Wird hier, ebenso wie oben, der Spannungsverlust

$$\Delta E = J \frac{L\omega}{Q}$$

durch Stromstärke, sowie Länge, Querschnitt und specifischen

Widerstand der Leitung ausgedrückt und die pro Volt-Ampère-Stunde erwachsenden Betriebskosten mit β bezeichnet, so erhält man die durch die Arbeitsverluste in der Leitung jährlich entstehenden Betriebskosten durch die Gleichung ausgedrückt

$$K_b = \beta J^2 T \frac{L\omega}{Q}.$$

Die „jährlichen Stromfortleitungskosten" K, d. i. die Summe der beiden Ausdrücke K_a und K_b, lassen sich demnach durch die Gleichung darstellen

$$K = K_a + K_b = \frac{p_l}{100}[L(Qa + c) + C] + \frac{p_b}{100} b J^2 \frac{L\omega}{Q} + \beta J^2 T \frac{L\omega}{Q},$$

beziehungwseise

$$K = QL \frac{p_l}{100} a + \frac{\omega}{Q} J^2 L \left(\frac{p_b}{100} b + \beta T\right) + \frac{p_l}{100} Lc + \frac{p_l}{100} C \quad . \quad 24)$$

Wirthschaftlicher Querschnitt.

Um den „wirthschaftlichen Querschnitt" Q_w zu finden, bei dessen Wahl die Stromfortleitungskosten ein Minimum werden, hat man den ersten Differentialquotienten von K nach Q gleich Null zu setzen und jenen Werth von Q zu suchen, der diesem Ausdrucke Genüge leistet.

Der Ausdruck für K hat die Form

$$K = AQ + B + C \frac{1}{Q}.$$

Wird derselbe nach Q differenzirt und gleich Null gesetzt, so erhält man

$$\frac{dK}{dQ} = A - C \frac{1}{Q^2} = 0$$

und daraus

$$Q = \sqrt{\frac{C}{A}}.$$

Ersetzt man A und C durch die wirklichen Werthe, so erhält man

$$Q_w = \sqrt{\frac{J^2 \omega L \left(\frac{p_b}{100} b + \beta T\right)}{L \frac{p_l}{100} \cdot a}} = J \sqrt{\frac{\frac{p_b}{100} \cdot b + \beta T}{\frac{p_l}{100} \frac{a}{\omega}}}$$

also

$$Q_w = J \frac{\sqrt{\frac{p_b}{100} \cdot b + \beta T}}{\sqrt{\frac{p_l}{100} \cdot \frac{a}{\omega}}}.$$

Nennt man den Ausdruck

$$\sqrt{\frac{p_b}{100} b + \beta T} = z_b \text{ „Betriebszahl"}$$

und jenen

$$\sqrt{\frac{p_l}{100} \frac{a}{\omega}} = z_l \text{ „Leitungszahl"},$$

so ergibt sich

$$Q_w = J \frac{z_b}{z_l} \qquad \text{. . . . . 25)}$$

d. h. der „wirthschaftliche Querschnitt" ist gleich der vollen Betriebsstromstärke mal dem Quotienten aus Betriebszahl durch Leitungszahl.

Dass für diesen Werth von Q die Stromfortleitungskosten wirklich ein Minimum werden, folgt daraus, dass der zweite Differentialquotient derselben für alle positiven Werthe von Q grösser als Null wird, indem

$$\frac{d^2 K}{d Q^2} = 2 J^2 \omega L \left(\frac{p_b}{100} b + \beta T\right) \frac{1}{Q^3}$$

für $Q > 0$ stets positiv werden muss.

Wirthschaftlicher Spannungsverlust.

Unter gewissen Umständen ist es wünschenswerth, statt des wirthschaftlichen Querschnittes den mit demselben verbundenen, bei vollem Betriebe auftretenden „wirthschaftlichen Spannungsverlust“ $\varDelta E_w$ kennen zu lernen. Derselbe lässt sich aus Q_w unmittelbar ableiten, indem

$$\varDelta E_w = \frac{J L \omega}{Q_w}$$

und daher

$$\varDelta E_w = \frac{J L \omega}{J \frac{z_b}{z_l}}$$

ist; also

$$\varDelta E_w = \omega L \frac{z_l}{z_b} \quad . \quad . \quad . \quad . \quad . \quad . \quad . \quad . \quad . \quad 26)$$

d. h. der „wirthschaftliche Spannungsverlust“ ist gleich der Länge der Leitung mal dem specifischen Widerstand des verwendeten Leitungsmateriales mal dem Quotienten aus Leitungszahl durch Betriebszahl.

Wirthschaftliche Stromdichte.

Besonders einfach gestaltet sich der Ausdruck für die bei vollem Betriebe vortheilhafteste „wirthschaftliche Stromdichte“, indem

$$D_w = \frac{J}{Q_w} = \frac{J}{J \frac{z_b}{z_l}}$$

ist; also

$$D_w = \frac{z_l}{z_b} \quad . \quad . \quad . \quad . \quad . \quad . \quad . \quad . \quad . \quad . \quad . \quad . \quad 27)$$

Diese Gleichung sagt: Die „wirthschaftliche Stromdichte“ ist gleich dem Quotienten aus Leitungszahl durch Betriebszahl.

Die wirthschaftliche Stromdichte ist also weder von der Länge der Leitung noch von der vollen Betriebsstromstärke und auch nicht von der Betriebsspannung beeinflusst und nur von den die Leitungs- und Betriebszahl bildenden Faktoren abhängig. Man wird daher nach Wahl einer gewissen Kabelsorte und Annahme der Betriebsverhältnisse unmittelbar die wirthschaftliche Stromdichte bestimmen können.

Den wirthschaftlichen Querschnitt wird man sodann nach Ermittlung der vollen Betriebsstromstärke ohne Kenntniss der Leitungslänge angeben können.

Zur Berechnung des wirthschaftlichen Spannungsverlustes benöthigt man ausser der Leitungs- und Betriebszahl nur noch die Kenntniss der Leitungslänge, keineswegs aber die Feststellung der Betriebsstromstärke oder der Betriebsspannung.

Es ist also der wirthschaftliche Spannungsverlust gänzlich unabhängig von der gewählten Betriebsspannung, so dass demnach die seinerzeit vielfach verbreitete Ansicht, der Leitungsquerschnitt sei aus wirthschaftlichen Gründen so zu wählen, dass ein gewisser Procentsatz der Betriebsspannung in der Leitung verloren gehe, nicht begründet ist, sondern vielmehr nach obigen Regeln bei Wahl derselben Kabelsorte und unter Annahme der gleichen Betriebsverhältnisse für dieselbe Leitungslänge bei 2000 Volt Betriebsspannung derselbe Spannungsverlust, wie beispielsweise bei 100 Volt Betriebsspannung vom wirthschaftlichen Standpunkte gerechtfertigt ist.

Da die volle Betriebsstromstärke J bei gegebener Betriebsleistung im umgekehrten Verhältnisse zur ersten Potenz der Betriebsspannung steht, folgt auch aus obiger Gleichung 25, dass der wirthschaftliche Querschnitt ebenfalls im umgekehrten Verhältnisse zur ersten Potenz der Betriebsspannung, aber nicht zum Quadrat derselben, wie häufig angenommen wird, stehen müsse. Ferner wird derselbe unter gleichen Betriebsverhältnissen je nach der gewählten Kabelsorte verschieden gross ausfallen, so dass beispielsweise bei dem Uebergang von einem theueren Kabel auf eine billige blanke Leitung eine wesentliche Verstärkung des Querschnittes geboten erscheint.

Geringste jährliche Stromfortleitungskosten.

Die geringsten jährlichen Stromfortleitungskosten, nämlich jene, welche bei Wahl wirthschaftlicher Querschnitte entstehen, werden gefunden, wenn man in die Gleichung für die jährlichen Stromfortleitungskosten für Q den Ausdruck für Q_w einsetzt, und man erhält dann

$$K_w = J\frac{z_b}{z_l} L \frac{p_l}{100} . a + \frac{\omega}{J\frac{z_b}{z_l}} J^2 L \left(\frac{p_b}{100} b + \beta T\right) + \frac{p_l}{100}[L c + C].$$

Wird bei dem ersten Ausdruck im Zähler und Nenner ω eingesetzt, so ergibt sich

$$K_w = J L \omega \frac{z_b}{z_l}\left(\frac{p_b}{100} \cdot \frac{a}{\omega}\right) +$$

$$+ J L \omega \frac{z_l}{z_b}\left(\frac{p_b}{100} b + \beta T\right) + \frac{p_l}{100}[L c + C].$$

Setzt man ferner wie früher den Ausdruck

$$\frac{p_l}{100} \frac{a}{\omega} = z_l^2$$

und den Ausdruck

$$\frac{p_b}{100} b + \beta T = z_b^2$$

in die Gleichung ein, so erhält man

$$K_w = J L \omega \frac{z_b}{z_l} \cdot z_l^2 + J L \omega \frac{z_l}{z_b} \cdot z_b^2 + \frac{p_l}{100}[L c + C]$$

und endlich

$$K_w = 2 J L \omega z_b z_l + \frac{p_l}{100}[L c + C] \quad . \ . \ . \ . \ . \ 28)$$

Es lassen sich somit die geringsten jährlichen Stromfortleitungskosten nach Wahl der Kabelsorte und Annahme der Betriebsverhältnisse aus der Länge der Leitung und der vollen Betriebsstromstärke bestimmen, ohne dass man vorher den Leitungsquerschnitt oder den Spannungsverlust zu ermitteln braucht.

Kommen mehrere (n) Hauptleitungen in Betracht, deren Längen $L_1, L_2, L_3, \ldots . L_n$ sind, deren volle Betriebsstromstärken $J_1, J_2, J_3, J_4, \ldots . J_n$ betragen und für welche aus technischen Gründen ein gemeinsamer Spannungsverlust gewählt werden soll, so kann nur von einem „mittleren wirtschaftlichen Spannungsverlust" $(\varDelta E_w)_m$ gesprochen werden, bei dessen Wahl für alle Leitungen zusammen die jährlichen Gesammtstromfortleitungskosten $(\Sigma K)_w$ am geringsten werden.

Um diesen mittleren wirthschaftlichen Spannungsverlust $(\varDelta E_w)_m$ zu finden, wollen wir die Summe der jährlichen Stromfortleitungskosten für alle in Betracht kommenden Hauptleitungen als Funktion von $\varDelta E$ darstellen und jenen Werth von $\varDelta E$ suchen, für welchen diese Summe ein Minimum wird.

Nach Gleichung 10 ist

$$K = Q L \frac{p_l}{100} a + \frac{\omega}{Q} J^2 L \left(\frac{p_b}{100} b + \beta T\right) + \frac{p_l}{100}(L c + C),$$

setzt man hierin

$$Q = \frac{L J \omega}{\varDelta E}; \quad \frac{p_l}{100} \frac{a}{\omega} = z_l^2$$

und

$$\left(\frac{p_b}{100} b + \beta T\right) = z_b^2$$

so erhält man

$$K = \frac{L J \omega}{\varDelta E} L \omega z_l^2 + \varDelta E J z_b^2 + \frac{p_l}{100}(L c + C),$$

$$K = \frac{J L^2 \omega^2 z_l^2}{\varDelta E} + \varDelta E (J z_b^2) + \frac{p_l}{100}(L c + C).$$

Bei gemeinsamem Spannungsverlust $\varDelta E$ ergibt sich demnach für die einzelnen Hauptleitungen

$$K_1 = \frac{J_1 L_1^2 \omega^2 z_l^2}{\varDelta E} + \varDelta E (J_1 z_b^2) + \frac{p_l}{100}[L_1 c + C],$$

$$K_2 = \frac{J_2 L_2^2 \omega^2 z_l^2}{\varDelta E} + \varDelta E (J_2 z_b^2) + \frac{p_l}{100}[L_2 c + C],$$

. . . .

$$K_n = \frac{J_n L_n^2 \omega^2 z_l^2}{\varDelta E} + \varDelta E (J_n z_b^2) + \frac{p_l}{100}[L_n c + C],$$

somit die Summe der jährlichen Stromfortleitungskosten

$$\Sigma K = \frac{\Sigma(J L^2) \omega^2 z_l^2}{\Delta E} + \Delta E \Sigma(J) z_b^2 + \frac{p_l}{100}[\Sigma(L) c + C n].$$

Mittlerer wirthschaftlicher Spannungsverlust und geringste jährliche Stromfortleitungskosten für mehrere Hauptleitungen.

Die Summe der jährlichen Stromfortleitungskosten erscheint in der Form

$$\Sigma K = A \Delta E + B + \frac{C}{\Delta E}$$

und wird am geringsten, wenn

$$\Delta E = \sqrt{\frac{C}{A}}$$

wird. Man erhält dann den mittleren wirthschaftlichen Spannungsverlust für mehrere Hauptleitungen

$$(\Delta E_w)_m = \omega \frac{z_l}{z_b} \sqrt{\frac{\Sigma(J L^2)}{\Sigma(J)}} \quad \ldots\ldots \quad 26a)$$

und demnach die geringsten jährlichen Stromfortleitungskosten

$$(\Sigma K)_w = 2 \omega z_l z_b \sqrt{\Sigma(J) \cdot \Sigma(J L^2)} + \frac{p_l}{100}[\Sigma(L) c + C n] \quad \ldots \quad 28a$$

Vortheilhafteste Bemessung der Querschnitte mehrerer hintereinandergeschalteter verschiedenartiger Leitungen bei gegebenem Gesammtspannungsverlust.

Wenn mehrere verschiedenartige Leitungen hintereinander geschaltet angeordnet werden sollen, so wird man dieselben mit wirthschaftlichem Querschnitte ausrüsten, soferne der in den Leitungen zulässige Spannungsverlust nicht begrenzt oder von vorneherein bestimmt ist.

Der auftretende Gesammt-Spannungsverlust beträgt sodann die Summe der wirthschaftlichen Spannungsverluste in den einzelnen Leitungen.

Ganz anders steht die Sache, wenn der Gesammt-Spannungsverlust im vorhinein gegeben ist und bei einer gewissen Stromstärke eingehalten werden muss.

In diesem Falle führt folgende Erwägung zu der vortheilhaftesten Wahl der Querschnitte.

In Figur 27 sei L die Länge der ganzen Leitung, welche aus zwei verschiedenartigen Leitungen gebildet werden soll, von welchen die eine, beispielsweise eine blanke, oberirdisch geführte Leitung, die Länge L_1, die andere, beispielsweise ein unterirdisch verlegtes Kabel, die Länge L_2 besitzen soll.

Es ist zu ermitteln, welche Querschnitte Q_1 und Q_2 zu wählen sind, damit bei einer Stromstärke J der Gesammt-Spannungsverlust Δe auftrete und das beste wirthschaftliche Verhältniss getroffen werde.

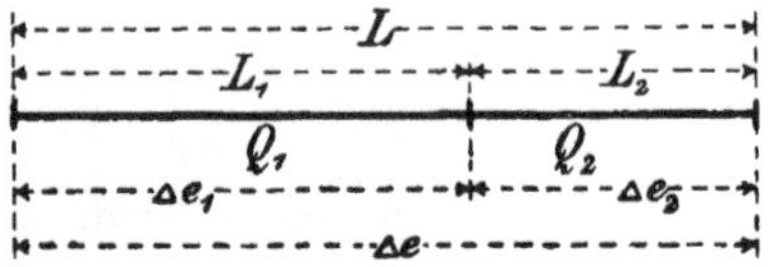

Fig. 27.

Es betragen die Kosten der ersten Leitung

$$k_{l_1} = L_1 (a_1 Q_1 + c_1)$$

und jene der zweiten Leitung

$$k_{l_2} = L_2 (a_2 Q_2 + c_2),$$

somit die Gesammtkosten der ganzen Leitung

$$k_l = k_{l_1} + k_{l_2} = L_1 (a_1 Q_1 + c_1) + L_2 (a_2 Q_2 + c_2),$$

soferne a_1, c_1 und a_2, c_2 die den verschiedenartigen Leitungen eigenthümlichen Koëfficienten sind.

Der auftretende Gesammtspannungsverlust Δe setzt sich aus den Spannungsverlusten in den beiden Theilen Δe_1 und Δe_2 zusammen, welche in bekannter Weise durch die Gleichungen $\Delta e = \frac{J L_1 \omega}{Q_1}$ und $\Delta e_2 = \frac{J L_2 \omega}{Q_2}$ ausgedrückt werden können. Danach ergeben sich die Querschnitte Q_1 und Q_2 wie folgt:

$$Q_1 = \frac{J L_1 \omega}{\Delta e_1} \text{ und } Q_2 = \frac{J L_2 \omega}{\Delta e_2}.$$

Setzt man in letzter Gleichung

$$\Delta e_2 = \Delta e - \Delta e_1 = \Delta e - \frac{J\,L_1\,\omega}{Q_1}$$

ein, so erhält man

$$Q_2 = \frac{J \cdot L_1\,\omega}{\Delta e - \frac{J\,L_2\,\omega}{Q_1}} = \frac{J\,L_2\,\omega\,Q_1}{Q_1\,\Delta e - J\,L_1\,\omega}.$$

Unter Benützung dieses Ausdruckes für den Querschnitt Q_2 erhält man die Gesammtkosten wie folgt:

$$k_1 = L_1\,(a_1\,Q_1 + c_1) + L_2\left(a_2\,\frac{J\,L_2\,\omega\,Q_1}{Q_1\,\Delta e - J\,L_1\,\omega} + c_2\right).$$

Die für Verzinsung und Amortisation dieser Kosten, sowie für Instandhaltung der Leitungen jährlich auflaufenden Kosten müssen ein Minimum werden, wenn die vom wirthschaftlichen Standpunkte vortheilhafteste Anordnung getroffen ist.

Dieselben betragen:

$$k_a = \frac{p_1}{100}\,L_1\,(a_1\,Q_1 + c_1) + \frac{p_2}{100}\,L_2\left(Q_2\,\frac{J\,L_2\,\omega\,Q_1}{Q_1\,\Delta e - J\,L_1\,\omega} + c_2\right)$$

$$k_a = \frac{p_1}{100}\,L_1\,a_1\,Q_1 + \frac{p_1}{100}\,L_1\,c_1 + \frac{p_2}{100}\,L_2\,a_2\,\frac{J\,L_2\,\omega\,Q_1}{Q_1\,\Delta e - J\,L_1\,\omega} + \frac{p^2}{100} \cdot L_2 c_2,$$

wobei p_1 und p_2 den Procentsatz für Verzinsung, Amortisation und Instandhaltung der verschiedenen Leitungen bedeutet.

Setzt man den Differentialquotienten dieses Ausdruckes nach Q_1 gleich Null, so findet man jenen Werth von Q_1, welcher die vortheilhafteste Anordnung bietet:

$$\frac{d\,k_a}{d\,Q_1} = \frac{p_1}{100}\,L_1\,a_1 - \frac{\frac{p_2}{100} \cdot L_2^2\,a_2\,J^2\,\omega^2\,L_1}{(Q_1\,\Delta e - J\,L_1\,\omega)^2} = 0;$$

hieraus

$$Q_1 = \frac{J\,L_1\,\omega}{\Delta e} \pm \sqrt{\frac{p_2\,a_2}{p_1\,a_1} \cdot \frac{J^2\,L_2^2\,\omega^2}{\Delta e^2}}.$$

Da $Q_1 = \frac{J\,L_1\,\omega}{\Delta e_1}$ und da $\Delta e_1 < \Delta e$ ist, kann nur das positive Zeichen gelten, und es wird daher

$$Q_1 = \frac{J L_1 \omega}{\varDelta e} + \frac{J L_2 \omega}{\varDelta e} \sqrt{\frac{p_2 a_2}{p_1 a_1}} = \frac{J \omega}{\varDelta e} \left(L_1 + L^2 \sqrt{\frac{p_2 a_2}{p_1 a_1}}\right)$$

analog würde man erhalten haben

$$Q_2 = \frac{J L_2 \omega}{\varDelta e} + \frac{J L_1 \omega}{\varDelta e} \sqrt{\frac{p_1 a_1}{p_2 a_2}} = \frac{J \omega}{\varDelta e} \left(L_2 + L_1 \sqrt{\frac{p_1 a_1}{p_2 a_2}}\right).$$

Bekanntlich ist die Leitungszahl

$$z_l = \sqrt{\frac{p_l}{100} \frac{a}{\omega}},$$

und es kann dieselbe für die beiden Leitungen mit $(z_l)_1$ und $(z_l)_2$ bezeichnet und unter Beibehaltung obiger Bezeichnungen durch die Gleichungen

$$(z_l)_1 = \sqrt{\frac{p_1}{100} \frac{a_1}{\omega}} \text{ und } (z_l)_2) = \sqrt{\frac{p_2 a_2}{100 \cdot \omega}}$$

ausgedrückt werden.

Der Quotient dieser Leitungszahlen ist

$$\frac{(z_l)_1}{(z_l)_2} = \sqrt{\frac{p_1 a_1}{p_2 a_2}}$$

und umgekehrt, und man kann somit schreiben:

$$Q_1 = \frac{J \omega}{\varDelta e}\left(L_1 + L_2 \frac{(z_l)_2}{(z_l)_1}\right) \text{ und } Q_2 = \frac{J \omega}{\varDelta e}\left(L_2 + L_1 \frac{(z_l)_1}{(z_l)_2}\right),$$

beziehungsweise

$$Q_1 = \frac{J \omega}{\varDelta e} \frac{(L z_l)_1 + (L z_l)_2}{(z_l)_1} \text{ und } Q_2 = \frac{J \omega}{\varDelta e} \frac{(L z_l)_1 + (L z_l)_2}{(z_l)_2}.$$

Der in den einzelnen Leistungen auftretende Spannungsverlust beträgt somit

$$\varDelta e_1 = \varDelta e \frac{(L z_l)_1}{(L z_l)_1 + (L z_l)_2}$$

beziehungsweise

$$\varDelta e_2 = \varDelta e \frac{(L z_l)_2}{(L z_l)_1 + (L z_l)_2}.$$

Aus diesen Ausdrücken erkennt man bereits das hier gültige Gesetz und man kann in analoger Weise für den Fall, wo mehrere Leitungen hintereinander geschaltet sind, die nachstehenden ganz allgemeinen Formeln erhalten, mittels welchen jeder einzelne Querschnitt

$$Q_\chi = \frac{J\,\omega}{\Delta e} \cdot \frac{(L z_1)_1 + (L z_1)_2 + (L z_1)_3 + \ldots\ldots + (L z_1)_n}{(z_1)_\chi} \quad . \; . \; 29)$$

$$\Delta e_\chi = \Delta e \, \frac{(L z_1)_\chi}{(L z_1)_1 + (L z_1)_2 + (L z_1)_3 + \ldots\ldots + (L z_1)_n} \quad . \; . \; 30)$$

und jeder einzelne Spannungsverlust berechnet werden kann, sobald die einzelnen Leitungsarten, beziehungsweise die für dieselben gültigen Leitungszahlen gewählt sind.

Stromvertheilungskosten.

Ausser den nur der Stromfortleitung dienenden Hauptleitungen kommen bei Leitungsnetzen für Parallelschaltung der Verbrauchsstellen auch noch die Vertheilungsleitungen in Betracht, welche dazu dienen, den Strom an die einzelnen Verbrauchsstellen zu vertheilen.

Während die Hauptleitungen womöglich mit wirthschaftlichen Querschnitten zu wählen sind, muss die Bemessung der Vertheilungsleitungen derart erfolgen, dass die Schwankungen in der Gebrauchsspannung die zulässigen Grenzen nicht überschreiten.

Da diese zulässigen Grenzen meist sehr enge sind, müssen zufolge der letzteren Bedingung die Vertheilungsleitungen meist viel stärker bemessen werden, als es vom wirthschaftlichen Standpunkte nothwendig wäre. Man hat deshalb die sogenannten Vertheilungspunkte, an welchen die Hauptleitungen in die Vertheilungsleitungen einmünden, möglichst weit in das Konsumgebiet vorzurücken und die Austheilung und Anzahl der Hauptleitungen derart zu wählen, dass die Summe der Stromleitungskosten für Haupt- und Vertheilungsleitungen ein Minimum wird.

Welche Anordnung annähernd die günstigste ist, wird in jedem speciellen Falle durch Stichproben ermittelt werden müssen.

Es lässt sich jedoch für den allgemeinen Fall, in welchem nämlich eine vollkommen gleichmässige Belastung der Vertheilungsleitungen entlang ihrer ganzen Länge stattfindet, die günstigste Länge der Vertheilungsleitungen in Bezug auf die Länge der Hauptleitungen und die übrigen Faktoren ermitteln, wenn man zu den jährlichen Stromfortleitungskosten den Aufwand für Verzinsung und Amortisation der Vertheilungsleitungen, sowie die Kosten der Betriebsverluste in denselben (die sogenannten Stromvertheilungskosten) hinzuaddirt und dann feststellt, bei welcher Länge der Vertheilungsleitungen die auf die Stromeinheit entfallende Summe dieser Kosten ein Minimum wird.

Wir werden ähnlich vorgehen wie bei Ermittlung des wirthschaftlichen Querschnittes der Hauptleitungen und auch die Bezeichnungsweise übereinstimmend mit der dortigen wählen, dabei aber alle Grössen, welche sich auf die Vertheilungsleitungen beziehen, von den auf die Hauptleitung Bezug habenden durch Beifügung eines Striches unterscheiden oder durch kleine Buchstaben bezeichnen.

Demnach ist der Preis einer Vertheilungsleitung pro laufenden Meter $P' = a' \cdot q + c'$, und es ergeben sich somit, wenn n' Vertheilungsleitungen je von der Länge l von einer Hauptleitung gespeist werden, die Anlagekosten der auf diese Hauptleitung entfallenden Vertheilungsleitungen aus der Gleichung

$$k'_l = n' \, l \, P' = n' \, l \, (a' \, q + c').$$

Dabei ist unter l die Länge jenes Theiles der Vertheilungsleitungen zu verstehen, welcher von der betreffenden Hauptleitung gespeist wird. Vertheilungsleitungen, welche von zwei Hauptleitungen gespeist werden, hat man sich in der Mitte zwischen den beiden Hauptleitungen auseinandergeschnitten zu denken.

Ersetzt man den Querschnitt q unter Zugrundelegung einer gleichmässigen Belastung nach Formel 11a) durch

$$p = \frac{1}{2} \, \frac{\alpha \, \omega}{\Delta e_{max}} \, l^2,$$

so ergibt sich

$$k_l = n' \, l \left(a' \, \frac{1}{2} \, \frac{\alpha \, l^2 \, \omega}{\Delta e_{max}} + c' \right),$$

wobei α die auf den laufenden Meter der Vertheilungsleitung gleichmässig vertheilte Stromabgabe bei vollem Betriebe und

Δe_{max} den dabei zulässigen maximalen Spannungsverlust in einer Vertheilungsleitung darstellen.

Zu diesen Anlagekosten der Vertheilungsleitungen sind jene Kosten hinzuzuzählen, welche auf die Verstärkung der Betriebseinrichtung verwendet werden müssen, damit dieselbe die in den Vertheilungsleitungen auftretenden Spannungsverluste, soweit erforderlich, ersetzen kann.

Gewöhnlich pflegt man nämlich zur Zeit des stärksten Konsumes die Spannung an den Vertheilungspunkten ungefähr um $^1/_2$ bis $^2/_3$ Δe_{max} höher als normal zu halten, damit die entferntest gelegenen Gebrauchsstellen nicht zu schwache Spannung erhalten.

Es muss daher eine Betriebseinrichtung vorhanden sein, welche bei voller Beanspruchung der Anlage noch eine Zusatzspannung von $^2/_3$ Δe_{max} erzeugen kann, und deren Mehrkosten sich nach Früherem durch den Ausdruck darstellen lassen

$$k_b' = \frac{2}{3} \, b \, J \, \Delta e_{max}.$$

Nachdem $J = n' \alpha l$, so ergibt sich

$$k_b' = \frac{2}{3} \, n' \alpha \, l \, b \, \Delta e_{max}.$$

Bedeutet wie früher p_l den für die Leitungsanlage giltigen Procentsatz für Verzinsung, Amortisation und Instandhaltung und p_b jenen für die Betriebsanlage, so betragen die im Jahre durch die Stromvertheilung verursachten, für Verzinsung, Amortisation und Instandhaltung auflaufenden Kosten

$$K_a' = \frac{p_l}{100} k_l' + \frac{p_b}{100} k_b'$$

$$K_a' = n'\alpha l \left[\frac{p_l}{100} \frac{1}{2} \frac{a' \omega}{\Delta e_{max}} l^2 + \frac{2}{3} \frac{p_b}{100} b \, \Delta e_{max} \right] + \frac{p_l}{100} n' l c'.$$

Ausser diesen zufolge der Anlagekosten entstehenden jährlichen Kosten K_a' erwachsen noch durch die in der Vertheilungsleitung auftretenden Arbeitsverluste jährlich fortlaufende Betriebskosten K_b', welche sich aus der Summe der Effektverluste in den n'Vertheilungsleitungen und der durchschnittlichen Dauer „T" der vollen Effektverluste im Jahre ergeben.

Der Effektverlust in einer von einer Hauptleitung gespeisten, mit der Stromstärke α pro Längeneinheit gleichmässig belasteten Vertheilungsleitung von der Länge l ergibt sich, wenn man das Produkt $\alpha \Delta e$ von 0 bis l integrirt.

Der an einer beliebigen Stelle in der Entfernung x vom Vertheilungspunkte auftretende Spannungsverlust Δe lässt sich nach Formel 10 wie folgt ausdrücken:

$$\Delta e = \frac{x \omega}{q} l a - \frac{1}{2} \frac{\alpha \omega}{q} x^2,$$

wobei $J_0 = l\alpha$ eingesetzt wurde. Es kann demnach der auf die Stromstärke α entfallende Effektverlust von dem Vertheilungspunkte bis zu irgend einer Stelle der Leitung dargestellt werden durch die Gleichung

$$\alpha \Delta e = \frac{\alpha^2 \omega}{q} \left(l x - \frac{1}{2} x^2 \right).$$

Die Summe aller dieser in der Leitung von der Länge l auftretenden Effektverluste wird gefunden, wenn man obigen Ausdruck nach dx von 0 bis l integrirt. Es ergibt sich dann

$$\int_0^l \alpha \Delta e \, dx = \int_0^l \frac{\alpha^2 \omega}{q} \left(l x \, dx - \frac{1}{2} x^2 \, dx \right) = \frac{\alpha^2 \omega}{q} \left(\frac{1}{2} l^3 - \frac{1}{6} l^3 \right) =$$

$$= \frac{1}{3} \frac{\alpha^2 \omega}{q} l^3.$$

Setzt man hierin den in Formel 11a gefundenen Ausdruck für q ein, so erhält man den Effektverlust in einer Vertheilungsleitung, welche gleichmässig belastet ist,

$$\int_0^l \alpha \Delta e \, dx = \frac{1}{3} \frac{\alpha^2 \omega}{\frac{1}{2} \frac{\alpha l^2 \omega}{\Delta e_{max}}} l^3 = \frac{2}{3} \alpha \Delta e_{max} \, l,$$

und somit den in einer solchen Vertheilungsleitung auftretenden Arbeitsverlust

$$\Delta A' = \frac{2}{3} \alpha \Delta e_{max} \, l T.$$

Es ist demnach

$$n' \Delta A' = \frac{2}{3} n' a \Delta e_{max} \, l \, T$$

der gesammte Arbeitsverlust in n′ solchen Vertheilungsleitungen.

Die durch diesen Arbeitsverlust erwachsenden Betriebskosten ergeben sich, wenn man denselben mit den pro Volt-Ampère-Stunde entfallenden Betriebskosten β multiplicirt und dabei α in Ampère und Δe in Volt einsetzt. Man erhält dann

$$K'_b = \frac{2}{3} \beta n' \alpha \Delta e_{max} \, l \, T = n' \alpha \, l \cdot \frac{2}{3} \beta T \Delta e_{max}.$$

Die Summe der beiden Ausdrücke K'_a mehr K'_b stellt jene Kosten K′ dar, welche im Jahr für die Vertheilung des Stromes aufzuwenden sind und „jährliche Stromvertheilungskosten" genannt werden sollen.

Dieselben ergeben sich aus der Gleichung

$$K' = K'_a + K'_b = n' \alpha \, l \left[\frac{p_l}{100} \cdot \frac{1}{2} \frac{a' \omega}{\Delta e_{max}} l^2 + \frac{2}{3} \frac{p_b}{100} b \Delta e_{max} \right] +$$

$$+ \frac{p_l}{100} n' l c' + n' \alpha \, l \cdot \frac{2}{3} \beta T \Delta e_{max},$$

und wenn man wie früher $\frac{p_b}{100} b + \beta T = z_b^2$

setzt, wie folgt .

$$K' = n' \alpha \, l \left[\frac{p_l}{100} \cdot \frac{1}{2} \cdot \frac{a' \omega}{\Delta e_{max}} l^2 + \frac{2}{3} z_b^2 \Delta e_{max} \right] + \frac{p_l}{100} n' l c' \quad . \quad . \quad 31)$$

Stromzuleitungskosten.

Zählt man zu den jährlichen Stromvertheilungskosten die jährlichen Stromfortleitungskosten hinzu, so erhält man in der Summe der beiden die gesammten Kosten, welche jährlich durch die Stromzuleitung von der Betriebsanlage zu den Verbrauchsstellen erwachsen und welche wir „jährliche Stromzuleitungskosten" nennen wollen.

Die jährlichen Stromfortleitungskosten sind in Formel 24 wie folgt dargestellt:

$$K = Q\,L\,\frac{p_l}{100}\,a + \frac{\omega}{Q}\,J^2 L \left(\frac{p_b}{100}\,b + \beta\,T\right) + \frac{p_l}{100}\,(L\,c + C);$$

setzt man

$$Q = \frac{J\,L\,\omega}{\varDelta E},\quad J = n'\,\alpha\,l \text{ und } \frac{p_b}{100}\,b + \beta T = z_b^2,$$

so erhält man

$$K = n'\,\alpha\,l\left[\frac{p_l}{100}\,\frac{a\,\omega}{\varDelta E}\,L^2 + z_b^2\,\varDelta E\right] + \frac{p_l}{100}\,(L\,c + C).$$

Es ergibt sich somit die Summe von $K' + K = Z$, also die jährlichen Stromzuleitungskosten aus der Gleichung:

$$Z = K + K' = n'\,\alpha\,l\left[\frac{p_l}{100}\left(\frac{a\,\omega}{\varDelta E}\,L^2 + \frac{1}{2}\,\frac{a'\,\omega}{\varDelta e_{max}}\,l^2\right) + \right.$$

$$\left. + z_b^2\left(\varDelta E + \frac{2}{3}\,\varDelta e_{max}\right)\right] + \frac{p_l}{100}\,L c + C + n'\,l\,c') \quad . \quad . \quad . \quad 32)$$

Hieraus erhält man die „auf die Stromeinheit entfallenden jährlichen Stromzuleitungskosten" nach der Gleichung:

$$Z^1 = \frac{Z}{n'\,\alpha\,l} = \frac{p_l}{100}\left(\frac{a\,\omega}{\varDelta E}\,L^2 + \frac{1}{2}\,\frac{a'\,\omega}{\varDelta e_{max}}\,l^2\right) + z_b^2\left(\varDelta E + \frac{2}{3}\,\varDelta e_{max}\right) +$$

$$+ \frac{p_l}{100}\left(\frac{L\,c + C}{n'\,\alpha\,l} + \frac{c'}{\alpha}\right) \quad . \quad . \quad . \quad . \quad . \quad . \quad 33)$$

Günstigste Länge einer Vertheilungsleitung
(unter Zugrundelegung gleichmässig vertheilter Belastung).

Die günstigste Länge einer Vertheilungsleitung, das ist jene für welche die auf die Stromeinheit entfallenden jährlichen Stromzuleitungskosten unter übrigens gleichen Umständen ein Minimum werden, ergibt sich, wenn man den ersten Differentialquotienten von Z^1 nach l gleich Null setzt und jenen Werth von l sucht, der diesem Ausdrucke entspricht.

Man erhält auf diese Weise:

$$\frac{dZ^1}{dl} = \frac{p_l}{100}\,\frac{1}{2}\,\frac{a'\,\omega}{\varDelta e_{max}}\,2\,l - \frac{p_l}{100}\,\frac{L\,c + C}{n'\,\alpha\,l^2} = 0,$$

und daraus die „günstigste Länge einer Vertheilungsleitung“

$$l_w = \sqrt[3]{\frac{(L c + C)\, \Delta e_{max}}{a' \omega \alpha n'}}, \quad \ldots\ldots\ldots \quad 34)$$

worunter jener Theil einer Vertheilungsleitung zu verstehen ist, welcher von einer Hauptleitung von der Länge L gespeist wird.

Dass für diesen Werth von l die jährlichen Stromzuleitungskosten Z^1 unter sonst gleichen Umständen wirklich ein Minimum werden, folgt daraus, dass der zweite Differentialquotient von Z^1 nach l für alle positiven Werthe von l ebenfalls positiv wird.

Wie man bei der Differentiation bemerkte, entfallen dabei alle Glieder des Ausdruckes für Z^1, welche die Betriebskosten darstellen, und es verbleiben nur solche Glieder, welche auf die Anlagekosten von Einfluss sind. Man hätte daher dasselbe Resultat erhalten, wenn man untersucht hätte, für welche Länge der Vertheilungsleitungen (l) die auf die Stromeinheit entfallende Summe der Anlagekosten ein Minimum wird.

Es sind nämlich die Anlagekosten jeder Hauptleitung

$$k_l = L(a Q + c) + C = L\left(a \frac{L \omega J}{\Delta E} + c\right) + C,$$

und jene der von dieser Hauptleitung gespeisten Vertheilungsleitungen

$$k'_l = n' l \left(a' \frac{1}{2} \frac{\alpha l^2 \omega}{\Delta e_{max}} + c'\right).$$

Ersetzt man in dem ersteren Ausdruck J durch $n' \alpha l$ und sucht sodann die auf die Stromeinheit entfallenden Anlagekosten für Haupt- und Vertheilungsleitungen, so ergibt sich

$$\frac{k_l + k_l'}{n' \alpha l} = \frac{a \omega L^2}{\Delta E} + \frac{L c + C}{n' \alpha l} + a' \frac{1}{2} \frac{l^2 \omega}{\Delta e_{max}} + \frac{c'}{\alpha}.$$

Wenn man diesen Ausdruck nach l differenzirt und den Differentialquotienten gleich Null setzt, erhält man

$$\frac{d \frac{k_l + k_l'}{n' \alpha l}}{d l} = - \frac{L c + C}{n' \alpha l^2} + \frac{a' \omega}{\Delta e_{max}} l = 0,$$

und daraus wie oben

$$l_w = \sqrt[3]{\frac{(L\,c + C)\,\Delta\,e_{max}}{a'\,\omega\,\alpha\,n'}} \quad . \quad . \quad . \quad . \quad . \quad 34)$$

In Formel 34 ist unter L jene mittlere Länge zu verstehen, welche durchschnittlich jede neue Hauptleitung erhalten würde, falls die Anzahl der Hauptleitungen vermehrt werden sollte.

Wenn daher jeder Vertheilungspunkt durch eine besondere Hauptleitung von der Betriebsstation bis zu dem betreffenden Vertheilungspunkte gespeist wird, so ist die Länge dieses Stranges einzusetzen, wenn jedoch, wie dies in Fig. 14 auf Seite 42 dargestellt ist, mehrere Vertheilungspunkte von einer gemeinsamen Hauptleitung gespeist werden, welche sich von einem Punkte C an zu den einzelnen Vertheilungspunkten verzweigt, so hat man für L die Länge der einzelnen Stränge von C bis zu den einzelnen Vertheilungspunkten einzusetzen.

Geringste jährliche Stromzuleitungskosten.

Führt man den so gefundenen Ausdruck für die günstigste Länge einer Vertheilungsleitung in die Formel 33 ein und setzt zugleich statt ΔE den Werth für ΔE_w ein, so erhält man die „auf die Stromeinheit entfallenden geringsten jährlichen Stromzuleitungskosten Z^1_w“ wie folgt:

$$Z^1_w = \frac{p_l}{100}\left(\frac{a\,\omega}{\omega\,L\,\frac{z_l}{z_b}}\,L^2 + \frac{1}{2}\,\frac{a'\,\omega}{\Delta\,e_{max}}\sqrt[3]{\left(\frac{(L\,c + C)\,\Delta\,e_{max}}{a'\,\omega\,\alpha\,n'}\right)^2}\right) +$$

$$+ z_b^2\left(\omega\,L\,\frac{z_l}{z_b} + \frac{2}{3}\,\Delta\,e_{max}\right) + \frac{p_l}{100}\left(\frac{L\,c + C}{n'\,\alpha\sqrt[3]{\frac{(L\,c + C)\,\Delta\,e_{max}}{a'\,\omega\,\alpha\,n'}}} + \frac{c'}{\alpha}\right),$$

und daraus nach Kürzung

$$Z^1_w = 2\,L\,\omega\,z_b\,z_l + \frac{2}{3}\,z_b^2\,\Delta\,e_{max} +$$

$$+ \frac{p_l}{100}\left[\frac{3}{2}\sqrt[3]{\frac{(L\,c + C)^2\,a'\,\omega}{\Delta e_{max}\,\alpha^2\,n'^2}} + \frac{c'}{\alpha}\right] \quad . \quad . \quad . \quad . \quad 35)$$

Geringste Anlagekosten des Stromzuleitungsnetzes.

Die Anlagekosten des Stromzuleitungsnetzes setzen sich zusammen aus den Anlagekosten der Hauptleitungen

$$k_l = L(a\,Q + c) + C$$

und jenen der Vertheilungsleitungen

$$k'_l = n'\,l\left(a'\,\frac{1}{2}\,\frac{\alpha\,l^2.\omega}{\varDelta e_{max}} + c'\right) = \frac{1}{2}\,l^3\,\frac{a'\,n'\,\alpha\,\omega}{\varDelta e_{max}} + n'\,l\,c'.$$

Erstere werden am geringsten bei Wahl des wirthschaftlichen Querschnittes, letztere bei Einhaltung der günstigsten Länge der Vertheilungsleitungen. Zieht man vorläufig nur eine Hauptleitung und die auf dieselbe entfallenden Vertheilungsleitungen in Betracht, so erhält man die auf diese Hauptleitung entfallenden geringsten Anlagekosten des Stromzuleitungsnetzes durch Addition obiger Ausdrücke, nachdem in denselben vorher

$$Q \text{ durch } Q_w = J\,\frac{z_b}{z_l} \text{ und } l \text{ durch } l_w = \sqrt[3]{\frac{(L\,c + C)\,\varDelta e_{max}}{a'\,\omega\,\alpha\,n'}}$$

ersetzt worden ist. Dabei ergibt sich

$$(k_l)_w + (k'_l)_w = L\,J\,a\,\frac{z_b}{z_l} + n'\,c'\,\sqrt[3]{\frac{(L\,c + C)\,\varDelta e_{max}}{a'\,\omega\,\alpha\,n'}} + \frac{3}{2}(L\,C + C)\cdot$$

Um die Kosten des gesammten Stromzuleitungsnetzes zu finden, hätte man für sämmtliche Hauptleitungen obigen Ausdruck aufzustellen und dieselben zu summiren. Dies wäre sehr umständlich, da erst die Länge sämmtlicher Hauptleitungen ermittelt und überhaupt das ganze Stromzuleitungsnetz entworfen werden müsste. Ersetzt man in obiger Gleichung L durch L_m, wobei unter L_m die mittlere Entfernung des Stromkonsumes von der Betriebsanlage, nämlich

$$L_m = \sqrt{\frac{\Sigma(\mathfrak{E}\,L^2)}{\Sigma\,\mathfrak{E}}}$$

verstanden ist, und dividirt den Ausdruck durch $J = n'\,\alpha\,l$, so erhält man folgende Gleichung für die mit A^1_w bezeichneten, auf die Stromeinheit entfallenden geringsten Anlagekosten des Stromzuleitungsnetzes.

$$A^1_w = L_m a \frac{z_b}{z_l} + \frac{c'}{\alpha_m} + \frac{3}{2} \sqrt[3]{\frac{(L_m c + C) a' \omega}{\Delta e_{max} \, n'^2_m \, \alpha_m^2}} \quad . \quad . \quad 36.)$$

Dabei bedeutet α_m die durchschnittlich im ganzen Netze auf den laufenden Meter der Vertheilungsleitungen gleichmässig vertheilte Stromabgabe bei vollem Betriebe und n'_m die mittlere Anzahl der von einer Hauptleitung gespeisten Vertheilungsleitungen.

Nach dieser Formel kann man die auf die Stromeinheit entfallenden geringsten Anlagekosten eines Stromzuleitungsnetzes überschlagen, sobald die Grössen L_m, α_m, n_m' und Δe_{max} angenommen sind und die zu wählenden Leitungssorten, beziehungsweise deren Konstanten gegeben sind.

Einfluss des Betriebssystemes und der Betriebsspannung.

Die sämmtlichen obigen Formeln, welche nur von der in der betreffenden Leitung bei vollem Betriebe auftretenden Stromstärke ausgehen, dagegen weder den Einfluss des angewendeten Betriebssystemes noch auch der angewendeten Betriebsspannung enthalten, sind ganz allgemein für jedes beliebige Betriebssystem und für jede beliebige Betriebsspannung giltig.

In den meisten Fällen sind die in den einzelnen Leitungen auftretenden Stromstärken nicht gegeben, sondern es müssen dieselben erst nach Wahl des Betriebssystemes und nach Annahme der Betriebsspannung aus dem in den Verbrauchsstellen bei vollem Betriebe verbrauchten Effekt ($\Sigma\mathfrak{E}$) berechnet werden.

Die Betriebsspannung wollen wir mit e bezeichnen und unter derselben bei Parallelschaltung der Verbrauchsstellen die im Vertheilungsnetze herrschende m i t t l e r e Betriebsspannung zwischen Hin- und Rückleitung, bei Hintereinanderschaltung aller Verbrauchsstellen jedoch die Summe der Klemmenspannungen aller Verbrauchsstellen verstehen.

Ferner wollen wir bei Parallelschaltung der Verbrauchsstellen annehmen, dass sich der bei vollem Betriebe verbrauchte Effekt $\Sigma\mathfrak{E}$ auf lauter gleiche Verbrauchsstellen vertheile, von denen jede den Effekt $\mathfrak{E}$ konsumire, und dass pro laufenden Meter Vertheilungsleitungstrace bei vollem Betriebe ν solcher Verbrauchsstellen in gleichzeitigem Betriebe stehen.

Unter Beibehaltung dieser Bezeichnungen und deren Bedeutung gelten für alle Gleichstromsysteme für die auftretenden Stromstärken folgende Ausdrücke und zwar: für die bei vollem Betriebe auftretende Stromstärke

$$J = \frac{\Sigma \mathfrak{E}}{e}$$

und für die auf den laufenden Meter Vertheilungsleitungstrace entfallende Stromstärke

$$\alpha = \frac{\nu \mathfrak{E}}{e}$$

Dieselben Beziehungen gelten auch bei einphasigem Wechselstrom, soferne zwischen Stromstärke und Spannung keine Phasenverschiebung besteht.

Dabei ist unter der Betriebsspannung e die sogenannte „effektive Spannung" und unter der Stromstärke J bezw. α die sogenannte „effektive Stromstärke" zu verstehen, welche sich zu den Maximalwerthen der Spannung und der Stromstärke des pulsirenden Wechselstromes wie 1 zu $\sqrt{2}$ verhalten.

Wenn zwischen Stromstärke und Spannung eine Phasenverschiebung auftritt, d. h. wenn der Augenblick des Maximalwerthes der Stromstärke nicht mit dem Augenblick der maximalen Spannung zusammentrifft, so beträgt der thatsächlich geleistete Effekt weniger, als das Produkt $J \times e$ angibt, und es muss dieses Produkt mit dem Cosinus des Winkels der Phasenverschiebung ($\cos \varphi$) multiplicirt werden, um den wahren Effekt $\Sigma \mathfrak{E}$ zu erhalten.

Es bestehen sodann die Gleichungen

$$J = \frac{\Sigma \mathfrak{E}}{e} \frac{1}{\cos \varphi} \quad \text{und} \quad \alpha = \frac{\nu \mathfrak{E}}{e} \frac{1}{\cos \varphi}.$$

Bei mehrphasigem Wechselstrom (Drehstrom) unterscheidet man zweierlei Schaltungsweisen und zwar:

1. Die in Fig. 28a dargestellte sogenannte Parallelschaltung, bei welcher die Gebrauchsstellen abwechselnd zwischen je zwei benachbarte Leitungen eingeschaltet werden, und

2. Die in Fig. 28b dargestellte sogenannte **Reihenschaltung**, bei welcher die Gebrauchsstellen zwischen je eine der Hauptleitungen und den neutralen Punkt D, der auch zu einem vierten Leiter ausgebildet werden kann, geschaltet wird.

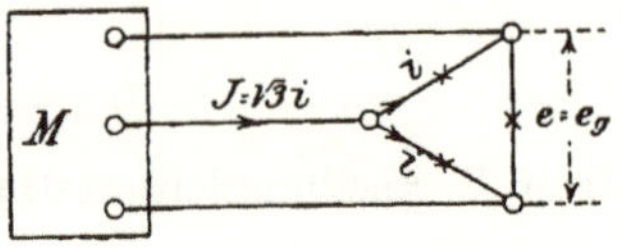

Fig 28a

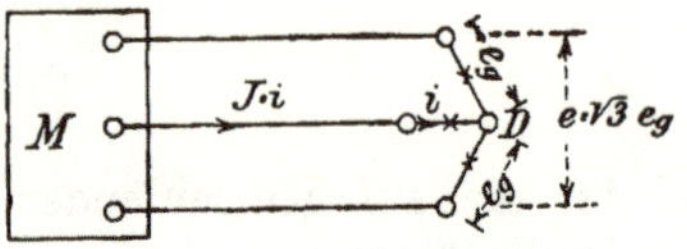

Fig. 28b.

Bei der Parallelschaltung stimmt die Betriebsspannung zwischen Hin- und Rückleitung mit der Klemmenspannung an den Gebrauchsstellen überein, dagegen ist die Stromstärke J in den Leitungen grösser, als die Stromstärke i in einem der drei Stromkreise ist, und zwar besteht bei Drehstrom mit drei Polen die Gleichung

$$J = 2 \cdot \cos 30^0 \cdot i = \sqrt{3} \cdot i.$$

Bei der Reihenschaltung stimmt die Stromstärke J in den Leitungen mit jener in den drei Stromkreisen überein, während die Betriebsspannung zwischen Hin- und Rückleitung grösser als die Klemmenspannung an den Gebrauchsstellen ist.

Wenn e_g die Klemmenspannung an den Gebrauchsstellen bedeutet, so ist bei Drehstrom mit drei Polen bei Reihenschaltung

$$e = 2 \cdot \cos 30^0 \cdot e_g = \sqrt{3} \cdot e_g.$$

Wenn nun noch in den Verbrauchsstellen zwischen Spannung und Strom eine Phasenverschiebung um den Winkel φ herrscht, so gelten für Drehstrom und zwar für jenen mit drei Polen, welcher hauptsächlich in Betracht kommt, für beide Schaltungsweisen, wie leicht zu berechnen, die Gleichungen:

$$J = \frac{\Sigma \mathfrak{E}}{\sqrt{3} \cdot e \cdot \cos \varphi} \quad \text{und} \quad a = \frac{r \mathfrak{E}}{\sqrt{3} \cdot e \cdot \cos \varphi}.$$

In allen Gleichungen für J beziehungsweise a kann der Nenner als die „**wirksame Betriebsspannung**" des betreffenden Betriebssystemes aufgefasst und mit ε bezeichnet werden.

Es ist dann ganz allgemein für alle Betriebssysteme

$$J = \frac{\Sigma \mathfrak{E}}{\varepsilon} \quad \text{und} \quad \alpha = \frac{\nu \mathfrak{E}}{\varepsilon},$$

und man hat für ein bestimmtes Betriebssystem für ε folgende Werthe einzusetzen:

bei Gleichstrom $\varepsilon = e$,
bei Wechselstrom $\varepsilon = e \cos \varphi$,
bei dreipoligem Drehstrom $\varepsilon = \sqrt{3} \, . \, e \, . \cos \varphi$.

Setzt man diese Ausdrücke für J beziehungsweise α in die obigen Formeln 18 bis 27 ein, so ergeben sich die verschiedenen Grössen wie folgt:

Die „jährlichen Stromfortleitungskosten"

$$K = \left(\frac{\Sigma \mathfrak{E}}{\varepsilon}\right)^2 \frac{\omega L}{Q} \left(\frac{p_b}{100} b + \beta T\right) + \frac{p_l}{100} (Q L a + L c + C) \quad . \quad 24')$$

Der „wirthschaftliche Querschnitt"

$$Q_w = \frac{\Sigma \mathfrak{E}}{\varepsilon} \frac{z_b}{z_l} \quad . \; . \; . \; . \; . \; . \; . \; . \; . \quad 25')$$

Der „wirthschaftliche Spannungsverlust"

$$\Delta E_w = \omega L \frac{z_l}{z_b} \quad . \; . \; . \; . \; . \; . \; . \; . \; . \quad 26')$$

Der „mittlere wirthschaftliche Spannungsverlust für mehrere Leitungen"

$$(\Delta E_w)_m = \omega \frac{z_l}{z_b} \sqrt{\frac{\Sigma (\mathfrak{E} L^2)}{\Sigma \mathfrak{E}}} \quad . \; . \; . \; . \; . \quad 26'a)$$

Die „wirthschaftliche Stromdichte"

$$D_w = \frac{z_l}{z_b} \quad . \; . \; . \; . \; . \; . \; . \; . \; . \quad 27')$$

Die „geringsten jährlichen Stromfortleitungskosten"

$$K_w = 2 \frac{\Sigma \mathfrak{E}}{\varepsilon} L \, \omega \, z_b \, z_l + \frac{p_l}{100} [L c + C] \quad . \; . \; . \; . \quad 28')$$

Die „geringsten jährlichen Stromfortleitungskosten für mehrere Hauptleitungen“

$$(\Sigma K)_w = 2\,\omega\, z_{b_a} z_l \frac{1}{\varepsilon}\sqrt{\Sigma \mathfrak{E} . \Sigma(\mathfrak{E} L^2)} + \frac{p_l}{100}[\Sigma(L)c + Cn] \quad \ldots \quad 28'a)$$

Die „jährlichen Stromvertheilungskosten“*)

$$K' = n'l\frac{\nu\mathfrak{E}}{\varepsilon}\left[\frac{p_l}{100}\frac{1}{2}\frac{a'\omega}{\Delta e_{max}} l^2 + \frac{2}{3} z_b^2 \Delta e_{max}\right] + \frac{p_l}{100} n'l c' \quad . \quad 31')$$

Die „jährlichen Stromzuleitungskosten“

$$Z = n'l\frac{\nu\mathfrak{E}}{\varepsilon}\left[\frac{p_l}{100}\left(\frac{a\omega}{\Delta E}L^2 + \frac{1}{2}\frac{a'\omega}{\Delta e_{max}} l^2\right) + z_b^2\left(\Delta E + \frac{2}{3}\Delta e_{max}\right)\right] +$$

$$+ \frac{p_l}{100}(Lc + C + n'lc') \quad \ldots\ldots\ldots \quad 32')$$

Die „auf die Stromeinheit entfallenden jährlichen Stromzuleitungskosten“

$$Z^1 = \frac{Z}{n'l\frac{\nu\mathfrak{E}}{\varepsilon}} = \frac{p_l}{100}\left(\frac{a\omega}{\Delta E}L^2 + \frac{1}{2}\frac{a'\omega}{\Delta e_{max}} l^2\right) + z_l^2\left(\Delta E + \frac{2}{3}\Delta e_{max}\right) +$$

$$+ \frac{p_l}{100}\frac{1}{n'l\frac{\nu\mathfrak{E}}{\varepsilon}}(Lc + C + n'lc') \quad \ldots\ldots \quad 33')$$

Die „günstigste Länge einer von einer Hauptleitung gespeisten Vertheilungsleitung“

$$l_w = \sqrt[3]{\frac{(Lc + C)\Delta e_{max}\,\varepsilon}{a'\omega n' \nu\mathfrak{E}}} \quad \ldots\ldots \quad 34')$$

Die „auf die Stromeinheit entfallenden geringsten jährlichen Stromzuleitungskosten“

$$Z^1_w = 2L\omega z_b z_l + \frac{2}{3} z_b^2 \Delta e_{max} +$$

$$+ \frac{p_l}{100}\left[\frac{3}{2}\sqrt[3]{\frac{(Lc + C)^2 a'\omega\varepsilon^2}{\Delta e_{max}\nu^2 n'^2 \mathfrak{E}^2}} + \frac{c'\varepsilon}{\nu\mathfrak{E}}\right] \quad \ldots \quad 35')$$

*) Die Formeln 31′ bis 36′ haben naturgemäss nur bei Parallelschaltungsnetzen Giltigkeit.

Die „auf die Stromeinheit entfallenden geringsten Anlagekosten des Stromzuleitungsnetzes“

$$A_w^1 = L_m \, a \frac{z_b}{z_l} + \frac{c' \varepsilon}{\nu_m \mathfrak{E}} + \frac{3}{2} \sqrt[3]{\frac{(L_m c + C) \, a' \, w \, \varepsilon^2}{\varDelta \, e_{max} \, n'^2_m \, \nu_m^2 \, \mathfrak{E}^2}} \quad . \; . \quad 36')$$

Daraus lassen sich berechnen:

Die „auf eine Verbrauchsstelle entfallenden geringsten jährlichen Stromzuleitungskosten“

$$Z_w^1 = \frac{\mathfrak{E}}{\varepsilon}\left[2 \, L \, \omega \, z_b \, z_l + \frac{2}{3} \, z_b^2 \varDelta \, e_{max}\right] +$$

$$+ \frac{p_l}{100}\left[\frac{3}{2} \sqrt[3]{\frac{(L \, c + C)^2 \, a' \, \omega \, \mathfrak{E}}{\varDelta \, e_{max} \, \nu^2 \, n'^2 \, \varepsilon}} + \frac{c'}{\nu}\right] \quad . \; . \; . \; . \quad 35^1)$$

Davon entfallen:

1. auf die Stromfortleitung in den Hauptleitungen

$$K_w^1 = \frac{\mathfrak{E}}{\varepsilon} \, 2 \, L \, \omega \, z_b \, z_l + \frac{p_l}{100} \sqrt[3]{\frac{(L c + C)^2 a' \, \omega \, \mathfrak{E}}{\varDelta \, e_{max} \, \nu^2 \, n'^2 \, \varepsilon}} \quad . \; . \quad 28^1)$$

und davon

a) auf Verzinsung, Amortisation und Instandhaltung

$$(K_a)_w^1 = \frac{\mathfrak{E}}{\varepsilon}\left[L \, \omega \, z_b \, z_l + L \, \omega \, \frac{z_l}{z_b} \, \frac{p_b}{100} \, b\right] + \frac{p_l}{100} \sqrt[3]{\frac{(L \, c + C)^2 \, a' \, \omega \, \mathfrak{E}}{\varDelta \, e_{max} \, \nu^2 \, n'^2 \, \varepsilon}},$$

b) auf Betrieb

$$(K_b)_w^1 = \frac{\mathfrak{E}}{\varepsilon} \, L \, \omega \, \frac{z_l}{z_b} \, \beta \, T;$$

2. auf die Stromvertheilung in den Vertheilungsleitungen

$$(K')_w^1 = \frac{\mathfrak{E}}{\varepsilon} \, \frac{2}{3} \, z_b^2 \varDelta \, e_{max} + \frac{p_l}{100}\left[\frac{1}{2} \sqrt[3]{\frac{(L c + C)^2 a' \, \omega \, \mathfrak{E}}{\varDelta \, e_{max} \, \nu^2 \, n'^2 \, \varepsilon}} + \frac{c'}{\nu}\right] \quad . \; . \quad 31^1)$$

und davon

a') auf Verzinsung, Amortisation und Instandhaltung

$$(K'_a)_w^1 = \frac{\mathfrak{E}}{\varepsilon} \, \frac{2}{3} \, \varDelta \, e_{max} \, \frac{p_b}{100} \, b + \frac{p_l}{100}\left[\frac{1}{2} \sqrt[3]{\frac{(L \, c + C)^2 \, a' \, \omega \, \mathfrak{E}}{\varDelta \, e_{max} \, \nu^2 \, n'^2 \, \varepsilon}} + \frac{c'}{\nu}\right],$$

b′) auf Betrieb

$$(K'_b)^I_w = \frac{\mathfrak{E}}{\varepsilon}\,\frac{2}{3}\,\Delta\,e_{max}\,\beta\,T.$$

Ersetzt man in den obigen Formeln die wirksame Betriebsspannung ε durch den für die einzelnen Stromleitungssysteme geltenden Ausdruck, so erkennt man den Einfluss, welchen das Betriebssystem und die Betriebsspannung auf die verschiedenen Werthe ausüben.

Man sieht, dass der wirthschaftliche Querschnitt, sowie die verschiedenen Stromleitungskosten mit Erhöhung der Betriebsspannung geringer werden, dass dieselben bei Wechselstrom, wenn eine Phasenverschiebung auftritt, höher werden als bei Gleichstrom unter sonst gleichen Verhältnissen, und dass endlich der Drehstrom die günstigsten Werthe ergibt, wenn $\cos\varphi$ nicht unter $\frac{1}{\sqrt{3}}$ ist.

Gesammtspannungsverlust und Gesammtkosten.

Alle bisherigen Formeln beziehen sich immer nur auf eine Leitung, Hin- oder Rückleitung, beziehungsweise auf einen einzelnen Theil einer derselben.

Der Gesammtspannungsverlust in einem Stromleitungssystem ergibt sich aus der Summe der Spannungsverluste in Hin- und Rückleitung.

Bei Drehstrom herrscht zwischen den Strömen in Hin- und Rückleitung ein Phasenunterschied, weshalb die geometrische Summe der Spannungsverluste mit Berücksichtigung dieses Phasenunterschiedes zu nehmen ist.

Es ergibt sich dann, wenn alle drei Leitungen gleich ausgeführt und gleich belastet sind, der Spannungsverlust des dreipoligen Drehstromsystemes

$$\Delta E_s = \sqrt{3}\,\Delta E,$$

wobei ΔE den Spannungsverlust in einer Leitung bedeutet.

Die Gesammtkosten für Stromzuleitung etc. ergeben sich bei allen Stromleitungssystemen aus der Summe der für die einzelnen Leitungen (Hin- und Rückleitung) getrennt aufgestellten Kosten, beziehungsweise bei gleicher Ausführung und Beanspruchung der Hin- und Rückleitungen aus der Anzahl der Leitungen mal den Kosten einer Leitung.

In Fällen, wo die Rückleitung besonders besorgt wird, z. B. durch die Erde, beziehungsweise bei elektrischen Eisenbahnen durch die Fahrschienen, sind die Kosten der Stromrückleitung besonders zu berechnen.

Werden mehrere Vertheilungspunkte von einer gemeinsamen Hauptleitung gespeist, welche sich (wie in Fig. 14 auf S. 42) bei einem Punkte C verzweigt, so hat man zu den Stromzuleitungskosten von C bis zu den Verbrauchsstellen noch die Stromfortleitungskosten von der Betriebsanlage bis zu dem Verzweigungspunkte C zu addiren.

Sind die Stromleitungskosten für ein ganzes Vertheilungsgebiet zu berechnen, ohne dass ein Entwurf für das Leitungsnetz vorliegt, so hat man statt L den Mittelwerth L_m einzusetzen,

$$L_m = \sqrt{\frac{\Sigma (J L^2)}{\Sigma J}} = \sqrt{\frac{\Sigma (\alpha L^2)}{\Sigma \alpha}} = \sqrt{\frac{\Sigma (\mathfrak{C} L^2)}{\Sigma \mathfrak{C}}},$$

und erhält sodann auch für die betreffenden Kosten einen Mittelwerth.

Umformungskosten.

Um die Anlagekosten der Leitungen zu verringern, sind Betriebssysteme, sogenannte Fernleitungssysteme entstanden, bei welchen dem Konsumgebiete ein Strom von hoher Spannung und geringer Stärke zugeführt und daselbst vermittels sogenannter Umformer (Transformatoren) in einen solchen von geringer Spannung und grosser Stromstärke umgeformt (transformirt) wird.

Bei dieser Umformung geht ein Theil der aufgewendeten Arbeit verloren, und es muss daher fortwährend ein gewisser Mehraufwand an Arbeit geleistet und die Betriebsanlage dementsprechend grösser gewählt werden, damit sie zur Zeit des vollen Betriebes auch die Verluste in den Umformern überwinden kann.

Die jährlichen Umformungskosten ergeben sich daher ähnlich wie die verschiedenen Stromleitungskosten aus der jährlichen Verzinsung, Amortisation und Instandhaltung des Mehraufwandes für die Betriebsanlage, aus den jährlichen Mehrkosten des Betriebes zufolge der Arbeitsverluste in den Umformern, aus der jährlichen Verzinsung, Amortisation und Instandhaltung der Anlagekosten der Umformer sammt Zubehör und endlich aus den eventuellen Kosten für Bedienung und Betrieb der Umformer.

Bezeichnet man mit $\Sigma \Delta \mathfrak{E}_u$ die in allen Umformern bei vollem Betriebe einer Anlage auftretenden Effektverluste in Watt, mit $\Sigma \Delta A_u$ die in den Umformern jährlich auftretenden Arbeitsverluste in Wattstunden, mit k_u die Anlagekosten der Umformer nebst Zubehör und endlich mit B_u die jährlichen Kosten für Bedienung und Betrieb der Umformer, so sind die jährlichen Umformungskosten der betreffenden Anlage:

$$K'_u = \frac{p_b}{100} b \, \Sigma \Delta \mathfrak{E}_u + \beta \, \Sigma \Delta A_u + \frac{p_u}{100} k_u + B_u.$$

Dabei bezeichnet b die Kosten der Betriebsanlage pro Watt, p_b den für die Betriebsanlage giltigen Procentsatz für Verzinsung, Amortisation und Instandhaltung, β die Betriebskosten pro Wattstunde und p_u den für die Umformer giltigen Procentsatz für Verzinsung, Amortisation und Instandhaltung.

Die in den Umformern auftretenden Verluste setzen sich zusammen:

1. aus dem Aufwand für Magnetisirung, sowie aus den eventuellen Verlusten zufolge der Hysteresis, der Wirbelströme und der mechanischen Reibung;

2. aus der in dem Kupfer der primären Wickelung auftretenden Stromwärme;

3. aus der in dem Kupfer der sekundären Wickelung auftretenden Stromwärme.

Während die unter 1 genannten Verlustquellen einen fortwährenden Mehrverbrauch an primärer Stromstärke verursachen, macht sich die auftretende Stromwärme als Spannungsverlust bemerkbar.

Es setzen sich also die bei vollem Betriebe einer Anlage in den Umformern auftretenden Effektverluste $\Sigma \Delta \mathfrak{E}_u$

aus drei Theilen zusammen, welche mit dem Index 1, bezw. 2 oder 3 bezeichnet werden sollen, so dass wir schreiben können

$$\Sigma \Delta \mathfrak{E}_u = \Sigma \Delta \mathfrak{E}_{u_1} + \Sigma \Delta \mathfrak{E}_{u_2} + \Sigma \Delta \mathfrak{E}_{u_3}.$$

Ebenso kann man die in den Umformern jeweilig auftretenden Effektverluste $\Sigma \Delta e_u$ auf die genannten drei Verlustquellen zurückführen

$$\Sigma \Delta e_u = \Sigma \Delta e_{u_1} + \Sigma \Delta e_{u_2} + \Sigma \Delta e_{u_3}$$

und demgemäss die in den Umformern jährlich auftretenden Arbeitsverluste $\Sigma \Delta A_u$ wie folgt ausdrücken

$$\Sigma \Delta A_u = \int \Sigma \Delta e_{u_1} \, d\tau + \int \Sigma \Delta e_{u_2} \, d\tau + \int \Sigma \Delta e_{u_3} \, d\tau.$$

Bei allen Umformungssystemen kann der auf die Magnetisirung, die Hysteresis, die Wirbelströme und die eventuelle mechanische Reibung jeweilig entfallende Effektverlust entweder konstant sein und als ein Theil des bei vollem Betriebe der Anlage zu leistenden sekundären Effektes $\Sigma \mathfrak{E}$ dargestellt werden, so dass die Gleichung besteht

$$\Sigma \Delta e_{u_1} = \Sigma \Delta \mathfrak{E}_{u_1} = \sigma \, . \, \Sigma \mathfrak{E},$$

oder es kann durch eine dem Bedarfe entsprechende Ein- und Ausschaltung der Umformer dieser Verlust auf einen Theil der jeweiligen sekundären Leistung Σe beschränkt und derselben proportional gesetzt werden, nämlich:

$$\Sigma \Delta e_{u_1} = \chi \, . \, \Sigma e \text{ beziehungsweise } \Sigma \Delta \mathfrak{E}_{u_1} = \chi \, . \, \Sigma \mathfrak{E}.$$

In dem ersten dieser beiden Fälle, welche nachstehend stets getrennt behandelt werden sollen, lässt sich der erste Integralausdruck in der Formel für $\Sigma \Delta A_u$ wie folgt schreiben:

$$\int \Sigma \Delta e_{u_1} \, d\tau = \sigma \, . \, \Sigma \mathfrak{E} \, . \int d\tau = \sigma \, . \, \Sigma \mathfrak{E} \, . \, \tau.$$

In dem zweiten der genannten beiden Fälle ergibt sich

$$\int \Sigma \Delta e_{u_1} \, d\tau = \chi \int \Sigma e \, d\tau = \chi \, . \, \Sigma \mathfrak{E} \, . \, \mathfrak{T},$$

wobei nach früherem

$$\int \frac{\Sigma e}{\Sigma \mathfrak{E}} \, d\tau = \mathfrak{T}$$

gesetzt wurde.

Der zweite Integralausdruck in der Formel für $\Sigma \Delta A_u$, welcher die Arbeitsverluste zufolge Erwärmung des Kupfers in der primären Wickelung darstellt, kann ersetzt werden durch das Produkt aus den bei vollem Betriebe der Anlage in den primären Wicklungen der Umformer auftretenden vollen Effektverlusten $\Sigma \Delta \mathfrak{E}_{u2}$, mal einer Zeit T_u, welche die durchschnittliche jährliche Dauer der vollen Effektverluste in den primären Wickelungen vorstellt. Es ist also

$$\int \Sigma \Delta e_{u_2} d\tau = \Sigma \Delta \mathfrak{E}_{u_2} . T_u.$$

Dabei ist

$$T_u = \int \frac{i_u^2}{J_u^2} d\tau,$$

wenn i_u die jeweilige primäre Stromstärke und J_u die primäre Stromstärke bei vollem Betriebe der Anlage bezeichnet.

Der Werth von T_u soll später als Funktion der schon früher benutzten und von dem Konsum abhängigen Zeitgrössen T, $\mathfrak{T}$ und τ ermittelt werden, und es wird sich dabei zeigen, dass T_u in den oben genannten beiden Fällen verschieden gross wird, weshalb wir für diese beiden Fälle die Bezeichnungen T_{u1} und T_{u2} einführen müssen. Es gilt also für den ersten der beiden oben genannten Fälle

$$\int \Sigma \Delta e_{u_2} d\tau = \Sigma \Delta \mathfrak{E}_{u_2} . T_{u_1},$$

und für den zweiten derselben

$$\int \Sigma \Delta e_{u_2} d\tau = \Sigma \Delta \mathfrak{E}_{u_2} . T_{u_2}.$$

Der dritte Integralausdruck, welcher die jährlichen Arbeitsverluste zufolge Kupferwärme in der sekundären Wickelung darstellt, kann aus den bei vollem Betriebe der Anlagen in den sekundären Wickelungen auftretenden Effektverlusten ($\Sigma \Delta \mathfrak{E}_{u3}$) mal der durchschnittlichen Dauer der vollen Effektverluste im sekundären Stromkreise (T) gebildet werden, so dass die Gleichung besteht

$$\int \Sigma \Delta e_{u_3} d\tau = T . \Sigma \Delta \mathfrak{E}_{u_3}.$$

Sowohl $\Sigma \Delta \mathfrak{E}_{u_2}$ als auch $\Sigma \Delta \mathfrak{E}_{u3}$ sind der sekundären Leistung bei vollem Betriebe der Anlage $\Sigma \mathfrak{E}$ proportional, also:

$$\Sigma \Delta \mathfrak{E}_{u_2} = \psi_u . \Sigma \mathfrak{E} \quad \text{und} \quad \Sigma \Delta \mathfrak{E}_{u_3} = \psi' . \Sigma \mathfrak{E}.$$

Dabei sind ψ_u und ψ konstante Faktoren, welche von der Konstruktion und den Wicklungsverhältnissen der Umformer, sowie von der Ausnutzung derselben bei vollem Betriebe der Anlage abhängen.

Die Kosten der Umformer nebst Zubehör lassen sich als lineare Funktion ihrer sekundären Leistung bei vollem Betriebe ausdrücken und in der Form

$$k_u = a_u \,.\, \Sigma \mathfrak{E} + n_u \,.\, c_u$$

schreiben, wobei n_u die Anzahl der Umformer, a_u und c_u aber konstante Faktoren sind, deren Werthe nach Wahl des Systemes und der Spannungen bestimmt werden können.

Für den früher erwähnten ersten Fall, für welchen

$$\Sigma \Delta e_{u_1} = \Sigma \Delta \mathfrak{E}_{u_1} = \sigma \,.\, \Sigma \mathfrak{E}$$

ist, ergeben sich somit folgende Gleichungen:

$$\Sigma \Delta \mathfrak{E}_u = \Sigma \mathfrak{E} (\sigma + \psi_u + \psi)$$

$$\Sigma \Delta A_u = \Sigma \mathfrak{E} (\sigma \tau + \psi_u T_{u_1} + \psi T),$$

und demnach findet man für die jährlichen Umformungskosten

$$K_{u_1} = \Sigma \mathfrak{E} \left[\frac{p_b}{100} b (\sigma + \psi_u + \psi) + \beta (\sigma \tau + \psi_u T_{u_1} + \psi T) + \frac{p_u}{100} a_u \right] + \\ + \frac{p_u}{100} n_u c_u + B_u \quad . \; . \; . \; . \; . \; . \; . \; . \; . \quad 37)$$

Nimmt man an, dass sich die Bedienungskosten B_u auf alle n_u Umformer zu gleichen Theilen vertheilen, und dass von einem Umformer bei vollem Betriebe gleichzeitig g Gebrauchsstellen versorgt werden, so erhält man die auf eine Gebrauchsstelle vom Effekt $\mathfrak{E}$ entfallenden jährlichen Umformungskosten wie folgt:

$$K^1_{u_1} = \mathfrak{E} \left[\frac{p_b}{100} b (\sigma + \psi_u + \psi) + \beta (\sigma \tau + \psi_u T_{u_1} + \psi T) + \right. \\ \left. + \frac{p_u}{100} a_u \right] + \left[\frac{p_u}{100} c_u + \frac{B_u}{n_u} \right] \frac{1}{g} \quad . \; . \; . \; . \; . \quad 38)$$

Für den früher genannten zweiten Fall, für welchen

$$\Sigma \Delta e_{u_1} = \chi \,.\, \Sigma e \quad \text{beziehungsweise} \quad \Sigma \Delta \mathfrak{E}_{u_1} = \chi \,.\, \Sigma \mathfrak{E}$$

ist, gelten folgende Gleichungen:

$$\Sigma \varDelta \mathfrak{E}_u = \Sigma \mathfrak{E} [\chi + \psi_u + \psi]$$

$$\Sigma \varDelta A_u = \Sigma \mathfrak{E} [\chi \mathfrak{T} + \psi_u T_{u_2} + \psi T],$$

und demnach erhält man für die jährlichen Umformungskosten:

$$K_{u_2} = \Sigma \mathfrak{E} \left[\frac{p_b}{100} b (\chi + \psi_u + \psi) + \beta (\chi \mathfrak{T} + \psi_u T_{u_2} + \psi T) + \right.$$

$$\left. + \frac{p_u}{100} a_u \right] + \frac{p_u}{100} n_u c_u + B_u \quad . \; . \; . \; . \; . \quad 37_2)$$

Unter den auch beim ersten Fall gemachten Annahmen erhält man die auf eine Gebrauchsstelle vom Effekt $\mathfrak{E}$ entfallenden jährlichen Umformungskosten durch die Gleichung:

$$K^1_{u_2} = \mathfrak{E} \left[\frac{p_b}{100} b (\chi + \psi_u + \psi) + \beta (\chi \mathfrak{T} + \psi_u T_{u_2} + \psi T) + \right.$$

$$\left. + \frac{p_u}{100} a_u \right] + \left[\frac{p_a}{100} c_u + \frac{B_u}{n_u} \right] \frac{1}{g} \quad . \; . \; . \; . \quad 38_2)$$

Diese Formeln 37 und 38 gelten nicht allein für einphasigen Wechselstrom, sondern, wie man sich leicht überzeugen kann, auch für mehrphasigen Wechselstrom mit gleicher Belastung in den einzelnen Gruppen und selbstverständlich auch für Gleichstrom. Natürlich muss den einzelnen Bezeichnungen in jedem Falle die entsprechende Bedeutung beigemessen werden.

Um die Zeit T_u zu ermitteln, wollen wir vorerst Wechselstromtransformatoren in Betracht ziehen und uns dabei auf die elementar geometrische Behandlungsweise des Transformatorenproblems von Ch. Steinmetz*), New-York, stützen.

Nach dieser Behandlungsweise lässt sich für den Fall, dass im sekundären Stromkreise keine Phasenverschiebung und konstante Spannung herrscht, das Verhältnis der primären zu den sekundären Stromstärken durch nachstehendes Schema (Fig. 29) darstellen.

In demselben stellt $F = OB$ die resultirende magnetomotorische Kraft des in Betracht gezogenen Transformators dar. Dieselbe

*) Elektrotechn. Zeitschrift, Berlin 1890, Heft 13 u. d. f.

ist für jeden Transformator eine von seiner Konstruktion und Maximalleistung abhängige und bei konstanter sekundärer Klemmenspannung konstante Grösse, welche in ihrer Phase senkrecht zur Richtung des sekundären Stromes erscheint.

H ist eine ideelle sekundäre Stromstärke, welche man an Stelle der Hysteresis und der Wirbelströme einführen kann und welche von Steinmetz die ideelle hysteretische Verluststromstärke genannt wird.

n ist die sekundäre Windungszahl, und somit H n = O D die ideelle magnetomotorische Kraft der Hysteresis. Die letztere ist ebenso wie F bei konstanter sekundärer Klemmenspannung eine jedem Transformator eigenthümliche konstante Grösse.

Die Hypotenuse des rechtwinkeligen Dreieckes B O D stellt das Produkt aus der Leerlaufstromstärke i_{u_0} mal der primären Windungszahl n_u vor, während der Winkel φ_{u_0} annähernd der

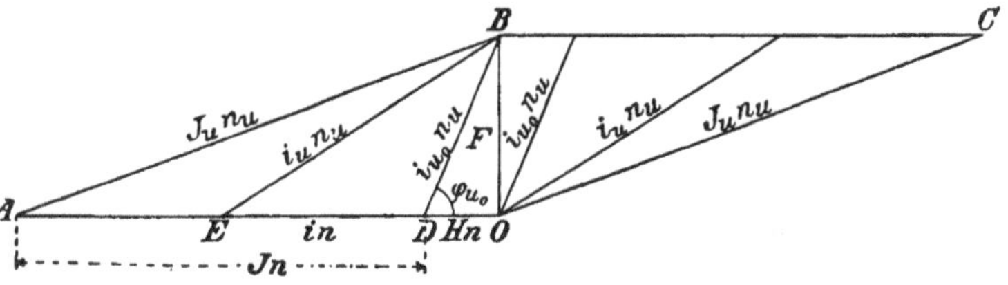

Fig. 29.

Phasenverschiebung zwischen Strom und Spannung im primären Stromkreise bei Leerbetrieb des Transformators entspricht.

Um nun die jeweilig auftretende primäre Stromstärke zu finden, haben wir zur Strecke H n noch die Ampèrewindungen des sekundären Stromes i n zu addiren und die Hypotenuse des rechtwinkeligen Dreieckes E B zu ziehen, welche sodann das Produkt $i_u\,n_u$ darstellt. An Hand obiger Zeichnung lassen sich folgende Gleichungen aufstellen:

$$i_u^2\,n_u^2 = F^2 + (H\,n + i\,n)^2 = F^2 + H^2\,n^2 + 2\,H\,i\,n^2 + i^2\,n^2,$$

$$F = H\,n\,\mathrm{tang}\,\varphi_{u0};$$

$$i_u^2\,n_u^2 = H^2\,n^2\,\mathrm{tang}^2\,\varphi_{u0} + H^2\,n^2 + 2\,H\,i\,n^2 + i^2\,n^2,$$

$$i_u^2 = \frac{1}{u^2}\left(H^2\,(1 + \mathrm{tang}^2\,\varphi_{u0}) + 2\,H\,i + i^2\right),$$

7*

wobei $u = \frac{n_u}{n}$ = dem Umsetzungsverhältnisse des Transformators ist.

Setzt man $(1 + \tang^2 \varphi_{u_0}) = \frac{1}{\cos^2 \varphi_{u_0}}$, so ergibt sich für i_u die Gleichung

$$i_u^2 = \frac{1}{u^2} \left(\frac{H^2}{\cos^2 \varphi_{u_0}} + 2 H i + i^2 \right).$$

Die ideelle Stromstärke H mit der sekundären Klemmenspannung e multiplicirt, stellt den schon früher behandelten, auf die Hysteresis und die Wirbelströme entfallenden Effektverlust $\varDelta e_{u_1}$ vor.

Wenn daher eine ganze Anlage in Betracht gezogen und für sämmtliche angewendete Transformatoren die Gesammtgrösse H ermittelt und mit der Klemmenspannung e multiplicirt wird, so erhalten wir die Grösse $\Sigma \varDelta e_{u_1}$, welche, wie auf S. 95 dargelegt, entweder konstant ist und als ein Theil der sekundären Vollleistung dargestellt werden kann

$$H \,.\, e = \Sigma \varDelta e_{u_1} = \sigma \,.\, \Sigma \mathfrak{E} = \sigma \,.\, J \,.\, e,$$

oder, wenn die Transformatoren dem Konsum entsprechend ein- und ausgeschaltet werden, mit der jeweiligen sekundären Leistung schwankt und dieser proportional zu setzen ist:

$$H \,.\, e = \Sigma \varDelta e_{u_1} = \chi \,.\, \Sigma e = \chi \,.\, i \,.\, e.$$

Es ist daher in dem ersten Falle

$$H_1 = \sigma \,.\, J,$$

und daher

$$i_{u1}^2 = \frac{1}{u^2} \left[\frac{\sigma^2}{\cos^2 \varphi_{u_0}} J^2 + 2 \sigma J i + i^2 \right],$$

in dem zweiten Falle

$$H^2 = \chi \,.\, i \text{ und daher } i_{u2}^2 = \frac{i^2}{u^2} \left[\frac{\chi^2}{\cos^2 \varphi_{u_0}} + 2 \chi + 1 \right].$$

Ebenso wie i_u^2 kann man J_u^2 ermitteln und findet:

$$J_u^2 = \frac{1}{u^2} \left[\frac{H^2}{\cos^2 \varphi_{u_0}} + 2 H J + J^2 \right].$$

Dabei entspricht H dem Effektverluste zufolge Hysteresis etc. bei vollem Betriebe $(\Sigma \Delta \mathfrak{E}_{u1})$, und es ist daher in dem ersten Falle

$$H_1 = \sigma J \quad \text{und} \quad J_{u1}^2 = \frac{J^2}{u^2}\left[\frac{\sigma^2}{\cos^2 \varphi_{u_0}} + 2\sigma + 1\right],$$

in dem zweiten Falle

$$H_2 = \chi J \quad \text{und} \quad J_{u2}^2 = \frac{J^2}{u^2}\left[\frac{\chi^2}{\cos^2 \varphi_{u_0}} + 2\chi + 1\right].$$

Die Zeitgrösse T_u ergibt sich somit wie folgt:
In dem ersten Fall

$$T_{u_1} = \int \frac{i_{u1}^2}{J_{u1}^2}\, d\tau = \frac{\frac{\sigma^2}{\cos^2 \varphi_{u0}}\tau + 2\sigma\mathfrak{T} + T}{\frac{\sigma^2}{\cos^2 \varphi_{u_2}} + 2\sigma + 1},$$

in dem zweiten Falle

$$T_{u_2} = \int \frac{i_{u2}^2}{J_{u2}^2}\, d\tau = \int \frac{i^2}{J^2}\, d\tau = T.$$

Wenn die Umformung nicht durch einen Wechselstromtransformator, sondern durch irgend einen anderen Umformer erfolgt, so kann man dieselben Formeln benutzen, hat aber den Grössen $\cos \varphi_{u_0}$ und σ beziehungsweise χ die entsprechende Bedeutung beizulegen.

Ausser den oben behandelten, durch die Umformung direkt erwachsenden Umformungskosten entstehen auch indirekt in der Stromzuleitung zufolge des stetigen Mehrverbrauches an Strom grössere Kosten.

Um sowohl dem durch die Umformung erzielten Vortheil der höheren Spannung als auch diesen Mehrkosten Rechnung zu tragen, hat man in den Ausdrücken für die jährlichen Stromleitungskosten statt der bei vollem Betriebe der Anlage abzugebenden (sekundären) Stromstärke $J = \frac{\mathfrak{E}}{\varepsilon}$ die wirklich aufzuwendende (primäre) Stromstärke $J_u = \frac{\mathfrak{E}_u}{\varepsilon_u}$ einzusetzen, und ferner bei Ermittlung des Ausdrucks für z_b statt der Zeit T die Zeit T_u zu Grunde zu legen.

Wie wir oben gesehen haben, ist
in dem ersten Fall

$$J_u = \frac{J}{u} \sqrt{\frac{\sigma^2}{\cos^2 \varphi_{u_0}} + 2\sigma + 1} = \frac{\mathfrak{E}}{u\,\varepsilon} \sqrt{\frac{\sigma^2}{\cos^2 \varphi_{u_0}} + 2\sigma + 1},$$

$$\text{und } T_{u_1} = \frac{\frac{\sigma^2}{\cos^2 \varphi_{u_0}}\,\tau + 2\sigma\mathfrak{T} + T}{\frac{\sigma^2}{\cos^2 \varphi_{u_0}} + 2\sigma + 1},$$

in dem zweiten Falle

$$J_u = \frac{J}{u} \sqrt{\frac{\chi^2}{\cos^2 \varphi_{u_0}} + 2\chi + 1} = \frac{\mathfrak{E}.}{u\,\varepsilon} \sqrt{\frac{\chi^2}{\cos^2 \varphi_{u_0}} + 2\chi + 1},$$

$$\text{und } T_{u_2} = T.$$

Die einzelnen Faktoren und deren Werthe.

Nach Ableitung obiger Formeln ist es nothwendig, auf die einzelnen Faktoren und insbesondere auf die Leitungszahl z_l und die Betriebszahl z_b näher einzugehen, und deren Grenzwerthe zu bestimmen.

Nach Obigem ist die **Leitungszahl**

$$z_l = \sqrt{\frac{p_l}{100} \frac{a}{\omega}}.$$

Hierbei wird der für Verzinsung, Amortisation und Instandhaltung der Leitungsanlage zu wählende Prozentsatz p_l wohl nicht bedeutend schwanken, aber dennoch nicht für alle Fälle gleich angenommen werden können.

Für Verzinsung wird man in den meisten Fällen 4 bis 5 % wählen müssen.

Der für die Amortisation angesetzte Betrag wird entweder für die Tilgung des Kapitales (Kapitalamortisation) oder als Rückstellung für den Erneuerungsfond (Werthamortisation) oder endlich für beide Zwecke dienen müssen.

Erstere hat zu gelten, wenn aus irgend welchen finanziellen Rücksichten, meistens wegen Vertrags- und Konzessionsverhältnissen, das zur Erbauung der betreffenden Anlage aufgenommene Anlagekapital schneller getilgt (amortisirt) werden muss, als die Erneuerung aus technischen Rücksichten erforderlich ist.

Sowohl die Kapitalamortisation als auch die Werthamortisation lässt sich nach der Formel

$$q = K_n \frac{\frac{p}{100}}{\left(1 + \frac{p}{100}\right)^n - 1}$$

berechnen, in welcher K_n das am Schlusse des n_{ten} Jahres zu tilgende oder das dann zur Erneuerung nöthige Kapital und p der Zinsfuss ist, zu welchem die jährlichen Rückstellungen nutzbringend angelegt werden.*) Würde z. B. in einem bestimmten Falle zufolge der bestehenden Koncessionsbestimmungen das Kabelnetz einer elektrischen Anlage schon nach 25 Jahren der Gemeinde unentgeltlich heimfallen, so müsste das für das Kabelnetz aufgewendete Anlagekapital von der betreffenden Unternehmung in 25 Jahren vollständig getilgt (amortisirt) werden, obwohl vom technischen Standpunkte erst nach 30 Jahren eine Erneuerung des Kabelnetzes vorzunehmen sein dürfte, wobei überdies der Altwerth der zu erneuernden Kabel von den Kosten des neuen Kabelnetzes abzuziehen wäre.

Es würde also in ersterem Falle $K_n = K_1$ gleich den Anlagekosten des Leitungsnetzes und $n = 25$ sein müssen, so dass bei einem Zinsfusse $p = 3{\cdot}5$ die jährliche Amortisationsquote

$$q_{25} = K_1 \frac{0{\cdot}035}{1{\cdot}035^{25} - 1} = K_1 \, 0{\cdot}0257,$$

also rund 2·6% der Anlagekosten betragen würde, während vom technischen Standpunkte bei Berücksichtigung des Altwerthes als Erneuerungskosten kaum 70% der Anlagekosten und erst in ca. 30 Jahren erforderlich sein dürften und daher eine jährliche Rückstellung für den Erneuerungsfond

$$q_{30} = \frac{70}{100} K_1 \frac{0{\cdot}035}{1{\cdot}035^{30} - 1} = K_1 \frac{70}{100} 0{\cdot}0194 = 0{\cdot}0136 \, K_1$$

von rund 1·4% der Anlagekosten, also fast nur die Hälfte wie in obigem Falle, nothwendig wäre.

*) In den meisten Fällen wird die für die Rückstellung zum Erneuerungsfond auf längere Dauer erzielbare Verzinsung geringer sein, als jene Verzinsung, welche für das Anlagekapital sichergestellt werden muss.

Für unterirdisch verlegte, durch Eisenpanzer und asphaltirte Umhüllung geschützte Kabel kann man eine 30jährige Dauer annehmen und den Altwerth der zu erneuernden Kabel auf ca. 30 % der Anschaffungskosten veranschlagen. Es ergibt sich dann bei einem Zinsfusse $p = 3 \cdot 5$, welcher wohl noch auf längere Zeit vorausgesetzt werden darf, wie oben berechnet $q_{30} = 0 \cdot 0136\ K_1$, also rund 1·4% der Anlagekosten.

Für blanke, oberirdisch geführte Leitungen kann man eine 10jährige Dauer zugrunde legen, nach welcher Zeit das Leitungsmaterial, wenn Kupfer verwendet wird, noch 80 % des Materialwerthes darstellen dürfte. Man wird daher mit einer jährlichen Amortisation von 4·2 %, welche bei 3½% Verzinsung in 10 Jahren 50% der Anlagekosten ergibt, für alle Fälle gedeckt sein.

Die Instandhaltung für unterirdisch verlegte Leitungen entfällt nahezu vollkommen, da eine regelmässige Abnützung nicht stattfindet, so dass man mit 0·1% für Instandhaltung und daher mit 1·5% pro Jahr für Amortisation und Instandhaltung bei unterirdisch verlegten armirten Kabeln das Auslangen finden wird.

Bei oberirdisch auf Leitungsstützen verlegten Leitungen hat man den regelmässig wiederkehrenden Anstrich der Stützen, sowie die Beschädigungen durch Sturm und Schnee u. s. w. zu berücksichtigen und kann hierfür 0·8 % der Anlagekosten pro Jahr rechnen.

Man wird demnach bei unterirdisch verlegten Kabeln $p_1 = 5 \cdot 5 - 6 \cdot 5$, bei blanken, oberirdisch verlegten Leitungen hingegen $p_1 = 9 - 10$ anzunehmen haben.

Die auf den Preis der Leitung Einfluss nehmenden Werthe a und c stehen in unmittelbarer Beziehung zu einander und müssen daher im Zusammenhange besprochen werden. Dieselben können aus einer Preistabelle für Leitungsmaterial leicht abgeleitet werden, indem man die Differenz der Längeneinheitspreise zweier Querschnitte durch die Differenz der Querschnitte in mm^2 dividirt, wobei sich der Werth a ergibt, und sodann das Produkt a Q von einem der Preise abzieht, wodurch als Rest c verbleibt. Da mitunter sowohl a als auch c bei verschiedenen Stärken der Kabel nicht ganz gleich sind, empfiehlt es sich, dieselben für verschiedene Stärken der Kabel besonders zu berechnen und eine Preiskurve aufzustellen.

Beide Werthe, sowohl a wie c, schwanken sehr je nach der Art der Leitung, immer jedoch enthält a hauptsächlich den Werth des pro Quadratmillimeter und Meter für den Leiter, die Umhüllung, Armirung etc. verwendeten Materiales, während c vor allem den pro Meter aufzuwendenden Arbeitslohn darstellt. Es wird daher auch a von den jeweiligen Rohmaterialpreisen, welche hauptsächlich bei Kupfer selbst grossen Schwankungen unterliegen, sehr beeinflusst werden, während bei verlegten Leitungen in dem Faktor c die sehr verschiedenen Kosten der Verlegung zum Ausdruck gelangen müssen.

Bei blanken, unverlegten Leitungen, bei welchen der Materialpreis den Arbeitslohn weit überwiegt, wird c nahezu Null werden und vernachlässigt werden können, und a hauptsächlich von dem Rohkupferpreise abhängen.

Bei einem Rohkupferpreis von 70 £ pro Tonne Chilibars stellt sich der Kupferdrahtpreis auf ca. 187 RM. bezw. 112 Fl. ö. W. pro 100 kg und es beträgt dann der Preis für blanke Kupferleitung pro Quadratmillimeter und Meter 0·0166 RM. bezw. 0·01 Fl. ö. W. oder 1 Krz., indem 1 Meter Draht von 1 qmm Querschnitt ein Volumen von 1 cm³ besitzt und bei dem specifischen Gewichte des Kupfers von $\gamma = 8{\cdot}9$ kg ein Gewicht von 8·9 Gramm aufweist und somit

$$\frac{8{\cdot}9 \times 187}{100\,000} = 0{\cdot}0166 \text{ RM.}; \text{ beziehungsweise } \frac{8{\cdot}9 \times 112}{100\,000} = 0{\cdot}01 \text{ Fl. ö. W.}$$

kostet.

Es ist somit unter Zugrundelegung des Rohkupferpreises von £ 70·— pro Tonne bei blanken, nicht verlegten Leitungen $a = 0{\cdot}0166$ in RM. bezw. $a = 0{\cdot}01$ in Fl. ö. W. und $c = 0$, also $P^{RM.} = 0{\cdot}0166\ Q$ und $P^{Fl.\,ö.\,W} = 0{\cdot}01\ Q$.

Jede Preisveränderung des Rohkupfers um 10 £ pro Tonne verursacht eine Drahtpreisveränderung um ca. 20 RM. = 12 Fl. ö. W. pro 100 kg, d. i. von 0·00225 RM. = 0.00135 Fl, ö. W. pro 1 qmm und Meter, so das dementsprechend auch a um 0·00225 RM. bezw. 0·0135 Fl. ö. W. zu- oder abnimmt. Es wird somit bei einem Rohkupferpreis von 40 £ pro Tonne $P^{RM.} = (0{\cdot}0166 - 3 \times 0{\cdot}00225)\ Q = 0{\cdot}01\ Q$ und $P^{Fl.\,ö.\,W} = (0{\cdot}01 - 3 \times 0{\cdot}00135)\ Q = 0{\cdot}006\ Q$, so dass also dann der Preis der blanken, unverlegten Leitung pro Quadratmillimeter und Meter 1 Pfennig bezw. $^6/_{10}$ Kreuzer ausmacht.

Soll der Preis der blanken Leitung im verlegten Zustande ausgedrückt werden, so erhält dic additionelle Konstante c einen positiven Werth, welcher die Verlegungskosten pro laufenden Meter Leitung darstellt und von dem Querschnitte der Leitung unabhängig ist, indem die Verlegungskosten bei dicken Leitungen nahezu ebenso hoch zu stehen kommen wie bei dünnen Leitungen.

Diese Verlegungskosten bestehen bei oberirdisch geführten Leitungen aus den Kosten des Gestänges und der Versetzung desselben (bei Holz-Gestänge ungefähr 0·27 RM. pro laufenden Meter Trace), welche sich auf die Anzahl der an dasselbe Gestänge montirten Drähte zu gleichen Theilen vertheilen, und ferner aus den Kosten der Isolatoren nebst Bindedraht, sowie der Montirung und Befestigung derselben und des Leitungsdrahtes. Die letzteren dürften sich pro laufenden Meter Draht auf ca. 0·1 R.M. = 0·06 Fl. ö. W. stellen. Es ergeben sich demnach z. B. für ein Gestänge mit 4 Drähten die Verlegungskosten pro laufenden Meter Draht

$$c = \frac{0{\cdot}27}{4} + 0{\cdot}1 = 0{\cdot}17 \text{ R.M.}; \quad c = \frac{0{\cdot}16}{4} + 0{\cdot}06 = 0{\cdot}1 \text{ Fl. ö. W.}$$

Bei isolirten Leitungen wird a entsprechend grösser (bis 3mal so gross und darüber) wie bei blanken Leitungen, ist aber ebenso wie dort von den Schwankungen des Rohkupferpreises beeinflusst; c wird schon bei der unverlegten isolirten Leitung grösser als Null und enthält hauptsächlich den pro laufenden Meter für die Isolirung aufzuwendenden Arbeitslohn und bei verlegten Leitungen auch die Verlegungskosten. Letztere sind je nach der Art der Verlegung verschieden. Bei unterirdisch verlegten Leitungen, um welche es sich bei Bestimmung wirthschaftlicher Verhältnisse meist handeln wird, zerfallen die Verlegungskosten in die Herstellungskosten für den Graben, welche sich auf die in demselben Graben befindlichen Kabel gleichmässig vertheilen, und in die Kosten für Verlegung, Prüfung und Verbindung der einzelnen Kabel.

Für Aufreissen und Wiederherstellen des Grabens und des Kunstpflasters, sowie der Einbettung und Überdeckung der Leitungen mit Sand und Ziegeln oder dergl. kann man beiläufig 3·4 RM. = 2·— Fl. ö. W. pro laufenden Meter Trace rechnen, wobei Granitwürfelpflaster und die Überdeckung der Kabel mit Sand und Gesimsziegeln (50 cm breit) angenommen wurde.

Die Verlegung, Prüfung und Verbindung der Kabel kostet pro laufenden Meter Kabel inkl. Muffen, Polaritätszeichen und den bei Strassenkreuzungen nöthigen Rohren durchschnittlich ca. —·60 RM. = —·35 Fl. ö. W.

Demnach stellen sich die Verlegungskosten pro laufenden Meter Kabel wie folgt:

Wenn nur ein Kabel im Graben liegt (bei Doppelkabeln), auf

$$3{\cdot}4 \text{ R.M.} + -{\cdot}60 = 4 \text{ RM.} = 2{\cdot}35 \text{ Fl. ö. W.};$$

wenn zwei Kabel im Graben liegen (Zweileiternetze), auf

$$\frac{3{\cdot}4}{2} \text{ RM.} + -{\cdot}60 = 2{\cdot}3 \text{ RM.} = 1{\cdot}35 \text{ Fl. ö. W.};$$

wenn drei Kabel im Graben liegen (Dreileiteranlagen), auf

$$\frac{3{\cdot}4}{3} \text{ RM.} + -{\cdot}60 = 1{\cdot}73 \text{ RM.} = 1{\cdot}02 \text{ Fl. ö. W};$$

wenn fünf Kabel im Graben liegen (Drei- und Fünfleiteranlagen), auf

$$\frac{3{\cdot}4}{5} \text{ RM.} + -{\cdot}60 = 1{\cdot}28 \text{ RM.} = -{\cdot}75 \text{ Fl. ö. W.};$$

wenn sieben Kabel im Graben liegen (Drei- und Fünfleiteranlagen), auf

$$\frac{3{\cdot}4}{7} \text{ RM.} + -{\cdot}60 = 1{\cdot}10 \text{ RM.} = -{\cdot}64 \text{ Fl. ö. W.}$$

Die anderen Verlegungsarten von Leitungen, hauptsächlich jene der Installationsleitungen, können hier unberücksichtigt bleiben, nachdem dieselben wohl selten vom streng wirthschaftlichen Standpunkte aus bemessen werden dürften.

In umstehender Tabelle sind die Werthe für a und c für die gewöhnlich verwendeten verschiedenen Leitungsmaterialien im unverlegten und verlegten Zustande zusammengestellt. Dieselben sind auf gleiche Verhältnisse (Rohkupferpreise u. s. w.) bezogen, so dass sie untereinander verglichen werden können.

Es erübrigt noch, den specifischen Widerstand ω zu besprechen und endlich den Werth C zu behandeln, um damit die Betrachtung der auf die Leitung bezughabenden Werthe abzuschliessen.

Der specifische Widerstand, das ist der Widerstand eines Drahtes von 1 Meter Länge und 1 Quadratmillimeter Querschnitt bei 15° C. in Ohm wird bei Elektrolytkupfer 0·017 bis 0·018, also im Durchschnitt 0·0175 betragen, dagegen bei Eisen mit 0·1 bis 0·12 angesetzt werden müssen.

Tabelle

über die Werthe von a und c für verschiedene Leitungsmaterialien im unverlegten und verlegten Zustande, bezogen auf einen Rohkupferpreis von 70 £ pro Tonne Chilibars.

$$P = a\,Q + c.$$

Leitungsmaterial und Verlegungsart	Werthe in RM.		Werthe in Fl. ö. W.	
	a*)	c	a*)	c
1. Blanke Kupferleitung, unverlegt	0·017	—	0·01	—
2. Blanke Kupferleitung, oberirdisch verlegt auf Telegraphenstangen mit Doppelglocken-isolatoren:				
a) zu 2 Drähten auf einem Gestänge	0·017	0·23	0·01	0·14
b) „ 4 „ „ „ „	0·017	0·17	0·01	0·10
c) „ 8 „ „ „ „	0·017	0·13	0·01	0·08
3. Bleikabel mit Eisenband armirt und asphaltirt, unverlegt	0·033	1·7	0·01	1·0
4. Dieselben verlegt:				
a) zu 2 Kabel in einem Graben (Zweileitersystem)	0·033	4·0	0·02	2·35
b) zu 3 Kabel in einem Graben (Dreileitersystem)	0·033	3·4	0·02	2·02
c) zu 5 Kabel in einem Graben (Drei- und Fünfleitersystem)	0·033	3·0	0·02	1·75
d) zu 7 Kabel in einem Graben (Drei- und Fünfleitersystem)	0·033	2·7	0·02	1·64
5. **) Koncentrische Bleidoppelkabel für Wechselstrom und hohe Spannungen (2000 Volt) mit Eisenband armirt und asphaltirt, unverlegt	0·039	3·—	0·023	1·8
6. **) Dieselben verlegt zu je 1 Kabel im Graben	0·039	5·—	0·023	3·—
7. **) Dreifach verseilte Bleikabel mit Eisenband armirt und asphaltirt für Drehstrom und hohe Spannungen (2000 Volt) unverlegt	0·04	2·3	0·024	1·4
8. **) Dieselben verlegt zu je 1 Kabel im Graben	0·04	3·63	0·024	2·2

*) Jede Veränderung des Rohkupferpreises um 10 £ pro Tonne Chilibars ruft eine Aenderung des Werthes a um 0·00225 RM. bezw. 0·00135 Fl. ö. W. hervor.

**) Da P den Preis pro Meter einfacher Leitung bedeutet, muss der Preis der Doppelkabel als 2 P aufgefasst werden: es ist daher unverlegt $2\,P = 0{\cdot}039 \times 2\,Q + 6$ in RM. und verlegt $2\,P = 0{\cdot}039 \times 2\,Q + 10{\cdot}-$ in RM., also $P = 0{\cdot}039\,Q + 3$ in RM. bezw. $P = 0{\cdot}039\,Q + 5{\cdot}-$ in RM. In analoger Weise hat man den Preis der dreifachen Kabel als 3 P zu zu betrachten und die sich ergebenden Faktoren durch 3 zu dividiren, um a und c zu erhalten.

Wie man aus der Formel 28a für die geringsten jährlichen Stromfortleitungskosten in mehreren Leitungen (Seite 73) entnehmen kann, bleiben dieselben so lange unverändert, so lange ausser den übrigen Werthen und ausser der Anzahl der Leitungen (n) das Produkt $\omega\, z_l$ beziehungsweise a ω unverändert ist. Man erkennt daraus, dass unter sonst gleichen Umständen vom wirthschaftlichen Standpunkte jener Leiter der vortheilhaftere ist, für welchen das Produkt a ω am geringsten wird.

Soll daher der grössere specifische Widerstand ω eines Leiters durch den geringen Preis aufgewogen werden, so muss der Werth a im Verhältnisse $\frac{1}{\omega}$ geringer werden, so dass das Produkt aω konstant bleibt.

Nach den derzeit bestehenden Materialpreisen stellt sich Elektrolytkupfer vom wirthschaftlichen Standpunkte als Leitungsmaterial weitaus am günstigsten.

Die Kosten der für jede Hauptleitung nöthigen Anschlussapparate, nämlich C, setzen sich zusammen aus den Kosten der Verbindungsklemmen und Bleisicherungen, mit welchen die Hauptleitungen an die Stromquelle angeschlossen werden, mehr den Aufwendungen für Stromzeiger und Fernspannungszeiger bezw. Fernspannungsrelais zur Kontrole sowie Regulirung der Stromstärke und der Spannung und endlich aus jenen Beträgen, welche für Verbindung der Hauptleitung mit den Vertheilungsleitungen d. i. für die sogenannten Vertheilungskästen und deren Montage ausgegeben werden müssen. Da die Vertheilungskästen meistens sowohl für die Hinleitung als auch für die Rückleitung gemeinsam dienen, entfallen auf jede derselben die Hälfte dieser Kosten.

In Fällen, wo jede Hauptleitung beziehungsweise je zwei Hauptleitungen von einem besonderen Umformer ausgehen, hat man in den Werth von C auch die konstanten Kosten dieses Umformers c_u beziehungsweise $\frac{c_u}{2}$ einzubeziehen, und dabei das Verhältnis von p_u zu p_l zu berücksichtigen.

Der Werth von C wird zwischen 200 RM. und 1000 RM. bezw. zwischen 100 Fl. ö. W. und 600 Fl. ö. W. schwanken.

Setzt man nun die vorstehend ermittelten Werthe in den Ausdruck für z_l ein, so erhält man für die Leitungszahl:

Bei blanken Kupferleitungen

$$z_l = \sqrt{\frac{p_l}{100}\,\frac{a}{\omega}} = \left\langle \begin{array}{l} 0{\cdot}223 \text{ bis } 0{\cdot}316 \text{ für Markwährung} \\ \text{beziehungsweise} \\ 0{\cdot}175 \text{ bis } 0{\cdot}24 \text{ für Fl. ö. W.} \end{array} \right.$$

(dabei ist $p_l = 9$ bis 10; $a = 0{\cdot}01$ RM. bis $0{\cdot}017$ RM. und $\omega = 0{\cdot}018$ bis $0{\cdot}017$).

Bei eisenarmirten Bleikabeln

$$z_l = \sqrt{\frac{p_l}{100}\,\frac{a}{\omega}} = \left\langle \begin{array}{l} 0{\cdot}29 \text{ bis } 0{\cdot}39 \text{ für Markwährung} \\ \text{beziehungsweise} \\ 0{\cdot}22 \text{ bis } 0{\cdot}30 \text{ für Fl. ö. W.} \end{array} \right.$$

(dabei ist $p_l = 5{\cdot}5$ bis $6{\cdot}5$; $a = 0{\cdot}027$ RM. bis $0{\cdot}04$ RM. und $\omega = 0{\cdot}018$ bis $0{\cdot}017$)

Nachdem die Leitungszahl festgestellt wurde, soll die **Betriebszahl** untersucht werden. Dieselbe hat die Form

$$z_b = \sqrt{\frac{p_b}{100} \,.\, b + \beta\, T}.$$

Der für Verzinsung, Amortisation und Instandhaltung der Betriebsanlage nöthige Procentsatz p_b wird höher sein müssen, wie jener für eine Leitungsanlage mit Kabeln, nachdem sowohl für Erneuerung als auch für Instandhaltung höhere Procentsätze als dort anzustellen sind. Für Verzinsung wird man wie früher 4 bis 5% pro Jahr annehmen. Die Erneuerungsquote wird ebenso wie die Instandhaltungsquote für die verschiedenen Bestandtheile der Betriebsanlage nicht gleich zu wählen sein, und es wird deren Durchschnitt daher auch bei verschiedenen Betriebsanlagen verschieden sein. Während bei Turbinenanlagen für Erneuerung und Instandhaltung ca. 3 bis 4% zu rechnen sind, muss man bei Dampfbetrieben 4 bis 5%, bei Akkumulatorenanlagen 7·5% und darüber annehmen. Als Behelf für eine diesbezügliche Aufstellung mögen die in nachstehender Tabelle für die verschiedenen Theile einer Betriebsanlage angegebenen Erneuerungs- und Instandhaltungsquoten dienen.

Die in nachfolgender Tabelle angeführten Erneuerungsquoten, sind als Rücklagen zu verstehen, welche einem Erneuerungsfonde alljährlich zugeführt und mit 3½% Zins auf Zins verzinst werden. — Diese Erneuerungsquoten können daher auch nur dort Anwendung finden, wo die Tilgung (Amortisation) des Anlagekapitales entweder gar nicht oder in einem längeren Zeitraume zu erfolgen hat. — Dieselben mögen vom Standpunkte des Kaufmannes nieder erscheinen, lassen sich aber vom Standpunkte des Technikers, welcher bei Ermittlung der hier in Frage kommenden wirthschaftlichen Verhältnisse allein massgebend sein kann, vollkommen rechtfertigen und dürften in der Praxis wohl kaum vollständig in Anspruch genommen werden.

Tabelle

der Erneuerungs- und Instandhaltungsquoten für die einzelnen Theile von elektrischen Betriebsanlagen.

Zinsfuss für die Erneuerungsquoten 3·5 %.

Gegenstand	Amortisationsdauer in Jahren	Jährliche Quote in % der Erneuerungskosten	Erneuerungskosten mit Abzug des Altwerthes in % der Anschaffungskosten (gesch.)	Jährliche Erneuerungsquote in % der Anschaffungskosten	Jährliche Instandhaltungsquote in % der Anschaffungskosten
Akkumulatoren (ohne Zubehörapp. etc.)	12	6·85	80	5·48	2·0
Dampfkessel	12	6·85	90	6·17	1·5
Dampfmaschinen	20	3·54	80	2·83	1·5
Dynamomaschinen, Elektromotoren etc	25	2·57	70	1·80	1·5
Elektrische Schaltapparate	10	8·52	90	7·67	2·0
Elektrische Mess- und Kontrolapparate	10	8·52	90	7·67	1·0
Wechselstromtransformatoren . . .	30	1·94	70	1·36	—
Gebäude sammt Dampfschornstein .	100	0·116	90	0·104	0·5
Kabelnetze, armirt in den Boden verlegt	30	1·94	70	1·36	0·2
Luftleitungsnetze aus blanken Kupferdrähten	10	8·52	50	4·26	0·8
Pumpen	30	1·94	80	1·55	2·0
Rohrleitungen aus Kupfer in Gebäuden (für Dampf und Wasser)	50	0·76	65	0·49	1·0
Rohrleitungen aus Eisen, Wasserabscheider, Automaten etc. (in Gebäuden, für Dampf und Wasser) . .	30	1·94	90	1·75	1·0
Riemen und Seile	4	23·72	85	20·16	2·0
Transmissionen	30	1·94	80	1·55	1·0
Turbinen	30	1·94	80	1·55	1·5
Vorwärmer und Reservoire (mit Kupferbestandtheilen)	20	3·54	70	2·48	1·5

Legt man diese Ansätze zu Grunde, so ergibt sich für p_b bei Turbinenanlagen 7 bis 9 %, bei Dampfbetriebsanlagen 8 bis 10 % und bei Akkumulatoren 11·5 % und darüber.

Der Werth für *b*, das ist für die auf die vollen Effektverluste in der Leitung entfallenden Kosten der Betriebsanlage pro Watt, wird zutreffend nur durch Aufstellung eines Kostenvoranschlages ermittelt werden können.

Als Beispiel einer derartigen Berechnung diene nachstehende Aufstellung, welche sich auf eine Centralstation für ca. 16000 angeschlossene Lampen von 16 N.-K bezieht, und wobei angenommen wurde, dass die auf 1 Watt der Nutzleistung entfallenden Betriebsanlagekosten auch für jedes Watt der Effektverluste aufzuwenden wären. Nachdem höchstens $^3/_4$ der angeschlossenen Lampen gleichzeitig brennen, wird es sich als vortheilhaft erweisen, die einzelnen von einander unabhängigen Theile der Betriebsanlage für je $^1/_4$ der Gesammtleistung zu bemessen und die gesammte Anlage mit Reserve ungefähr so gross zu wählen, dass dieselbe für den gleichzeitigen Betrieb aller angeschlossenen Lampen eben ausreichen würde.

Die Anlage wird daher für ca. 1600 effekt. PS. Volleistung zu bemessen sein.

Zum Betriebe der Dynamomaschinen dienen 4 stehende Verbunddampfmaschinen mit Kondensation von je 400 PS. Bremsleistung für 10 Atmosphären Admissionsspannung, welche mit den entsprechend gebauten Dynamomaschinen direkt gekuppelt sind und aus 4 Wasserrohrkesseln von je 300 qm Heizfläche mit Dampf versorgt werden.

Maschinen- und Kesselhaus sind als Parterregebäude gedacht und erfordern ungefähr 800 qm Grundfläche, nämlich pro 1 PS. ca. $^1/_2$ qm, wobei auf ausreichenden Bedienungsraum, sowie auf 1 Kohlendepot, auf die Unterbringung der nöthigen Pumpenanlage und der Schaltapparate für den elektrischen Betrieb Rücksicht genommen ist.

Für die Zufahrt, sowie als Manipulations- und Hofraum sind mindestens 25% der verbauten Fläche zu veranschlagen, so dass die nöthige Grundfläche 1000 betragen müsste.

Demnach beziffern sich die Anlagekosten für die Betriebsanlage wie in der Tabelle auf Seite 113.

Es stellen sich also die Anlagekosten der Betriebsanlage für ein Bremspferd auf 500 RM. und somit für 1 Watt auf ca. 0·77 RM., wobei ein Bremspferd gleich 650 V.-A., der Nutzeffekt der Dynamomaschinen also ungefähr 90% angenommen ist.

Da jedoch von obigen 1600 Bremspferden nur 1200 gleichzeitig in Betrieb stehen sollen, dagegen 400 als Reserve zu betrachten sind, so entfällt auf 1 Watt der Volleistung als Anlagekosten der Retriebsanlage rund 1 RM.

Gegenstand	Preis in RM.	
	einzeln	zusammen
Grunderwerb 1000 qm, pro 1 qm	100·—	100 000·—
Baulichkeiten, ohne Fundamente und Schornstein, 800 qm verbaute Fläche, pro 1 qm .	100·—	80 000·—
4 Röhrenkessel von je 300 qm Heizfläche, zusammen 1200 qm Heizfläche, pro 1 qm .	100·—	120 000·—
4 Verbunddampfmaschinen mit Kondensation von je 400 PS. Bremsleistung pro Stück .	50 000·—	200 000·—
Fundamente der Dampfmaschinen, Kesseleinmauerung, Füchse und Schornstein für 1600 PS., pro 1 PS.	30·—	48 000·—
Rohrleitungen,Pumpen,Krahne, Reservoire etc.		50 000·—
Wasserbeschaffung		30 000·—
4 Dynamomaschinen für je 400 PS. für directe Kuppelung mit Zubehörapparaten pro Stück	40 000·—	160 000·—
Für Unvorhergesehenes und zur Abrundung		12 000·—
Summe der Anlagekosten für 1600 Brems-Pferdestärken RM.		800 000·—

Im allgemeinen wird bei Dampfbetrieben der Werth von b zwischen 0·9 und 1·1 RM. bezw. zwischen 0·5 bis 0·7 Fl. ö. W. schwanken.

Bei Wasserkraftbetrieben wird der Werth von b sehr verschieden sein, da dabei die Gewinnung der Wasserkraft die Hauptrolle spielt und je nach den örtlichen Verhältnissen, sowie je nach der Stärke der Wasserkraft durch die Kosten des Stauwerkes, die Länge der Rohrleitung bezw. des Gerinnes u. s. w. sehr verschieden hohe Kosten verursachen kann. Man wird daher bei Wasserkräften von Fall zu Fall den Werth von b besonders ermitteln müssen.

Es kann ferner sowohl bei Dampfkraft- als auch bei Wasserkraftanlagen vorkommen und trifft bei Einzelanlagen sogar ziemlich häufig zu; dass b = O angenommen werden muss, indem entweder die Betriebsanlage für andere Zwecke in ausreichendem Masse bereits vorhanden ist, oder deren Leistung ohne Erhöhung der Anlagekosten, sowie ohne anderweitigen Nachtheil derart gesteigert werden kann (durch Erhöhung der Tourenzahl der Maschinen), dass man den Spannungsverlusten in dem Leitungsnetze keinen Einfluss auf die Kosten der Betriebsanlage beimessen kann.*)

Andererseits kann es vorkommen, dass für b nicht die Kosten der Betriebsanlage, sondern der Werth der sekundären Arbeitsleistung massgebend sein muss.

Wenn z. B. eine Wasserkraft derart günstig verwerthet werden kann, dass der jährliche Erlös für jedes beim Vollbetrieb abgegebene Watt viel höher ist als der Aufwand für Verzinsung, Amortisation und Instandhaltung der hierauf entfallenden Anlagekosten der Betriebsanlage mehr den wirklichen Betriebskosten, und wenn es ferner nicht möglich ist, die Betriebsanlage in ihrer Leistungsfähigkeit ohneweiters zu erhöhen, so dass daher die Vermehrung der sekundären Arbeitsleistung nur durch Verstärkung der Leitungsquerschnitte zu erzielen ist, so wird man folgerichtig vom geschäftlichen Standpunkte für b $\frac{p_b}{100}$ den jährlichen Erlös für 1 bei Volleistung abgegebenes Watt weniger den wirklichen Betriebskosten und dem sicherzustellenden geringsten Gewinne hierfür einzusetzen haben.

Bei Akkumulatorenanlagen wird b nur von den Anlagekosten derselben abhängen. Trotzdem dieselben relativ höher sind als bei Dampfmaschinen, ergibt sich für b ungefähr der gleiche Werth wie dort, da man bei Akkumulatorenanlagen keine Reserve benöthigt. Es wird daher auch hier der Werth von b ungefähr 1 RM. bezw. 0·6 Fl. ö. W. betragen. Selbstverständlich sind dabei nur die Anlagekosten der Akkumulatoren berücksichtigt und die der eigentlichen Betriebsanlage nicht gerechnet, weil man Akkumulatoren aus wirthschaftlichen Gründen nur dort anwenden wird, wo die eigentliche Betriebsanlage anderweitig keine fortwährende volle Ausnützung erfährt. Auch ist angenommen, dass die normale Entladungsdauer für den stärksten Tagesbetrieb

---

*) In dem Falle, dass $b = 0$ ist, stimmt die Formel für den wirthschaftlichen Querschnitt bezw. Spannungsverlust mit der vom Verfasser in Heft I der „Zeitschrift für Elektrotechnik“ 1887 gegebenen Formel für den rentablen Querschnitt und rentablen Spannungsverlust überein, wenn für β die Betriebskosten für 736 Volt-Ampère eingesetzt werden.

im Jahre ausreicht. Ist das nicht der Fall, so muss b entsprechend höher gewählt werden.

In manchen Fällen wird b ausser den von der eigentlichen Betriebsanlage herstammenden Kosten noch einen Zuschlag erhalten müssen, welcher gewisse besondere Anlagekosten zum Ausdrucke bringt, die zufolge der in den Leitungen auftretenden Spannungsverluste aus technischen Rücksichten aufgewendet werden müssen. Ist es z. B. nothwendig, zum Ausgleich der Spannungsverluste in den Hauptleitungen eines Centralleitungsnetzes besondere Widerstände oder Ausgleichtransformatoren (Egalisatoren) oder zum Ersatz der Spannungsverluste besondere Fernleitungsdynamos anzuwenden, so müssen die hierfür aufzuwendenden Anlagekosten neben jenen der Betriebsanlage in dem Werthe für b Berücksichtigung finden. Dieser Zuschlag ist bei den verschiedenen Systemen der Stromvertheilung zu verschieden und von mancherlei Umständen, wie Ungleichmässigkeit in der Belastung der einzelnen Hauptleitungen, Grösse der Anlage u. s. w. so sehr abhängig, dass sich für Bestimmung desselben gar kein allgemein giltiger Anhaltspunkt geben lässt und derselbe mit einiger Zuverlässigkeit von Fall zu Fall nur durch eine besondere Kostenberechnung ermittelt werden kann. Wir müssen uns daher hier damit begnügen, auf die Nothwendigkeit eines solchen Zuschlages für gewisse Fälle aufmerksam gemacht zu haben und bezüglich der Grösse dieses Zuschlages auf die auf Seite 141 folgende eingehende Betrachtung über den Einfluss der Regulirung auf die Bemessung der Hauptleitungen verweisen.

Es erübrigt nunmehr noch, die beiden vom eigentlichen Betriebe abhängigen Grössen β und T zu behandeln,

Von denselben werden die Betriebskosten pro erzeugte Watt-Stunde β je nach der Betriebsweise, nach der Art und Grösse der Motoren, nach der mehr oder weniger günstigen durchschnittlichen Ausnützung derselben während des Betriebes, sowie nach den Kosten des Betriebsmaterials, der Bedienung u. s. w. wesentlich schwanken.

Bei Wasserkräften wird β den kleinsten Werth erhalten, wenn nicht auf Eisreinigung, Wasserzins und Reparatur des Gerinnes grössere Kosten aufzuwenden sind, indem als Betriebsmaterial nur Schmier und Putzmaterial in Betracht kommen und auch die Bedienung sehr einfach wird.

Je nach der Ausnützung der Wassermotoren und je nach der Betriebsweise wird β den Werth von 20 bis 100 Millionstel RM. bezw. von 10 bis 60 Millionstel Gulden erhalten.

Bei Dampfmaschinen wird, neben der Ausnützung und Betriebsweise, das System und die Grösse der Maschinen, sowie der Preis des Heizmateriales eine wichtige Rolle spielen.

Bei Heranziehung von Akkumulatoren werden die Betriebskosten meistens verringert werden, indem dann der kostspielige Maschinenbetrieb bei schwachem Konsum und unvortheilhafter Belastung der Maschinen ganz entfällt, und ferner mit Hilfe der Akkumulatoren die Maschinen zur Zeit ihres Betriebes stets in günstigster Weise belastet werden können.

Einen annähernd richtigen Werth für β kann man nur durch eine gewissenhafte Betriebskostenaufstellung unter Beachtung der Ergebnisse bei ähnlichen, wirklich durchgeführten Betrieben erlangen.

Unter gewöhnlichen Verhältnissen wird für eine Beleuchtungs centralisation mit Dampfbetrieb β zwischen 150 und 250 Millionstel RM. bezw. zwischen 90 und 150 Millionstel Gulden ö. W. schwanken.

Ebenso wie β kann auch T, nämlich die durchschnittliche Dauer der vollen Effektverluste im Jahre, nur auf Grund praktischer Erfahrung annähernd festgestellt werden.

Nach der auf Seite 66 gegebenen Erklärung ist T jene Zeit, während welcher die in Betracht gezogene Anlage bei vollem Strome betrieben werden müsste, damit die dabei zur Ueberwindung der Leitungswiderstände aufzuwendende Arbeit in Summe eben so gross wird, wie die bei dem wirklichen Betriebe jährlich erwachsenden Arbeitsverluste.

Zur Ermittlung dieser Zeit muss man vor allem die volle Betriebsstromstärke J kennen, beziehungsweise den massgebenden Verhältnissen entsprechend annehmen. Sodann hat man einen Betriebsplan aufzustellen und nach demselben die in der Leitung voraussichtlich auftretenden Arbeitsverluste nach der Formel

$$\varDelta A = c \int_0^\tau i^2 W d\tau$$

zu berechnen, wobei i die jeweilig konsumirte Stromstärke, W der Widerstand der Leitung, $d\tau$ das in Betracht gezogene Zeitelement und τ die jährliche Betriebsdauer ist.

Die gesuchte Zeit T, während welcher bei vollem Betriebe der Anlage dieselben Verluste resultiren wie bei dem wirklichen Betriebe während des ganzen Jahres, ergibt sich sodann aus der Gleichung

$$c\,W\,J^2\,T = c\,W\int_0^\tau i^2\,d\tau$$

und lässt sich nach der Formel

$$T = \int_0^\tau \left(\frac{i}{J}\right)^2 d\tau$$

berechnen.

Diese Zeit T darf nicht verwechselt werden mit der durchschnittlichen jährlichen Dauer des vollen Betriebes (durchschnittliche jährliche Brenndauer der maximalen Anzahl der gleichzeitig brennenden Lampen), welche wir mit $\mathfrak{T}$ bezeichnet haben und welche durch nachstehende Gleichung dargestellt werden kann:

$$\mathfrak{T} = \int_0^\tau \frac{i}{J}\,d\tau.$$

Wenn z. B. während der ganzen Betriebsdauer einer Beleuchtungsanlage stets alle Lampen gleichzeitig brennen, so dass fortwährend $u = J$ ist, so wird $T = \mathfrak{T} = \tau$ gleich der jährlichen Betriebsdauer sein; wenn jedoch, so lange der Betrieb stattfindet, alle angeschlossenen Lampen nicht immer gleichzeitig eingeschaltet sind, was meistens der Fall ist, so weicht die Zeit T von der Zeit $\mathfrak{T}$ und diese von der jährlichen Betriebsdauer τ umsomehr ab, je geringer die Ausnützung der Anlage ist.

So wird z. B. bei ganznächtiger öffentlicher Beleuchtung der Strassen und Plätze von grösseren Städten in mittlerer Breite, woselbst die Beleuchtung ungefähr $^3/_4$ Stunden nach Sonnenuntergang beginnt und ungefähr $^5/_4$ Stunden vor Sonnenaufgang endet, jede Lampe durchschnittlich täglich 10 Stunden brennen, und zwar immer alle Lampen gleichzeitig, so dass $T = \mathfrak{T} = \tau$

= 3650 Stunden ist. Dagegen wird bei gemischter öffentlicher Beleuchtung, wenn die halbe Lampenanzahl ganznächtig 10 Stunden täglich, die andere Hälfte jedoch nur halbnächtig bis 12 Uhr Nachts (durchschnittlich täglich $5^1/_4$ Stunden) brennt, die jährliche Betriebsdauer τ wohl wie früher 3650 Stunden betragen, aber $\mathfrak{T}$ und T von dieser und von einander erheblich abweichen, indem

$$\mathfrak{T} = 365 \times 5^1/_4 + \frac{1}{2} 365 \times 4^3/_4 \doteq 2785 \text{ Stunden}$$

und

$$T = 365 \times 5^1/_4 + \left(\frac{1}{2}\right)^2 365 \times 4^3/_4 \doteq 2350 \text{ Stunden}$$

beträgt.

Noch bedeutendere Unterschiede zwischen τ, $\mathfrak{T}$ und T ergeben sich besonders bei Centralstationen für Privatbeleuchtung, hauptsächlich dann, wenn dieselben fortwährend im Betriebe stehen, indem dieselben einerseits zu den verschiedenen Tageszeiten sehr verschieden beansprucht sind, andererseits aber die volle Anzahl der gleichzeitig brennenden Lampen im Jahre nur wenige Stunden im Betriebe steht.

Aus nachstehender Tabelle, welche die Betriebsangaben einer Beleuchtungscentralstation enthält, kann man die durchschnittlichen Belastungen zu den verschiedenen Tageszeiten der einzelnen Monate entnehmen und wird danach auf andere Fälle schliessen können.

In der vorletzten Zeile der nebenstehenden Tabelle ist die durchschnittliche tägliche Betriebsdauer aller angeschlossenen Ampère in Stunden für die einzelnen Monate, sowie auch für den Jahresdurchschnitt angegeben. Wird dieser Jahresdurchschnitt mit 365 multiplicirt, so ergibt sich die durchschnittliche jährliche Betriebsdauer aller angeschlossenen Ampère mit 745 Stunden.

Da nun die stärkste Belastung im Jahre, d. i. die volle Betriebsstromstärke, 60% der angeschlossenen Ampère betrug, so ergibt sich die durchschnittliche jährliche Dauer des vollen Betriebes $\mathfrak{T} = \frac{745}{0{\cdot}6} = 1242$ Stunden.

In der letzten Zeile der Tabelle ist die durchschnittliche tägliche Dauer der vollen Effektverluste in Stunden für die

Betriebsangaben über eine Centralstation für elektrische Beleuchtung.

	April	Mai	Juni	Juli	August	Septbr.	Oktober	Novbr.	Decbr.	Januar	Februar	März	
Angeschloss. Ampère	3820	3915	3935	3985	4165	4490	4860	5200	5459	5710	5860	5900	
Durchschnittliche Belastung in Ampère zu den verschiedenen Tageszeiten:													
um 1 h n. Mitternacht	101	88	70	86	74	119	122	152	153	160	144	131	
2 h	54	55	43	52	47	70	88	86	114	123	110	96	
3 h	33.	32	25	37	29	45	57	71	92	105	96	83	
4 h	29	22	20	28	22	33	39	59	78	96	82	72	
5 h	27	21	16	25	20	29	37	55	78	163	88	76	
6 h	31	21	16	21	24	29	49	61	95	148	106	88	
7 h	36	29	20	55	53	58	101	202	333	366	254	155	
8 h	72	65	43	87	97	117	186	339	710	687	489	272	
9 h	85	67	56	88	97	128	176	344	575	541	360	281	
10 h	87	77	52	84	100	132	175	320	506	474	379	335	
11 h	91	94	50	91	109	142	181	319	478	426	400	400	
12 h Mittag	123	82	48	69	83	121	155	333	429	420	384	360	
1 h	106	52	46	76	86	110	151	302	410	427	364	354	
2 h	137	76	63	83	84	165	345	336	446	518	434	378	
3 h	164	98	69	89	128	100	286	664	637	522	478	417	
4 h	168	101	118	94	151	99	347	1017	1307	939	558	431	
5 h	142	131	108	179	214	183	670	2594	2885	2805	943	493	
6 h	288	275	113	126	185	550	2446	2634	2902	2793	2834	1581	
7 h	1023	477	151	168	496	1984	2297	2639	2799	2751	2667	2761	
8 h	1473	1388	338	313	628	1745	1959	2236	2218	1929	1946	1941	
9 h	698	746	345	485	554	758	875	1074	1143	1041	1070	1054	
10 h	548	653	264	248	238	540	842	890	881	1031	1027	497	
11 h	226	232	201	194	187	259	284	328	352	439	336	285	
12 h	168	155	122	131	115	186	202	216	238	221	216	182	im Jahresmittel
Durchschn. tägl. Betriebsdauer aller angeschlossenen Ampère in Stunden	1·547	1·286	0·609	0·730	0·917	1·715	2·484	3·321	3 635	3 341	2·690	2·156	2·636
Durchschn. tägl. Dauer d. voll. Effektverluste i. Std.	0 778	0·566	0·079	0 102	0·193	1·087	1·981	3·007	3·275	2·690	1·864	1·285	1·409

Die stärkste Belastung im Jahre, also die volle Betriebsstromstärke, betrug 60 % der angeschlossenen Ampère, also J = 0 6 A.

Durchschnittl. jährl. Betriebsdauer aller angeschlossen. Ampère 0·6 𝔗 = 745 Std.
» » Dauer des vollen Betriebes 𝔗 = 1242 »
» » Dauer der vollen Effektverluste T = 515 »

einzelnen Monate, sowie auch für den Jahresdurchschnitt angegeben. Diese Zahlen wurden gefunden, indem die Summe der Quadrate der durchschnittlichen Belastungen zu den verschiedenen Tageszeiten durch das Quadrat der bezüglichen vollen Betriebsstromstärke (60 % der jeweilig abgeschlossenen Ampère) dividirt wurde.

Durch Multiplikation des Jahresdurchschnittes mit 365 erhält man die durchschnittliche jährliche Dauer der vollen Effektverluste $T = 515$ Stunden.

Je grösser die volle Betriebsstromstärke J im Verhältnisse zu den angeschlossenen Ampère A ist, um so kleiner wird der Werth von T.

Würde z. B. die in der Tabelle behandelte Anlage auch nur einmal im Jahre mit allen angeschlossenen Lampen belastet werden können, so würde $J = A$ und der Werth von T mit nur $515 \times \left(\frac{60}{100}\right)^2 = 185$ Stunden angenommen werden müssen.

Da nun aber bei elektrischen Centralstationen mit der Ermässigung des Strompreises und mit der hierdurch beförderten fortschreitenden Ausbreitung des elektrischen Lichtes die Jahresleistung im Verhältnisse zu der vollen Betriebsstromstärke, d. i. die Ausnützung der Anlage von Jahr zu Jahr steigt, so wird auch der Werth von T allmählich ansteigen.

Bei Kraftübertragungen für industriellen Betrieb, durch welche Wasserkräfte ausgenützt werden, wird man aus wirthschaftlichen Gründen die volle Leistung möglichst auszunützen trachten und bei stets voller Belastung $T = \mathfrak{T} = \tau$ setzen können.

Bei elektrischen Eisenbahnen hat man gewöhnlich einen Feiertags- und einen Wochentagsverkehr zu unterscheiden, von denen ersterer von der Jahreszeit und dem Wetter sehr beeinflusst wird und letzterer gemäss den örtlichen Verhältnissen an den einzelnen Tagen der Woche und auch mit der Jahreszeit stark schwankt. Es wird daher auch hier wieder T bedeutend geringer wie $\mathfrak{T}$ und dieses geringer wie τ sein.

Aus nachstehender Tabelle kann man die Werthe für T, $\mathfrak{T}$ und τ für verschiedene Betriebe entnehmen und durch dieselben einen Anhaltspunkt für andere Fälle gewinnen.

Tabelle der Werthe von T, $\mathfrak{T}$ und τ für verschiedene Betriebe.

Art der Anlage	Volle Betriebsstromstärke J i. Procenten der angeschloss. Ampère	Jährliche Betriebsdauer der Anlage in Stunden τ	Durchschnittl. jährl. Betriebsdauer aller angeschlossenen Ampère in Stunden.	$\mathfrak{T} = \int_0^\tau \frac{i}{J} d\tau$ durchschnittl. jährl. Dauer des vollen Betriebes in Stunden	$T = \int_0^\tau \left(\frac{i}{J}\right)^2 d\tau$ durchschnittl. jährl. Dauer der vollen Effektverluste in Stunden
Ganznächtige öffentl. Beleuchtung für grössere Städte ohne Rücksicht auf Mondschein .	100%	3650	3650	3650	3650
Ganznächtige öffentl. Beleuchtung für kleinere Städte und mit Abstellung bei Mondschein .	100%	2760	2760	2760	2760
Halbnächtige öffentl. Beleuchtung für grössere Städte (Löschzeit *12 h* Nacht) und ohne Rücksicht auf Mondschein . . .	100%	1915	1915	1915	1915
Halbnächtige öffentl. Beleuchtung für kleine Städte (späteste Löschzeit *11 h* Nacht) und mit Rücksicht auf Mondschein .	100%	1120	1120	1120	1120
Gemischte öffentl. Beleuchtung f. grosse Städte ohne Rücksicht auf Mondschein, die Hälfte der Lampen halbnächtig bis *12 h* N., die andere Hälfte ganznächtig	100%	3650	2785	2785	2350
Gemischte öffentl. Beleuchtung f. mittlere Städte, die Hälfte der Lampen halbnächtig mit Rücksicht auf Mondschein (späteste Löschzeit *11 h* N.), die andere Hälfte ganznächtig ohne Rücksicht auf Mondschein . . .	100%	3650	2385	2385	1755
Elektrische Centralstation für Beleuchtung bei Privaten nach den Betriebsangaben auf S. 119	60%	8760	745	1242	515
Dieselbe, jedoch b. vollem Betriebe aller angeschlossenen Ampère	100%	8760	745	745	185
Berliner Elektricitätswerke im Jahre 1888	75%	8760	860	1146	440
Elektrische Centralstation für Beleuchtg. i. Elberfeld 1889—1890	76%	—	595	785	—
Mühlhausen i. E. 1890	43%	8760	412	949	—
Elektrische Kraftübertragung für Industriezwecke bei 300 Arbeitstagen i. Jahre von je 10 Arbeitsstunden und voller Ausnützung	100%	3000	3000	3000	3000
Elektrische Eisenbahn bei täglich 16 stünd. Betriebe und durchschnittlich. Ausnützung d. Bahn auf 3/4 der vollen Leistung .	100%	5840	—	4380	3300

Zufolge der oben gefundenen Werthe für die einzelnen Faktoren ergeben sich folgende Grenzwerthe für die **Betriebszahl** z_b und zwar

für Markwährung

$$\text{wenn } p_b = 7,\ b = 0,\ \beta = \frac{20}{1\,000\,000},\ T = 150$$

$$z_b = \sqrt{\beta\, T} = \sqrt{\frac{30}{10\,000}} = 0{\cdot}055,$$

$$\text{wenn } p_b = 11{\cdot}5,\ b = 1{\cdot}1,\ \beta = \frac{250}{1\,000\,000},\ T = 3650$$

$$z_b = \sqrt{\frac{p_b}{100} \cdot b + \beta\, T} = \sqrt{1{\cdot}04} = 1{\cdot}02;$$

für Gulden österreichischer Währung

$$\text{wenn } p_b = 7,\ b = 0,\ \beta = \frac{10}{1\,000\,000},\ T = 150$$

$$z_b = \sqrt{\beta\, T} = \sqrt{\frac{15}{10\,000}} = 0{\cdot}039,$$

$$\text{wenn } p_b = 11{\cdot}5,\ b = 0{\cdot}7,\ \beta = \frac{150}{1\,000\,000},\ T = 3650$$

$$z_b = \sqrt{\frac{p_b}{100}\, b + \beta\, T} = \sqrt{0{\cdot}628} = 0{\cdot}79.$$

Berechnet man aus den grössten und kleinsten Werthen für z_l und z_b die wirthschaftliche Stromdichte D_w, so ergibt sich, dass dieselbe zwischen 0·2 und 7 schwanken kann, so dass unter gewöhnlichen Umständen vom wirthschaftlichen Standpunkte mindestens 0·2 Ampère und höchstens 7 Ampère pro Quadratmillimeter Kupferquerschnitt anzunehmen wären.

Bei Wechselstromanlagen kommt, wie wir gesehen haben, die Phasenverschiebung und zwar der Cosinus des Winkels φ der Phasenverschiebung in Betracht.

Bei Beleuchtungsanlagen ist der Winkel der Phasenverschiebung sehr gering, und man kann $\cos \varphi = 0{\cdot}9$ setzen. Wenn jedoch neben der Beleuchtung auch Kraftübertragung betrieben werden soll, so steigt durch den Einfluss der Motoren die Phasenverschiebung, und es sinkt bei gemischtem Betriebe dieser Koëfficient auf $\cos\varphi = 0{\cdot}9$ und wenn vorliegend Motoren betrieben werden, auf $\cos\varphi = 0{\cdot}7$ und darunter.

Bei Berechnung der Umformungskosten hat man bezüglich der Faktoren σ beziehungsweise χ, dann für $\cos\varphi_{u_0}$, ψ_u, ψ, p_u, a_u, c_u und B_u Annahmen zu treffen.

Nach der auf Seite 82 gegebenen Ableitung ist

$$\sigma = \frac{\Sigma \Delta e_{u_1}}{\Sigma \mathfrak{E}}.$$

Es ist demnach σ das Verhältnis des in den Umformern einer Anlage bei Leerbetrieb auftretenden Effektverlustes zu der sekundären Nutzleistung bei vollem Betriebe der Anlage.

Der in den Umformern im Leerbetrieb auftretende Effektverlust wird gewöhnlich im Verhältnis zur Nutzleistung bei voller Belastung des betreffenden Umformers angegeben, und man kann annehmen, dass bei Wechselstromtransformatoren 2 % bis 5 %*) ihrer vollen Nutzleistung für Magnetisirung etc. im Leerbetrieb verbraucht werden, während bei rotirenden Gleichstromumformern hierfür mindestens 6 % gerechnet werden müssen.

Die volle sekundäre Nutzleistung der Umformer ist nun aber meistens grösser als die durchschnittliche volle sekundäre Nutzleistung einer ganzen Anlage, einestheils weil die Umformer nur in gewissen Abstufungen hergestellt werden und daher ihre wirkliche höchste Beanspruchung nur selten ihrer vollen Leistung entspricht, andterntheils, weil zur Befriedigung des stets schwankenen Konsums immer eine gewisse Reserve in Betrieb stehen muss.

*) Nach Uppenborn, Kalender für Elektrotechniker 1896, gilt für Wechselstromtransformatoren von Ganz & Comp. folgende Tabelle:

Leistung in Watt	Energieverlust in beiden Kupferdrähten bei voller Leistung	bei 5000 Polwechseln pro Min.	
		Magnetisirungsarbeit in %	Kommercieller Wirkungsgrad b. voller Leistg.
1000	2 %	5 1/2	92·5
2500		4 1/2	93·2
5000		3 1/2	94·5
10000		2 1/2	95·5

Dies ist ganz besonders dann der Fall, wenn die Umformer bei den einzelnen Verbrauchsstellen im ganzen Netz vertheilt angeordnet sind und stets alle in Betrieb erhalten werden müssen.

Es wird dann jeder Umformer dem vollen Konsume der betreffenden Verbrauchsstelle nahezu vollends genügen müssen, mitunter aber sogar grösser gewählt werden, sowohl aus dem oben genannten Grunde, als auch um bei Vermehrung des Verbrauches an der betreffenden Stelle nicht gleich einen grösseren Umformer anbringen zu müssen.

Nach der Tabelle auf S. 121 verhält sich bei Centralstationen die volle Betriebsstromstärke zur Summe der angeschlossenen Ampère wie 45 : 100 bis 75 : 100, und es muss daher in dem oben behandelten Falle der Werth des σ in dem gleichen Verhältnisse wachsen.

Würde also beispielsweise der Verlust in den Umformern durchschnittlich 3 % ihrer Volleistung betragen, so ergibt sich, wenn 60 % der angeschlossenen Ampère gleichzeitig konsumirt werden, und wenn dennoch die Unformer für alle angeschlossenen Ampère genügen müssten,

$$\sigma = \frac{3}{100} \times \frac{100}{60} = \frac{5}{100} = 5\,\%.$$

Es wird demnach bei Wechselstromtransformatoren, welche bei den einzelnen Verbrauchsstellen vertheilt sind, je nach der Grösse der verwendeten Umformer und je nach der Ausnützung der Anlage der Werth von σ zwischen 3 % und 10 % schwanken, während für rotirende Gleichstromumformer der Werth von σ 12 % und darüber betragen würde.

Zur Verringerung der bei fortwährendem Betriebe aller Umformer auftretenden, relativ bedeutenden Arbeitsverluste empfiehlt es sich, die für ein grösseres Konsumgebiet nöthigen Umformer an einem Punkte zu vereinigen und dem wechselnden Bedarfe entsprechend ein- und auszuschalten.

Dadurch wird es möglich, die Verluste in den Umformern auf einen Theil der jeweiligen sekundären Leistung zu reduciren, und es ergibt sich dann der auf Seite 95 behandelte zweite Fall, für welchen

$$\chi = \frac{\Sigma \Delta e_{01}}{\Sigma e}$$

wird.

Es bedeutet also der Faktor χ das Verhältnis der jeweiligen Effektverluste zufolge Magnetisirung etc. zur jeweiligen sekundären Nutzleistung.

Da man bestrebt sein wird, wo möglich nur so viel Umformer in Betrieb zu halten, als der jeweilige Bedarf erfordert, wird in den meisten Fällen der Faktor χ kleiner als der Faktor σ sein, und im günstigsten Fall auf das Verhältnis der zufolge Magnetisirung etc. auftretenden Effektverluste aller Umformer zu deren Volleistung beschränkt werden können.

Da man ferner in diesem Falle eine besondere Regulirung der Spannungen vornehmen kann, wird man in der Lage sein, grössere Spannungsverluste in den Umformern zuzulassen und damit zusammenhängend die Verluste zufolge Magnetisirung etc. zu verringern.

Der Werth von χ wird demnach bei Wechselstromumformern 2% bis 5%, bei Gleichstromumformern 6% und darüber betragen.

Der Winkel der Phasenverschiebung φ_{u_0} zwischen Strom und Spannung im primären Stromkreise bei Leerbetrieb wird bei offenen Transformatoren sehr gross, etwa 80^0 und darüber sein, bei eisengeschlossenen Transformatoren jedoch zwischen 45^0 und 70^0 liegen.

Der Werth von cos φ_{u_0} kann daher je nach der Konstruktion der Transformatoren zwischen 0·17 und 0·7 schwanken.

Die Effektverluste zufolge Erwärmung des Kupfers in den Wicklungen der Umformer werden gewöhnlich gemeinsam im Verhältnis zur Nutzleistung bei vollem Betriebe der Umformer angegeben, und man kann dann annehmen, dass auf jede der beiden Wicklungen die Hälfte entfällt.

Um sodann die Werthe ψ_u und ψ festzustellen, hat man zu berücksichtigen, dass die ganze Anlage niemals auf die Vollleistung der Umformer beansprucht wird, und dass die vollen Effektverluste zufolge Kupferwärme dementsprechend geringer sind.

Wenn daher z. B. die Kupferwärme in den primären und sekundären Wicklungen der Umformer bei deren Maximalbelastung je 1 Proc. dieser Maximalleistung absorbirt und wenn die Anlage bei Vollbetrieb nur auf 60 Proc. der Maximalleistung aller Umformer ausgenützt wird, so betragen die Effektverluste in den primären und sekundären Spulen der Umformer bei vollem

Betriebe der Anlage nur mehr je 0·6 Proc. dieser Maximalleistung, und es ist sodann

$$\psi_u = \psi = 0{\cdot}006.$$

Im Allgemeinen wird ψ_u sowie ψ zwischen 0·004 und 0·04 schwanken.

Die Kosten eines Umformers lassen sich nach Früherem annähernd als lineare Funktion seiner Leistung durch den Ausdruck $k_u = a_u \mathfrak{E} + c_u$ darstellen. Zieht man die Aufstellung und Montage, sowie die nöthigen Hilfsapparate und Vorkehrungen bis zur Inbetriebsetzung in Betracht, so ergeben sich für a_u und für c_u etwa folgende Werthe:

	RM.		Fl. ö. W.	
	a_u	c_u	a_u	c_u
Bei Wechselstromtransformat. .	0·17	250	0·1	150
» Drehstromtransformatoren .	0·17	375	0·1	225
» Gleichstromumformern . .	0·25	2500	0·15	1500

Diese Kosten der Umformer müssen verzinzt und amortisirt werden, und ausserdem muss die Instandhaltung derselben vorgesehen sein. Für Verzinsung kann man wie früher 4 bis 5% annehmen. Für Amortisation, beziehungsweise für Erneuerung, ergibt sich bei Zugrundelegung einer 30jährigen Dauer der ruhenden Wechselstromtransformatoren und bei Annahme eines Altwerthes von 30% der Anschaffungskosten, eine jährliche Quote von 1·36%, während für rotirende Gleichstromumformer ebenso wie für Dynamomaschinen 1·[illegible]% zu rechnen sind.

Für Instandhaltung wird man bei Wechselstromtransformatoren sehr wenig, etwa 0·5%, dagegen für Gleichstromumformer ca. 1·5% zu rechnen haben.

Es ergibt sich daher der Wert von p_u

bei Wechselstromtransformatoren mit 6 bis 7%,

» rotirenden Gleichstromumformern mit 7·3 bis 8·3%.

Die Kosten B_u für Bedienung und Betrieb werden bei Wechselstromtransformatoren, wenn selbe bei den einzelnen Konsumenten vertheilt und ständig in Betrieb sind, vernachlässigt werden können; sollen dieselben jedoch dem jeweiligen Bedarf entsprechend ein- und ausgeschaltet werden, so sind wohl gewisse Kosten für Bedienung, Betrieb, Lokalmiethe etc. aufzuwenden, welche ebenso wie jene bei Gleichstromumformern für die jeweiligen Verhältnisse von Fall zu Fall zu bestimmen sind.

Die Werthe der verschiedenen Faktoren bei Anwendung von Akkumulatoren als Umformer sind hier nicht wieder aufgeführt worden, da selbe bereits früher behandelt wurden.

IV. Behandlung der verschiedenen praktischen Fälle.

Die verschiedenen praktischen Fälle müssen im wesentlichen verschieden behandelt werden, je nachdem eine Hintereinanderschaltung oder eine Parallelschaltung der Verbrauchsstellen erfolgen soll.

Während in dem ersten Falle allen Verbrauchsstellen dieselbe Betriebsstromstärke zufliesst und die Betriebsspannung für jede Verbrauchsstelle verschieden sein kann, ist bei der Parallelschaltung für alle Verbrauchsstellen dieselbe Betriebsspannung anzuwenden, jedoch die Betriebsstromstärke verschieden. Die Speisung einzelner Verbrauchsstellen beziehungsweise ganzer Gruppen derselben durch besondere Leitungen bildet entweder einen speciellen Fall der Hintereinanderschaltung oder wird, wenn mit der Parallelschaltung zusammenhängend, dort Behandlung finden.

1. Hintereinanderschaltung der Verbrauchsstellen.

A. Glühlampen in Hintereinanderschaltung.

Bei Speisung einzelner oder mehrerer hintereinandergeschalteter Glühlampen kommen folgende Faktoren in Betracht: 1. die Klemmenspannung E_1 der Stromquelle, 2. die Zahl der hintereinanderzuschaltenden Lampen N, 3. die Lichtstärke der einzelnen Lampen $\lambda_1, \lambda_2, \ldots \lambda_n$, 4. die Oekonomie der Lampen η.

Die Oekonomie der Glühlampen η, d. i. der Energieverbrauch in Watt pro Normalkerze, muss von vorneherein gewählt werden.

Bei dem derzeitigen Stande der Glühlampenfabrikation benöthigen die in der Praxis verwendeten Lampen zwischen 2 und 3·5 Watt pro Normalkerze, je nachdem eine längere oder kürzere durchschnittliche Lebensdauer und eine mehr oder weniger anhaltende Gleichförmigkeit der Lichtstärke erzielt werden soll.

Es ist daher durch die Anzahl der Lampen und durch die erforderliche Lichtstärke derselben, sowie nach Wahl der Oekonomie der Lampen auch der nutzbare Energieverbrauch in dem betreffenden Stromkreise gegeben durch $\Sigma \eta \lambda$. Selbstverständlich müssen alle in einem Stromkreise hintereinander geschalteten Lampen für dieselbe Stromstärke eingerichtet sein, und man wird bei Annahme der Stromstärke sich an die zur Verfügung stehenden Lampen halten müssen und daher nur eine beschränkte Wahl haben. Für Gleichstrom, sowie für Wechselstrom ohne Phasenverschiebung besteht die Gleichung

$$E_1 = \frac{\Sigma \eta \lambda}{J} + \Delta E.$$

Es können nun folgende drei Fälle eintreten: entweder ist

a) die Klemmenspannung E_1 der Stromquelle und die Anzahl der hintereinanderzuschaltenden Lampen, sowie deren Lichtstärke gegeben und danach die Stromstärke J im Leitungskreise zu bestimmen; oder

b) es ist die Klemmenspannung E_1 der Stromquelle sowie die Betriebsstromstärke J für die Glühlampen gegeben und danach die Zahl der hintereinanderzuschaltenden Glühlampen von gegebener Lichtstärke festzustellen; oder

c) es ist die Zahl der hintereinanderzuschaltenden Lampen sowie deren Lichtstärke und Betriebsstromstärke gegeben und danach die Wahl der Klemmenspannung E_1 an der Stromquelle vorzunehmen.

Bei Hintereinanderschaltung der Verbrauchsstellen lässt sich eine Hin- und Rückleitung nicht unterscheiden und man muss daher entweder die einzelnen Leitungstheile getrennt behandeln oder man kann auch, wenn alle Leitungstheile gleich ausgeführt und gleich belastet sind, dieselben gleichzeitig in Betracht ziehen.

In jedem Falle entnimmt man die Längen der einzelnen Leitungstheile oder die Länge L des ganzen Leitungskreises aus dem Situationsplane und wird bestrebt sein müssen, für den Verlust in der Leitung den wirthschaftlichen Spannungsverlust ΔE_w zu erübrigen, welcher sich zufolge Formel 26 nach Annahme der Leitungszahl z_l und der Betriebszahl z_b beziehungsweise nach Annahme der dieselben beeinflussenden Verhältnisse aus der Leitungslänge L direkt ergibt.

Im Falle a) kann es vorkommen, dass die nöthige Spannung zum Betriebe der hintereinanderzuschaltenden Glühlampen mehr dem wirthschaftlichen Spannungsverluste grösser oder kleiner wird als die gegebene Klemmenspannung E_1 der Stromquelle und dass die Beschaffung von Glühlampen mit genau entsprechender Gesammtspannung Schwierigkeiten bietet. Man wird dann gezwungen sein, die Leitung entsprechend stärker, beziehungsweise, soweit es die Feuersicherheit erlaubt, entsprechend schwächer zu bemessen, event. anderes Leitungsmaterial (z. B. Eisenleitung) zu wählen oder sogar noch einen besonderen Widerstand vorzuschalten.

In den Fällen b) und c) kann man entweder die Anzahl der hintereinanderzuschaltenden Lampen oder die Klemmenspannung der Stromquelle nach Bedarf ändern und ist in der Lage, die Leitung vom wirthschaftlichen Standpunkte zu wählen.

B. Bogenlampen in Hintereinanderschaltung.

Bei Hintereinanderschaltung von Bogenlampen kommen dieselben Faktoren in Betracht, wie bei Glühlampenkreisen. Die hauptsächlichste Abweichung besteht nur darin, dass die günstigste Polspannung der Bogenlampen von vornherein gegeben ist (bei Wechselstrom durchschnittlich 27 Volt, bei Gleichstrom durchschnittlich 37 Volt), und dass daher die Lichtstärke nur von der Betriebsstromstärke abhängt, weshalb man auch nur Bogenlampen von gleicher Lichtstärke hintereinanderschalten kann und auch nur die beiden oben genannten Fälle b) und c) in Betracht kommen können.

Da die Klemmenspannung der Stromquelle stets kleinen Schwankungen unterliegt und niemals vollkommen konstant ist, sowie auch zufolge der Ungleichmässigkeit der Kohlenstifte sind Schwankungen in der Stromstärke unvermeidlich.

Damit diese Schwankungen nicht allzustark werden, hat man in dem Stromkreise der Bogenlampen einen gewissen konstanten Widerstand, den sogenannten Beruhigungswiderstand, vorzusehen. Bei Anwendung richtig konstruirter Differentiallampen, welche entsprechend der jeweiligen Stromstärke reguliren, wäre es denkbar, auch ohne solchen Beruhigungswiderstand auszukommen, soferne mehrere Lampen hintereinandergeschaltet sind. Verwendet man jedoch einfache Nebenschlusslampen, so ist ein entsprechender konstanter Beruhigungswiderstand in der Leitung zur Funktion der Nebenschlusslampe absolut nöthig. Ebenso ist es unbedingt nöthig, einen solchen Beruhigungswiderstand vorzusehen, wenn die Klemmenspannung der Stromquelle nicht vollkommen konstant ist.

Die Grösse des Beruhigungswiderstandes richtet sich daher nach der Konstruktion der Bogenlampen beziehungsweise nach den Schwankungen in der Klemmenspannung an den Verbrauchsstellen.

Gewöhnlich rechnet man, dass zur Beruhigung des Lichtes ein Spannungsverlust von 12 bis 18 Volt pro Bogenlampe genügt. Man wird trachten müssen, den entsprechenden Widerstand in die Leitung selbst zu verlegen, und zu diesem Zwecke wenn nöthig Eisenleitung verwenden. Wenn man dadurch den nöthigen Widerstand nicht aufbringt, so wird man den erforderlichen Rest entweder als besonderen Vorschaltewiderstand in die Leitung einfügen oder die Leitung absichtlich verlängern und auf Umwegen verlegen.

Besondere Beachtung verdient der Umstand, dass die Bogenlampen beim Anbrennen einen geringeren scheinbaren Widerstand bieten als beim normalen Betriebe und daher hauptsächlich manche Nebenschlusslampen beim Anbrennen einen viel höheren, mitunter den doppelten und sogar dreifachen Strom wie beim normalen Betriebe erfordern. Man wird daher den Querschnitt der Leitung in Hinsicht auf die beim Anbrennen auftretenden höheren Stromstärken feuersicher zu wählen haben.

Bedeutet e die Polspannung einer Bogenlampe, N die Anzahl der hintereinanderzuschaltenden Bogenlampen E_1 die Polspannung der Stromquelle und ΔE den Spannungsverlust in der Leitung, so ist bei Gleichstrom sowie bei Wechselstrom ohne Phasenverschiebung

$$E_1 = N e + \Delta E.$$

C. Elektromotoren in Hintereinanderschaltung.

Bei elektrischer Kraftübertragung ist das Güteverhältnis derselben, d. i. das Verhältnis des von den Krafterzeugern gewonnenen Effektes $\mathfrak{E}_2$ zu dem vom Stromerzeuger verbrauchten Effekte $\mathfrak{E}_1$, von besonderem Interesse.

Wird dasselbe mit γ bezeichnet, so ist

$$\gamma = \frac{\mathfrak{E}_2}{\mathfrak{E}_1}.$$

Bedeutet ferner γ_1 das Güteverhältnis des Stromerzeugers und γ_2 das mittlere Güteverhältnis aller hintereinandergeschalteten Krafterzeuger, E_1 die Polspannung des Stromerzeugers, E_2 die Summe der Polspannungen aller hintereinandergeschalteten Krafterzeuger, ΔE den Spannungsverlust in der Leitung (E_1, E_2 und ΔE in Volt) und endlich J die Betriebsstromstärke in Ampère, so lassen sich folgende Gleichungen aufstellen:

$$\mathfrak{E}_1 \gamma_1 = E_1 J; \ \mathfrak{E}_2 = E_2 J \gamma_2 \quad \text{und} \quad E_1 = E_2 + \Delta E;$$

daraus ergibt sich:

$$\gamma = \frac{E_2 J \gamma_2}{E_1 J \frac{1}{\gamma_1}} = \frac{E_2}{E_1} \gamma_1 \gamma_2,$$

und wenn man E_2 durch E_1 und ΔE ersetzt:

$$\gamma = \left(1 - \frac{\Delta E}{E_1}\right) \gamma_1 \gamma_2.$$

Das vom wirthschaftlichen Standpunkte günstigste Güteverhältnis wird dann erreicht werden, wenn in der Leitung von der Länge L der in Formel 26 dargestellte wirthschaftliche Spannungsverlust

$$\Delta E_w = L \omega \frac{z_l}{z_b}$$

auftritt.

Wir wollen dieses Güteverhältnis mit γ_w bezeichnen und „wirthschaftliches Güteverhältnis" nennen und erhalten die Gleichung

$$\gamma_w = \left(1 - \frac{\Delta E_w}{E_1}\right) \gamma_1 \gamma_2 = \left(1 - \frac{z_l}{z_b} \frac{L \omega}{E_1}\right) \gamma_1 \gamma_2.$$

Dieselbe sagt: Das **wirthschaftliche Güteverhältnis** ist durch die jeweiligen Leitungs- und Betriebsverhältnisse, sowie durch die primäre Polspannung und durch die Güteverhältnisse der Strom- und Krafterzeuger vollkommen gegeben und ist umso grösser, je grösser die letzteren sind.

Die bei einem gegebenen Spannungsverlust in der Leitung ΔE zur Erlangung eines gewünschten Güteverhältnisses γ nöthige primäre Spannung ergibt sich aus der Formel:

$$E_1 = \Delta E \frac{1}{1 - \frac{\gamma}{\gamma_1 \gamma_2}},$$

während der Spannungsverlust in der Leitung ΔE bei einem gewünschten Güteverhältnis γ und einer gegebenen primären Polspannung E_1 durch die Gleichung bestimmt ist:

$$\Delta E = E_1 \left(1 - \frac{\gamma}{\gamma_1 \gamma_2}\right).$$

Alle diese Formeln sind unabhängig von der Grösse der Kraftübertragungsanlage ($\mathfrak{E}_1$ bezw. $\mathfrak{E}_2$). Dieselbe kommt erst in Betracht, wenn es sich um Feststellung der Betriebsstromstärke und des Leitungsquerschnittes handelt. Nach obigen Formeln ist dann

$$J = \frac{\mathfrak{E}_1 \gamma_1}{E_1} = \frac{\mathfrak{E}_2 \gamma_1}{E_1 \gamma},$$

und wenn der Effekt der Stromerzeuger und Krafterzeuger in Pferdestärken gegeben ist, so dass

$$\mathfrak{N}_1^{PS.} = \frac{\mathfrak{E}_1}{736} \quad \text{und} \quad \mathfrak{N}_2^{PS.} = \frac{\mathfrak{E}_2}{736}$$

ist, ergibt sich der Ausdruck

$$J = \frac{736\, \mathfrak{N}_1 \gamma_1}{E_1} = \frac{736\, \mathfrak{N}_2 \gamma_1}{E_1 \gamma}.$$

Nach Bestimmung der Betriebsstromstärke J kann man den Leitungsquerschnitt aus

$$Q = \frac{J\, L}{\Delta E}\omega \quad \text{beziehungsweise} \quad Q_w = J \frac{z_b}{z_l}$$

berechnen.

In den meisten Fällen wird die primäre Polspannung E_1 gegeben sein, indem entweder dieselbe Stromquelle noch anderen Zwecken (z. B. Beleuchtung) dienen soll, oder indem man aus wirthschaftlichen Gründen die unter den jeweiligen Umständen zulässige höchste Betriebsspannung wählen wird.

Man wird dann nach Feststellung der Leitungs- und Betriebsverhältnisse unmittelbar das wirthschaftliche Güteverhältnis der Kraftübertragung γ_w noch obiger Gleichung berechnen können. Mitunter ist ausser der primären Polspannung E_1 auch das Güteverhältnis γ gegeben und danach der Spannungsverlust in der Leitung zu berechnen.

Endlich kann die Frage nach jener primären Polspannung gerichtet werden, welche nothwendig ist, um bei einem bestimmten Spannungsverlust in der Leitung ein vorgeschriebenes Güteverhältnis zu erreichen.

In jedem der genannten Fälle wird man durch obige Formeln Aufschluss erhalten, sich jedoch vor endgiltiger Feststellung des Leitungsquerschnittes überzeugen müssen, ob derselbe auch der Feuersicherheitsbedingung entspricht.

Die vorstehende Betrachtung hat nur für Gleichstrom Gültigkeit. Bei einphasigem Wechselstrom hat man die Phasenverschiebung zu berücksichtigen und statt J bezw. $\varDelta E$ die Produkte J cos φ bezw. $\varDelta E$ cos φ einzusetzen.

Bei Drehstrom kommt eine Hintereinanderschaltung von Elektromotoren nicht vor.

2. Parallelschaltung der Verbrauchsstellen.

Allgemeine Anordnung der Leitungsnetze.

Mit der Parallelschaltung der Verbrauchsstellen ist im allgemeinen die Bedingung verbunden, dass die Spannung an allen Verbrauchsstellen möglichst gleich und konstant erhalten werde, und es ist daher nothwendig, bei Anlage der Leitungsnetze in entsprechender Weise hierauf Rücksicht zu nehmen.

Zur Erfüllung dieser Bedingung pflegt man gewöhnlich durch besondere Mittel an einzelnen Punkten des Leitungsnetzes, den sogenannten Vertheilungspunkten, die Spannung konstant zu erhalten und hat dann nur mehr die sogenannten Vertheilungsleitungen, welche jene Vertheilungspunkte untereinander und mit den übrigen Verbrauchsstellen verbinden, derart zu wählen, dass die in denselben auftretenden Spannungsverluste die zulässigen Grenzen nicht überschreiten. Die Konstanterhaltung der Spannung an den Vertheilungspunkten geschieht durch Veränderung der Klemmenspannung an der Stromquelle oder durch Veränderung des Widerstandes der die Vertheilungspunkte mit Strom versorgenden sogenannten Hauptleitungen, sowie auch durch Anwendung besonderer elektromotorischer Kräfte in den Hauptleitungen und endlich durch Kombination dieser verschiedenen Mittel.

Bei dem Entwurfe eines Leitungsnetzes für Parallelschaltung der Verbrauchsstellen empfiehlt sich folgender Vorgang:

Man ermittelt in dem mit Strom zu versorgenden Gebiete vorerst die in Betracht zu ziehenden grösseren Stromabnehmer und deren voraussichtlichen Bedarf, sodann jene Leitungstracen in welchen auch kleine Stromabnehmer versorgt werden sollen, schätzt den voraussichtlichen Bedarf dieser Konsumenten, indem man eine gewisse gleichmässig vertheilt gedachte Belastung für jeden laufenden Meter der Vertheilungsleitung annimmt, und trägt sodann die Leitungstracen, sowie den Bedarf der grösseren und kleineren Konsumenten in einen Plan, „Leitungsplan", des mit Strom zu versorgenden Gebietes ein.

Da die Leitungsnetze gewöhnlich dem Bedürfnisse einer längeren Reihe von Jahren entsprechen oder doch wenigstens derart angelegt werden sollen, dass sie leicht für den immer steigenden Bedarf der nächsten Jahre ausgestaltet werden können, empfiehlt es sich, die Annahmen des Strombedarfes daraufhin zu treffen und auch solche Leitungstracen zu berücksichtigen, welche, wenn auch nicht sofort, so doch in einigen Jahren nothwendig werden dürften.

Nachdem so die Leitungstracen festgelegt sind und der Strombedarf in denselben ermittelt ist, schreitet man an die Wahl der Speisepunkte des Netzes (Vertheilungspunkte) und an die Anordnung und Bemessung der Hauptleitungen sowie der Vertheilungsleitungen. Hierbei muss man sich gegenwärtig halten, dass die künftige Verstärkung des Leitungsnetzes durch Vermehrung der Hauptleitungen und der durch dieselben gespeisten Vertheilungspunkte zu erfolgen hat, dass dagegen die Vertheilungsleitungen schon von vorneherein so kräftig gewählt werden sollen, dass eine Auswechslung oder Verstärkung derselben, welche ja wegen der vielen Abzweigungen (Hausanschlüsse) sehr umständlich und kostspielig wäre, nicht so bald nothwendig werden kann.

Man soll daher für den ersten Ausbau verhältnissmässig wenig Vertheilungspunkte annehmen und die Vermehrung der Vertheilungspunkte sowie der Hauptleitungen (feeders) bei gleichbleibendem Querschnitte der Vertheilungsleitungen für die allmälige Verstärkung des Leitungsnetzes, beziehungsweise den Ausbau desselben in Aussicht nehmen.

Zu Vertheilungspunkten eignen sich besonders jene Knotenpunkte des Leitungsnetzes, an welchen ein grösserer Konsum stattfindet, und es empfiehlt sich, hauptsächlich jene Punkte als Vertheilungspunkte zu wählen, in deren Nähe ein stark schwankender Konsum zu erwarten ist.

Sobald die Vertheilungspunkte gewählt sind, hat man an die Bemessung der dieselben mit Strom versorgenden Hauptleitungen (feeders) und sodann an die Untersuchungen der Vertheilungsleitungen zu schreiten.

Bemessung der Hauptleitungen.

Die Bemessung der Hauptleitungen (feeders), welche abgesehen von der Einhaltung der Feuersicherheitsgrenze, vorwiegend vom wirthschaftlichen Standpunkte zu erfolgen hat, wird begreiflicher Weise von der Art der Regulirung beeinflusst werden, und es wird sich dieser Einfluss, wie bereits früher (auf Seite 115) erwähnt, in den Werthen b und β, also auch in dem Werthe z_b, der die wirthschaftliche Bemessung behandelnden und nachstehend wiederholten Formeln 25 bis 28 geltend machen.

$$Q_w = J \frac{z_b}{z_l} \quad \ldots \ldots \ldots \quad 25)$$

$$\varDelta E_w = \omega L \frac{z_l}{z_b} \quad \ldots \ldots \ldots \quad 26)$$

$$(\varDelta E_w)_m = \omega \frac{z_l}{z_b} \sqrt{\frac{\Sigma (J L^2)}{\Sigma J}} \quad \ldots \ldots \quad 26a)$$

$$D_w = \frac{z_l}{z_b} \quad \ldots \ldots \ldots \ldots \quad 27)$$

$$K_w = 2 J L \omega z_b z_l + \frac{p_l}{100} [L c + C] \quad \ldots \ldots \quad 28)$$

$$(\Sigma K)_w = 2\,\omega\, z_l\, z_b \sqrt{\Sigma(J) \times \Sigma(J\,L^2)} + \frac{p_l}{100}\left[(\Sigma(L)\,c + n\,C)\right] \quad . \quad 28a)$$

Dabei ist:

$$z_b = \sqrt{\frac{p_b}{100}\,b + \beta\,T}; \qquad z_l = \sqrt{\frac{p_l}{100}\,\frac{a}{\omega}}.$$

Ausserdem werden in dem Werthe C die mit jeder Hauptleitung sich wiederholenden und von dem Effektverluste in denselben unabhängigen Kosten der Regulireinrichtung zum Ausdruck gelangen.

Es sollen nunmehr die verschiedenen Anordnungen beschrieben und deren Einfluss auf obgenannte Werthe bestimmt werden.

Die einfachste Anordnung ist jene, bei welcher die Hauptleitungen zu den Vertheilungspunkten ebenso wie die die einzelnen Vertheilungspunkte verbindenden Vertheilungsleitungen bezw. Ausgleichsleitungen einen so geringen Widerstand erhalten, dass auch bei den stärksten, wirklich vorkommenden Belastungsschwankungen störende Differenzen in der Gebrauchsspannung an den verschiedenen Punkten des Vertheilungsnetzes nicht auftreten können, so dass eine besondere Regulirung an einzelnen Hauptleitungen nicht nöthig ist.

Für diesen einfachsten Fall genügt es, alle Hauptleitungen gemeinsam zu reguliren, indem man die Spannung der Stromquelle dem Bedarfe entsprechend vermehrt oder vermindert, und es gelten dann die früher ermittelten Werthe für b, β und C.

Als Beispiel soll folgender Fall berechnet werden:

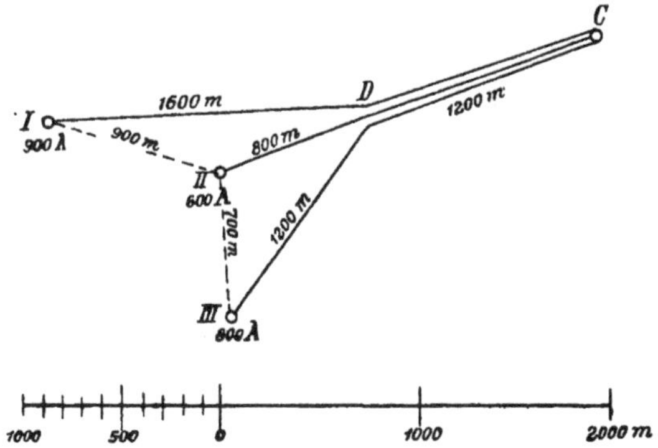

Fig. 30.

Von einer Centralstation bei C (Fig. 30) sollen zu den drei Hauptvertheilungspunkten I, II und III Hauptleitungen, je bestehend aus Hin- und Rückleitung, geführt werden. Diese Hauptleitungen sollen als unterirdisch verlegte Kabel bis zum Punkte D 1200 m lang im gemeinsamen Graben geführt werden und verzweigen sich bei D nach den Hauptvertheilungspunkten I, II und III. Die einfache Länge dieser Hauptleitungen beträgt nach I 2800 m, nach II 2000 m, nach III 2400 m. Die stärkste gleichzeitige Belastung sei bei I 900 Ampère, bei II 600 Ampère, bei III 800 Ampère.

Die übrigen, auf die wirthschaftliche Bemessung Einfluss nehmenden Faktoren sollen folgende Werthe haben:

$p_l = 6$; $a = 0{\cdot}02625$ RM.; $C = 400$ RM.; $\omega = 0{\cdot}0175$,
$c = 4$ RM., wenn zwei Kabel im gemeinsamen Graben liegen, und
$c = 2{\cdot}7$ RM., » sechs » » » » » ;

es ist somit

$$z_l = \sqrt{\frac{p_l}{100}\,\frac{a}{\omega}} = 0{\cdot}3;$$

ferner $p_b = 8$; $b = 1$ RM.; $\beta = \dfrac{200}{1\,000\,000}$ RM.; $T = 400$, somit

$$z_b = \sqrt{\frac{p_b}{100}\cdot b + \beta T} = 0{\cdot}4.$$

Wenn alle drei Hauptleitungen getrennt geführt werden, so ergibt sich ein mittlerer wirthschaftlicher Spannungsverlust von 32·4 Volt und daher in der Hin- und Rückleitung zusammen ein Gesammtspannungsverlust von 64·8 Volt; denn es ist

$$(\varDelta E_w)_m = 0{\cdot}0175\,\frac{0{\cdot}3}{0{\cdot}4}\sqrt{\frac{900\times\overline{2800}^2 + 600\times\overline{2000}^2 + 800\times\overline{2400}^2}{900+600+800}} =$$

$$= 0{\cdot}0131\sqrt{\frac{14\,064\,000\,000}{2300}} = 32{\cdot}4 \text{ Volt}.$$

Die mit diesem Spannungsverlust zusammenhängenden geringsten jährlichen Gesammtstromfortleitungskosten betragen:

$$2\,(\Sigma K)_w = 2\,[2\times 0{\cdot}0175\times 0{\cdot}3\times 0{\cdot}4\sqrt{2300\times 14\,064\,000\,000} +$$

$$+ \frac{6}{100}\,(2{\cdot}7\times 3600 + 4\times 3600 + 3\times 400)],$$

$$2\,(\Sigma\,K)_w \doteq 2\,[23\,887{\cdot}5 + 1519] = 50\,813 \text{ RM.}$$

Würde man die Leitungen von der Centrale bis zum Punkte D gemeinsam in einem Strange für Hin- sowie für Rückleitung führen und die Hauptleitungen erst im Punkte D verzweigen, so würde sich ein mittlerer wirthschaftlicher Spannungsverlust ergeben, welcher wie folgt ermittelt wird:

$$(\varDelta E'_w)_m = 0{\cdot}0175\,\frac{0{\cdot}3}{0{\cdot}4}\left[\sqrt{\frac{2300 = \overline{1200}^2}{2300}} + \right.$$

$$\left. + \sqrt{\frac{900 \times \overline{1600}^2 + 600 \times \overline{800}^2 + 800 \times \overline{1200}^2}{2300}}\right],$$

$$(\varDelta E'_w)_m = 0{\cdot}0131\,[1200 + 1292{\cdot}5] = 15{\cdot}72 + 16{\cdot}93 = 32{\cdot}65 \text{ Volt.}$$

Wie die Rechnung zeigt, stimmt dieser Spannungsverlust mit dem früher gefundenen nahezu vollkommen überein. Die nunmehr erwachsenden geringsten jährlichen Gesammtstromfortleitungskosten betragen

$$2\,(\Sigma\,K')_w = 2\,[2 \times 0{\cdot}0175 \times 0{\cdot}3 \times 0{\cdot}4 \times (2300 \times 1200) +$$

$$+ \frac{6}{100}(4 \times 1200 + D') +$$

$$+ 2 \times 0{\cdot}0175 \times 0{\cdot}3 \times 0{\cdot}4 \times \sqrt{2300 \times 3\,840\,000\,000} +$$

$$+ \frac{6}{100}(4 \times 3600 + 3 \times C')],$$

$$2\,(\Sigma\,K')_w = 2\,[24\,072{\cdot}5 + 1239] = 50{\cdot}623 \text{ RM.}$$

Dabei ist der Anschluss der gemeinsamen Hauptleitung nebst dem Hauptvertheilungskasten bei D wie früher mit 2 D = 800 RM., die übrigen Vertheilungskasten nebst dem Anschlusse der Leitungen I, II und III je mit 2 C′ = 700 RM. angesetzt worden.

Durch die Vereinigung der Hauptleitungen von der Centrale bis zum Punkte D wird nicht allein eine Ersparnis erzielt, sondern auch der weitere Vortheil erreicht, dass die Spannungen in den 3 Vertheilungspunkten I, II und III in jedem Falle gleichmässiger sind als bei vollständig getrennter Führung der Hauptleitungen.

Sollten die bei wechselnder Belastung zwischen den drei Punkten I, II und III auftretenden Spannungsunterschiede ein praktisch zulässiges Mass überschreiten, so wird man eine Verbindung der drei Punkte durch besonders stark bemessene Vertheilungsleitungen, sogenannte Ausgleichsleitungen (siehe S. 35), vornehmen müssen, um dadurch einen Ausgleich in den Spannungen dieser Punkte herbeizuführen (siehe Seite 173—175).

In vorstehenden Beispielen ist stets angenommen, dass die verschiedenen Hauptleitungen in gleichartiger Weise, d. h. aus gleichartigem Leitungsmaterial und in gleicher Verlegungsart, hergestellt werden sollen.

Es kommt jedoch häufig vor, dass für die zu verlegenden Hauptleitungen verschiedenartige Leitungen, für welche also die Leitungszahl z_l verschiedene Werthe erhält, Verwendung finden sollen, und dass bei Bemessung der Hauptleitungen hierauf Rücksicht genommen werden soll.

Würden beispielsweise die drei Leitungen in Fig. 30 von verschiedenem Leitungsmaterial hergestellt werden, und für dieselben nicht dieselbe Leitungszahl z_l, sondern für jede Leitung eine andere Leitungszahl z_l', z_l'', z_l''' Geltung haben, so würde man den mittleren wirthschaftlichen Spannungsverlust nach der etwas modificirten Formel zu berechnen haben

$$(\varDelta E_w)'_m = \frac{\omega}{z_b} \sqrt{\frac{J' L'^2 . z_l'^2 + J'' L''^2 . z_l''^2 + J''' L'''^2 z_l'''^2}{J' + J'' + J'''}} \quad . \quad . \quad 26a)$$

Es kommt jedoch auch vor, dass die Hauptleitungen bezw. einzelne derselben nicht durchwegs aus demselben Leitungsmaterial, sondern in den einzelnen Theilen aus verschiedenem Leitungsmaterial hergestellt werden sollen. In diesem Falle hat man vorerst den mittleren wirthschaftlichen Spannungsverlust aller Hauptleitungen zu ermitteln und sodann zu bestimmen, welche Querschnitte für die einzelnen Theile der Hauptleitungen am günstigsten sind.

Der mittlere wirthschaftliche Spannungsverlust ist mittels vorstehender Formel zu bestimmen, jedoch hat man für jene Leitung, welche aus mehreren Leitungsmaterialien gebildet werden soll, statt des Ausdruckes

$J L^2 z_l^2$ den Ausdruck $J (L_1^2 z_{l_1}^2 + L_1 L_2 (z_{l_1}^2 + z_{l_2}^2) + L_2^2 z_{l_2}^2)$

einzusetzen. Die für die einzelnen Theile der Hauptleitungen zu wählenden Querschnitte ergeben sich sodann gemäss der auf Seite 73 angestellten Betrachtung nach den Formeln

$$Q_1 = \frac{J\,\omega}{(\varDelta\,E_w)_m}\,\frac{L_1 z_{l_1} + L_2 z_{l_2}}{z_{l_1}} \text{ bezw. } Q_2 = \frac{J\,\omega}{(\varDelta\,E_w)_m}\,\frac{L_1 z_{l_1} + L_2 z_{l_2}}{z_{l_2}},$$

und wenn mehrere verschiedene Leitungsarten hintereinander Anwendung finden, nach den allgemeinen Formeln auf Seite 77.

Einfluss der Regulirung auf die Bemessung der Hauptleitungen, sowie auf die Stromfortleitungskosten.

In Fällen, wo entweder die Verbindung der Vertheilungspunkte behufs Herstellung des Ausgleiches nicht durchführbar ist oder zu kostspielig kommen würde, wendet man für einzelne oder für alle Hauptleitungen die schon früher erwähnten Regulirungseinrichtungen an. Man führt dann die zu regulirenden Hauptleitungen von der Centralstation aus getrennt und bringt in jeder derselben entweder einen Widerstand an, welcher, falls die Spannung im betreffenden Vertheilungspunkte zu hoch oder zu niedrig wird, nach Bedarf ein- oder ausgeschaltet wird, oder man ersetzt die in den einzelnen Hauptleitungen auftretenden Spannungsverluste durch Hinzufügung besonderer elektromotorischer Kräfte.

Die im ersteren Falle zu verwendenden Widerstände werden im allgemeinen um so grösser sein müssen, je grösser die in den zu regulirenden Hauptleitungen auftretenden maximalen Effektverluste sind, und es werden daher die Kosten dieser Widerstände annähernd eine lineare Funktion des maximalen Effektverlustes in der Hauptleitung sein und sich durch eine Gleichung von der Form

$$K_{r_1} = r_1\,\varDelta\,E\,J + \varrho_1$$

ausdrücken lassen.

In dieser Gleichung stellt die additionelle Konstante ϱ_1 jene Kosten dar, welche für jeden einzelnen Regulirwiderstand aufzuwenden sind, unbeeinflusst, ob der Effektverlust in der betreffenden Leitung gross oder klein ist, und enthält hauptsächlich die Kosten des Widerstandzuschalters (Kurbelbrett o. dgl.). Diese Konstante ϱ_1 wird bei Berechnung der wirthschaftlichen Verhältnisse zu dem Werthe C addirt werden müssen. Der

Faktor r_1 dagegen stellt jene Kosten dar, welche mit dem wachsenden Effektverluste in den Hauptleitungen anwachsen, und muss zu dem Werthe b hinzugezählt werden.

Ausserdem werden auch die auf die Effektverluste im Jahre verwendeten Betriebskosten (β T) anwachsen, indem zufolge der zeitweilig eingeschalteten Regulirwiderstände Arbeit nutzlos in Wärme umgesetzt wird.

Diese Verluste in den Widerständen werden je nach speciellen Betriebsverhältnissen und hauptsächlich je nach den auftretenden Belastungsschwankungen in den einzelnen Hauptleitungen verschieden sein und man wird annehmen können, dass der Werth βT um $\frac{m_1}{100} = 10\%$ bis 20% vermehrt werden muss.

Bei der Regulirung durch Widerstände wird somit

$$z_b = \sqrt{\frac{p_b}{100}(b + r_1) + \beta T \left(1 + \frac{m_1}{100}\right)},$$

und statt C wird man $(C + \varrho_1)$ beziehungsweise $(C + \frac{1}{2} \varrho_1)$ einzusetzen haben, je nachdem für jede Hauptleitung beide Stränge regulirt werden sollen oder nur ein Strang. Erfordert die Regulirung ausserdem eine besondere Bedienung, sei es durch Personen oder automatisch arbeitende Motoren irgend welcher Art, so sind die durch diese Bedienung im Jahr erwachsenden Kosten B zu den jährlichen Stromfortleitungskosten hinzuzählen.

Sollte z. B. in dem oben behandelten Falle (Fig. 30) eine Regulirung aller drei Hauptleitungen mittels Widerständen sowohl für die Hinleitung als auch für die Rückleitung in Betracht gezogen werden, wobei für $r_1 = 0{\cdot}1$, $\varrho_1 = 300$, $m_1 = 15\%$ und B = 700 in RM. angenommen wird, während die anderen Werthe wie früher beibehalten werden, so würde

$$z_b = \sqrt{\frac{8}{100} 1{\cdot}1 + \frac{200}{1\,000\,000} 400\,(1{\cdot}15)} = 0{\cdot}424,$$

und man würde folgende wirthschaftliche Verhältnisse erhalten:

Der mittlere wirthschaftliche Spaunungsverlust in der Hin- beziehungsweise Rückleitung würde auf 30·66 Volt herabsinken, denn es ist:

$$(\varDelta E_w)_m = 0{\cdot}0175 \frac{0{\cdot}3}{0{\cdot}424} \sqrt{\frac{900 \times \overline{2800}^2 + 600 \times \overline{2000}^2 + 800 \times \overline{2400}^2}{900 + 600 + 800}}$$

$$= 0{\cdot}0124 \sqrt{\frac{14\,064\,000\,000}{2300}} = 30{\cdot}66.$$

Die dabei erwachsenden geringsten jährlichen Gesammtstromfortleitungskosten betragen

$$2\,(\Sigma K)_w = 2 \left[2 \times 0{\cdot}0175 \times 0{\cdot}3 \times 0{\cdot}424 \sqrt{2300 \times 14\,064\,000\,000} + \right.$$

$$\left. + \frac{6}{100} [2{\cdot}7 \times 3600 + 4 \times 3600 + 3 \times (400 + 300)] \right] + 700.$$

$$2\,(\Sigma K)_w = 2\,[25\,321 + 1573] + 700 = 54\,488 \text{ RM.}$$

und sind somit um 3865 RM. höher, als wenn keine Widerstände angewendet werden und die Leitungen von der Centrale bis zum Punkte D gemeinsam geführt werden.

Um festzustellen, ob durch die getrennte Regulirung der drei Hauptleitungen ein wirthschaftlicher Vortheil erzielbar ist, wird man ermitteln müssen, welche Ersparnisse dadurch an den Vertheilungsleitungen beziehungsweise Ausgleichsleitungen erreicht werden und ob die jährliche Verzinsung und Amortisation dieser Ersparnisse die Erhöhung der jährlichen Gesammtstromfortleitungskosten wirklich aufwiegt.

Bei der zweiten Regulirungsmethode durch Hinzufügung elektomotorischer Kräfte, welche den Spannungsverlust in der Leitung ersetzen, werden sich die Kosten der Betriebsanlage um die Anschaffungskosten der hierzu zu verwendenden Stromquellen (Akkumulatoren, Zusatzmaschine sammt Betriebsmotor beziehungsweise Gleichstromtransformatoren etc.) vermehren. Diese Kosten werden wie die Kosten der Regulirwiderstände annähernd als lineare Funktion der Effektverluste in der Leitung dargestellt werden können und sich durch die Gleichung

$$K_{r_2} = r_2\, \varDelta E\, J + \varrho_2$$

ausdrücken lassen, wovon wieder r_2 dem b und ϱ_2 dem C zuzuschlagen ist und letzteres einhalbmal genommen werden muss, wenn nur für die Hinleitung oder nur für die Rückleitung ein Zusatz nöthig ist.

Ausserdem werden die Effektverluste in den Leitungen nicht direkt überwunden, sondern auf dem mit Verlusten verbundenen Wege einer Umsetzung aufgebracht, weshalb der Ausdruck β T mit $\left(1+\frac{m_2}{100}\right)$ zu multipliciren ist. Es ergibt sich somit

$$z_b = \sqrt{\frac{p_b}{100}(b+r_2)+\beta T\left(1+\frac{m_2}{100}\right)}.$$

Bei Akkumulatoren z. B. wird der Verlust in der Umsetzung mindestens 50 %, bei Fernleitungsdynamomaschinen, wie von Dihlman & Lahmayer vorgeschlagen, im Durchschnitte kaum weniger, eher mehr als 50 % betragen. Auch hier wird man die jährlichen Kosten des event. nöthigen Bedienungspersonales B zu den jährlichen Stromfortleitungskosten hinzuaddiren müssen.

Nachdem sowohl r_2 als auch ϱ_2 und m_2 in den meisten Fällen grösser werden als r_1, ϱ_1 und m_1, wird man die Regulirung mittels Hinzufügung elektromotorischer Kräfte nur dann anwenden, wenn die höheren Kosten derselben sich durch die zu erreichenden Vortheile rechtfertigen lassen.

In den meisten Fällen wird man finden, dass die Regulirung der Hauptleitungen vom wirthschaftlichen Standpunkte keine Vortheile bietet, sondern dass es am billigsten kommt, die einzelnen Vertheilungspunkte durch entsprechend starke Ausgleichsleitungen zu verbinden.

Einfluss der Entfernung gegenüber den Grundstückskosten und eventuellen Betriebsvortheilen.

Wie man aus der Formel für die geringsten jährlichen Stromfortleitungskosten (28) ersieht, nehmen dieselben für jeden laufenden Meter, um welchen die Hauptleitungen länger werden, um einen gleichen Theil zu, in unserem Beispiele pro laufenden Meter Hauptleitung um

$$2\times 0{\cdot}0175\times 0{\cdot}3\times 0{\cdot}4\times 2300+\frac{6}{100}\times 4 = 9{\cdot}66+0{\cdot}24 = 9{\cdot}9 \text{ RM.},$$

so dass für den laufenden Meter Trace die jährlichen Stromfortleitungskosten um 2 × 9·9 = 19·8 RM., also nahezu um 20 RM. wachsen.

Kapitalisirt man diese sich jährlich wiederholende Ausgabe mit 5 %, so ergibt sich, dass das für die Errichtung der Betriebsanlage nothwendige Grundstück unter übrigens gleichen Verhältnissen für jeden Meter, um welchen dasselbe dem Konsumcentrum näher rückt, um 400 RM. theuerer bezahlt werden könnte, ohne dass man dabei verlieren würde.

Würden also beispielsweise in dem betrachteten Falle zwei gleiche Grundstücke in Frage kommen, von denen das eine dem Konsumgebiete um 100 Meter näher liegt als das andere, so muss das erstere so lange als vortheilhafter betrachtet werden, als der Preis desselben gegenüber jenem des anderen Grundstückes nicht mehr als um 40 000 RM. theurer ist.

Ferner ergibt sich, dass bei gleichem Aufwand an jährlichen Stromfortleitungskosten pro gleichzeitig zu betreibende Lampe von 16 NK. die Betriebsanlage ungefähr umso weiter von dem Konsumgebiet entfernt sein kann, je höher die Gebrauchsspannung gewählt wird, dass also beispielsweise bei gleichen relativen Stromfortleitungskosten die Betriebsanlage bei einer Gebrauchsspannung von 2000 Volt 8000 Meter vom Konsumcentrum entfernt sein könnte, während bei Wahl von 440 Volt Gebrauchsspannung diese Entfernung nur 1760 Meter betragen dürfte.

Man kann ferner auf Grund der minimalen jährlichen Stromfortleitungskosten leicht untersuchen, ob es gerechtfertigt ist, die Betriebsanlage wegen irgend eines Betriebsvortheiles, z. B. wegen günstiger Kohlenzufuhr oder wegen der Nähe des Wassers und damit zusammenhängend der Möglichkeit, Kondensationsdampfmaschinen anzuwenden, oder behufs Ausnützung einer vorhandenen Wasserkraft etc. etc., weiter entfernt vom Konsumgebiete anzulegen.

Es sei L_1 die Länge der Hauptleitung in dem einen Falle und L_2 jene im anderen Falle. Die Anlagekosten der Betriebsanlage pro 1 Watt Volleistung seien b_1 beziehungsweise b_2, und die durchschnittlichen Betriebskosten pro Wattstunde β_1 beziehungsweise β_2; die anderen Grössen seien für beide Fälle gleich und zwar unter Annahme einer Gleichstromanlage

e die Gebrauchsspannung, J die volle Betriebsstromstärke zur Zeit der stärksten Belastung, $\mathfrak{T}$ die durchschnittliche Dauer des vollen Betriebes im Jahre etc.

Danach ergeben sich die jährlichen Betriebskosten inkl. der Verzinsung, Amortisation und Instandhaltung der ganzen Anlage, d. i. die Summe der jährlichen Ausgaben A_1 und A_2, für beide Fälle wie folgt:

$$A_1 = e\,J\left(\frac{p_b}{100}\,b_1 + \beta_1 \mathfrak{T}\right) + 2\,J\,\omega\,z_l\,z_{b_1}\,L_1 + \frac{p_l}{100}(L_1\,c + C),$$

$$A_2 = e\,J\left(\frac{p_b}{100}\,b_2 + \beta_2 \mathfrak{T}\right) + 2\,J\,\omega\,z_l\,z_{b_2}\,L_2 + \frac{p_l}{100}(L_2\,c + C).$$

Man wird nun jener der beiden Anlagen den Vorzug geben, für welche die jährlichen Ausgaben A geringer werden. Sollten diese Ausgaben in beiden Fällen annähernd gleich ausfallen, und auch aus betriebstechnischen Rücksichten keine der beiden Anlagen vorzuziehen sein, so wird man sich für jene entscheiden müssen, welche bei gesteigerter Ausnützung ($\mathfrak{T}$ und T) geringere Kosten verursacht, da man mit Recht annehmen kann, dass bei allen Elektricitätswerken die Ausnützung der Anlage, d. i. die Dauer der vollen Inanspruchnahme, von Jahr zu Jahr wächst.

Setzt man zur Vereinfachung $z_{b1} = z_{b2} = z_b$, so kann man unter Zugrundelegung gleicher jährlicher Ausgaben $A_1 = A_2$ aus nachstehender Gleichung näherungsweise berechnen, um wie viel in dem einen Fall die Betriebsanlage von dem Konsumcentrum weiter entfernt angelegt werden kann, als in dem anderen Falle; denn es ergibt sich sodann

$$(L_2 - L_1) \doteq \frac{e\,J\left[\frac{p_b}{100}\,(b_1 - b_2) + \mathfrak{T}\,(\beta_1 - \beta_2)\right]}{2\,J\,\omega\,z_l\,z_b + \frac{p_l}{100}\,c}.$$

Würde z. B. zu untersuchen sein, welche grössere Länge der Hauptleitung bei einer Betriebsanlage für 440 Volt Gebrauchsspannung und 1000 Ampère voller Betriebsstromstärke wegen des Vortheiles der Kondensation gerechtfertigt ist, wenn durch dieselbe die Betriebskosten von

$$\beta_1 = \frac{240}{1\,000\,000}\ \text{RM. auf}\ \beta_2 = \frac{180}{1\,000\,000}\ \text{RM.}$$

ermässigt würden, während die übrigen, durch nachstehende Werthe ausgedrückten Verhältnisse ($p_b = 9$, $b_1 = b_2 = 1$ RM.,

$T = 500$, $z_b = 0{\cdot}44$, $p_l = 6$, $a = 0{\cdot}03$, $c = 2{\cdot}7$, $\omega = 0{\cdot}0175$, $z_l = 0{\cdot}316$, $\mathfrak{T} = 1200$) gleich bleiben, so findet man

$$L_2 - L_1 = \frac{440 \times 1000 \times 1200 \left(\frac{240}{1\,000\,000} - \frac{180}{1\,000\,000}\right)}{2 \times 1000 \times 0{\cdot}0175 \times 0{\cdot}44 \times 0{\cdot}316 + \frac{6}{100} \cdot 2{\cdot}7} \doteq \mathbf{6000} \text{ Meter.}$$

Die Ersparnisse durch Kondensation werden somit in diesem Falle durch eine um ca. 6000 Meter längere Hauptleitung aufgewogen, so dass man also unter diesen Umständen bei Zugrundelegung von Kondensation die Betriebsanlage um 3000 Meter weiter von dem Konsumcentrum entfernt anlegen könnte, wie wenn keine Kondensation angewendet würde, ohne dass die jährlichen Ausgaben grösser würden.

Bemessung der Vertheilungsleitungen.

Nach Feststellung der für die Hauptleitungen massgebenden Verhältnisse hat man bei Parallelschaltungsnetzen der Bemessung der Vertheilungsleitungen besondere Aufmerksamkeit zu schenken und wird dabei die Wahl der Vertheilungspunkte bezüglich Zahl und Ort besonders sorgfältig treffen müssen, da hiervon das zu wählende Regulirungssystem sowie die Anordnung und Bemessung der Vertheilungsleitungen wesentlich beeinflusst wird.

Bei einfachen Fällen begnügt man sich mit einem Vertheilungspunkte und mit der Regulirung der Betriebsspannung an der Stromquelle derart, dass an diesem Vertheilungspunkte stets gleiche Spannung erhalten wird. Welchen Einfluss dabei die Lage des Vertheilungspunktes nimmt, soll das nachfolgend behandelte Beispiel zeigen.

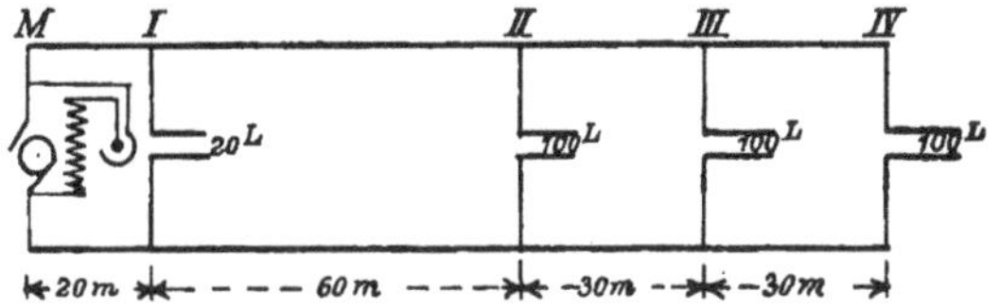

Fig. 31.

Von der Maschine bei M (Fig. 31) sollen ausser der Beleuchtung des Maschinenraumes und Schaltbrettes bei I mit zusammen 20 Lampen drei Gruppen von je 100 Lampen gespeist werden, von denen die erste Gruppe bei II 80 Meter von der Maschine entfernt ist, während die beiden anderen Gruppen III und IV um 30 beziehungsweise 60 Meter von II entfernt angeordnet sind.

Die Maschine M sei eine Nebenschlussmaschine, welche mit konstanter Tourenzahl betrieben wird und deren Klemmenspannung vermittelst eines Regulirwiderstandes im Erregestromkreis der Maschine regulirt werden kann.

Zwanzig Meter von der Maschine entfernt befindet sich ein Schaltbrett, woselbst ein Spannungszeiger zur Kontrole der Spannung montirt sei. Daselbst ist auch der Nebenschlussregulirwiderstand der Maschine angebracht, so dass der Betriebswärter die Klemmenspannung der Maschine stets so reguliren kann, dass der Kontrolspannungszeiger konstant auf 120 Volt einspielt, was auch auf automatischem Wege besorgt werden könnte. Die Lampen seien durchwegs solche von 16 NK., welche je 0·5 Ampère benöthigen, während der Stromverbrauch des Spannungszeigers so gering ist, dass er vernachlässigt werden kann.

Es soll nun untersucht werden, wie sich die Verhältnisse gestalten, wenn der Kontrolspannungszeiger ebenso wie die im Maschinenhaus befindlichen 20 Lampen unmittelbar von den Hauptleitungen gespeist, also der Vertheilungspunkt bei I gewählt wird.

Zur Untersuchung wurde das graphische Verfahren gewählt (siehe Fig. 32).

Nachdem der Querschnitt der Leitung noch nicht bestimmt ist, wurde die Höhe der Hilfsdreiecke

$$H = \frac{1}{\omega} = 57$$

gewählt, so dass die Ordinaten der Diagramme das Produkt aus Spannungsverlust mal Querschnitt darstellen.

Nimmt man als zulässige Schwankung der Gebrauchsspannung für die Glühlampen 2 Volt (ca. 2%) an, so ergibt sich sowohl für die Hinleitung als auch für die Rückleitung eine zulässige Differenz der Spannungsverluste von 1 Volt, und es werden daher die Ordinaten des Diagrammes unmittelbar die

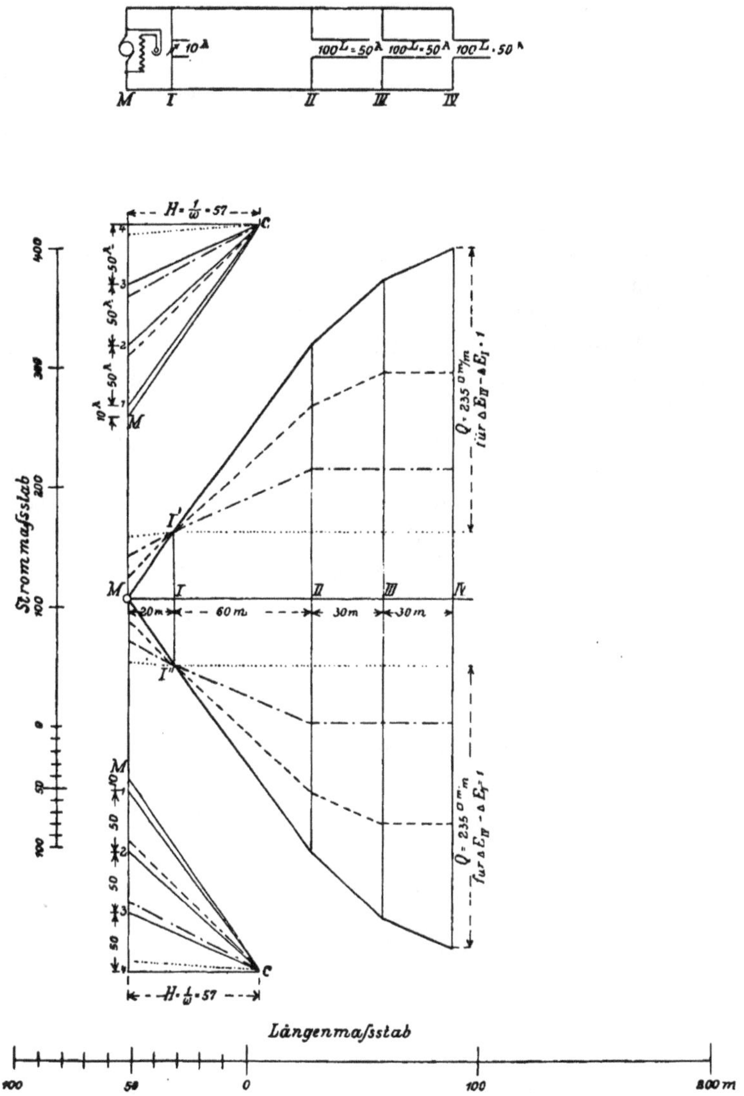
M
I
II
III
IV
Strommaſsstab
Längenmaſsstab
20 m
60 m
30 m
30 m
$H = \frac{1}{\omega} = 57$
$Q = 235 \, \square^{m}/_{m}$ für $\Delta E_{II} - \Delta E_{I} = 1$

Fig. 32.

zu wählenden Querschnitte in Einheiten des Strommasstabes angeben.

Das Diagramm für die Hinleitung wurde nach aufwärts, jenes für die Rückleitung nach abwärts konstruirt.

So wurde auf bekannte Weise für den Fall, dass alle Lampen gleichzeitig brennen, das voll ausgezogene Diagramm erhalten.

Wird jedoch die letzte Gruppe IV ausgeschaltet, dabei aber die Spannung bei I konstant erhalten, so erhält man Spannungsverluste, welche durch das in strichlirten Linien gezeichnete Diagramm dargestellt sind.

Ebenso ergibt sich für den Fall, dass Gruppe IV und III ausgeschaltet sind, das strichpunktirt gezeichnete Diagramm und endlich, wenn alle drei Gruppen II, III und IV ausgeschaltet sind, das punktirt gezeichnete Diagramm.

Man ersieht aus diesen Diagrammen, um wieviel die Maschinenspannung bei dem fortschreitenden Ausschalten der Lampen regulirt werden muss und entnimmt ferner, dass beide Leitungen von I bis IV 234 qmm stark zu wählen sind, wenn in dem Punkte IV Spannungsschwankungen von mehr als 1 Volt auf jeder Seite vermieden werden sollen.

Dagegen würde der feuersichere Querschnitt

$$Q_f = \sqrt[3]{J^4 \omega^2} = \sqrt[3]{\frac{150^4}{57^2}}$$

nur 54 qmm und der wirthschaftliche Querschnitt

$$Q_w = J \frac{z_b}{z_l} = 150 \frac{\cdot 224}{\cdot 336}, \qquad Q_w = 100 \text{ qmm}$$

betragen.

Dabei wurde angenommen, dass eisenbandarmirte Bleikabel verwendet werden sollen, für welche a = 0·033 RM., p = 6 und $\omega = 0{\cdot}0175$ betrage, so dass

$$z_l = \sqrt{\frac{p_l}{100} \frac{a}{\omega}} = \sqrt{\frac{6}{100} \frac{33}{1000} \frac{1}{0{\cdot}0175}} = 0{\cdot}336$$

ist.

Ferner wurde b = 0 gesetzt, was bei kleinen Anlagen meistens angenommen werden kann, indem die Spannungsverluste zu gering sind, als dass sie einen Einfluss auf die Kosten der Betriebsanlage nehmen können.

Endlich wurde

$$T = 500 \quad \text{und} \quad \beta = \frac{100}{1000000} \text{ RM.}$$

angenommen, so dass

$$z_b = \sqrt{\frac{p_b}{100} \cdot b + \beta T} = \sqrt{\frac{100 \, . \, 500}{1\,000\,000}} = \frac{1}{10} \sqrt{5} = 0{\cdot}224$$

wird.

Um nicht den aus dem Diagramme entnommenen, zur Erhaltung der gleichmässigen Spannung an den Lampen nöthigen übermässigen Leitungsquerschnitt von 235 qmm wählen zu müssen, wird man trachten, die Lampenspannung durch eine vortheilhaftere Anordnung des Vertheilungspunktes von dem Spannungsverluste zwischen demselben und den Lampen möglichst unabhängig zu machen. Man erreicht dies dadurch, dass man den Vertheilungspunkt möglichst nahe dem Konsumcentrum wählt und von dort nach dem Schaltbrette zur Speisung des Kontrolspannungszeigers, sowie der Lampen im Maschinenhause zwei besondere, sogenannte Prüfdrähte führt, wie das in Fig. 33 dargestellt ist.

Man erkennt aus dem in Fig. 33 konstruirten Diagramme, dass nunmehr die Spannung im Vertheilungspunkte II so lange konstant ist, als der Kontrolspannungszeiger im Punkte I konstante Spannung aufweist und der Spannungsverlust in der Prüfdrahtleitung von II nach I gleich bleibt. Man wird daher, sofern es die Feuersicherheit gestattet, die Leitung von der Maschine M bis zum Punkte II mit wirthschaftlichem Querschnitte wählen können und die Prüfdrahtleitung von II nach I so stark machen, dass die wechselnde Stromentnahme im Punkte I die Gleichmässigkeit der Spannung in den Lampen bei II, III und IV, nicht allzusehr beeinträchtigt.

Der Leitungsquerschnitt von II bis IV wird, wie aus dem Diagramme zu entnehmen ist, mindestens 80 qmm betragen müssen, damit der Unterschied der Lampenspannung in II und IV sowie die Schwankung der Spannung in IV die zulässige Grenze von 2 Volt nicht überschreitet.

Aus den strichlirten, strichpunktirten und punktirten Linien ersieht man, wie die Klemmenspannung der Maschine regulirt

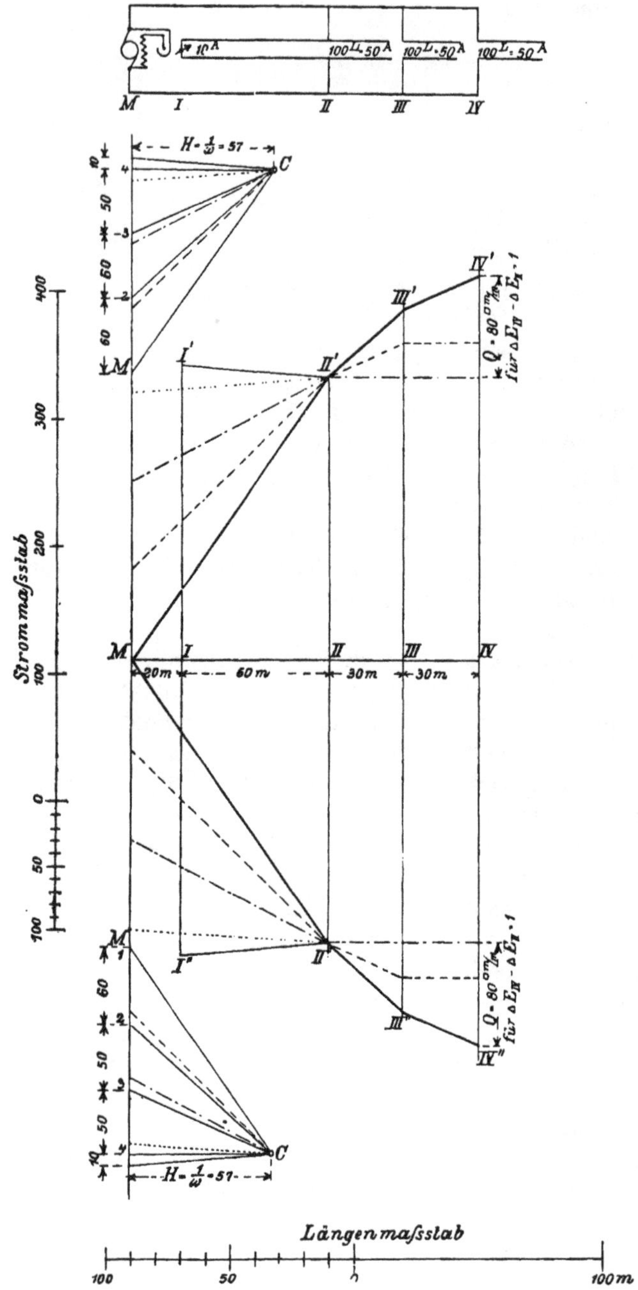

Fig. 33.

werden muss, wenn die Lampen in IV, III und II ausgeschaltet werden.

Um nicht zwei Prüfdrahtleitungen von II nach I zurückführen zu müssen, bedient man sich häufig mit Vortheil der sogenannten Gegenschaltung, welche in Fig. 34 dargestellt und graphisch untersucht ist.

Man erkennt sofort, dass der Strom für jede Lampengruppe die gleiche Länge der Leitung zu durchfliessen hat, und dass bei Konstanterhaltung der Spannung im Punkte I der Spannungsverlust in der Leitung L_2 von M bis IV ohne Einfluss auf die Lampenspannung wird, weshalb diese Leitung mit wirthschaftlichem Querschnitte zu wählen ist; dass dagegen der Spannungsverlust in der Leitung L_1 von vollem Einflusse bleibt. Man wird daher die Leitung L_1 derart stark zu wählen haben, dass die Lampenspannung in II, III und IV von jener in I nur um das zulässige Mass abweicht.

Da jedoch, wie man aus dem Diagramm entnimmt, bei der Gegenschaltung der Spannungsverlust der Leitung I und eines Theiles von L_2 von jenem der Leitung L_1 in Abzug kommt, kann man in die Leitung L_1 den ganzen zulässigen Spannungsverlust von 2 Volt verlegen und dieselbe daher ungefähr halb so stark machen, wie in dem in Fig. 32 dargestellten Falle. Man wird derselben in diesem Falle daher ca. 120 qmm Querschnitt geben.

Bei weiter verzweigten Leitungsnetzen wird man mit einem Vertheilungspunkte nicht mehr auslangen, sondern deren mehrere annehmen müssen, wenn man die zulässigen Spannungsunterschiede nicht überschreiten und nicht allzustarke Querschnitte, beziehungsweise allzuhohe Kosten für das Vertheilungsnetz aufwenden will.

Die günstige Wahl der Vertheilungspunkte nach Anzahl und Ort kann nur auf Grund einer eingehenden Untersuchung erfolgen.

In den meisten Fällen ist es am einfachsten, diese Untersuchung auf graphischem Wege vorzunehmen und, da gewöhnlich die an verschiedenen Punkten des Vertheilungsnetzes zulässigen Spannungsunterschiede gegeben sind, vorerst ein Diagramm der Querschnitte zu konstruiren und dabei den im nachstehenden Beispiele gezeigten Vorgang zu beobachten.

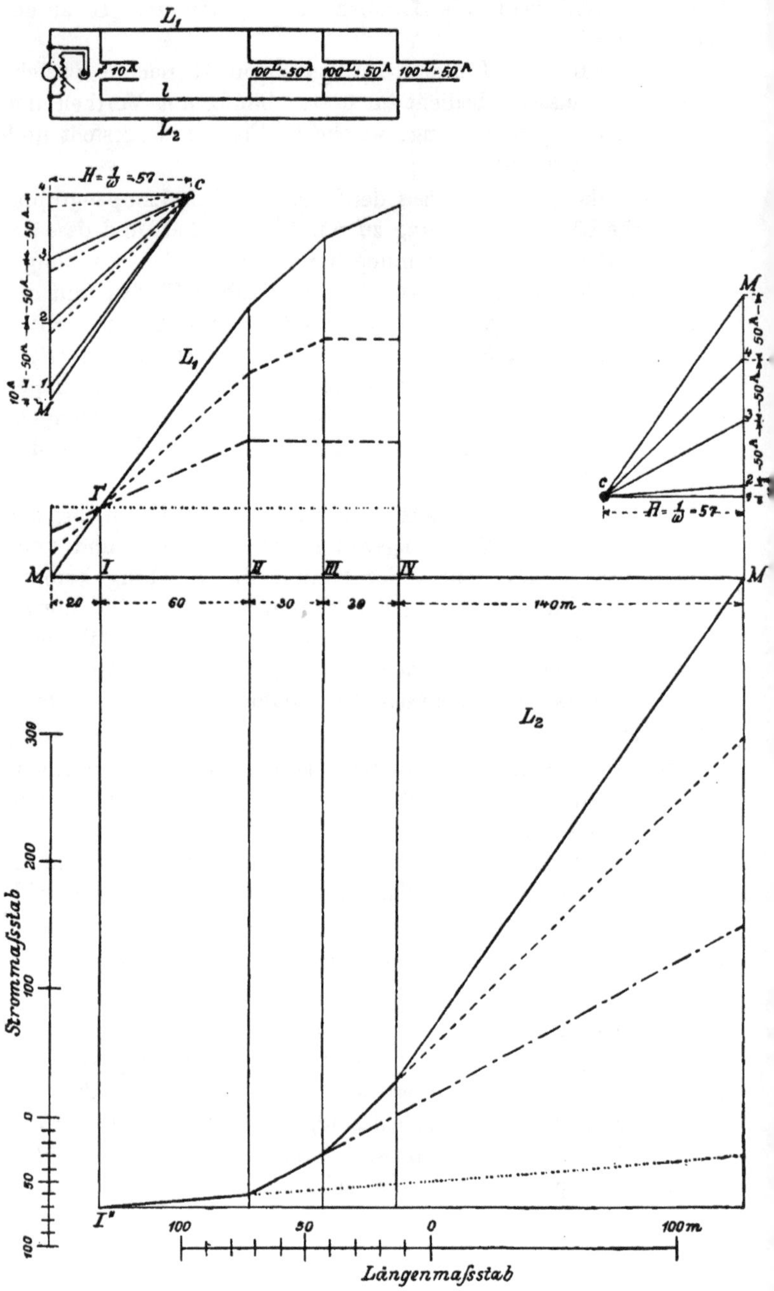
L1
L2
l
10 A
100 L = 50 A
H = 1/ω = 57
L1
L2
I'
I
II
III
IV
M
20
60
30
20
140 m
Strommaßstab
300
200
100
0
50
100
I''
Längenmaßstab
100m

Fig. 34.

Die zu erwartenden Belastungen der Vertheilungsleitung sind aus der schematischen Darstellung am Kopfe der Fig. 35 ersichtlich. Der zulässige grösste Spannungsunterschied bei den verschiedenen Verbrauchsstellen sei 2 Volt, so dass bei gleicher Vertheilung auf jeden der beiden Stränge der Vertheilungsleitung ein Volt entfällt. Die Konstruktion geschieht in bekannter Weise mit Hilfe der Hilfsdreiecke, deren Höhe

$$H = \frac{\varDelta E}{\omega} = \frac{1}{0{\cdot}0175} = 57 \text{ Längeneinheiten}$$

gewählt wurde, um in den Ordinaten des Diagrammes die zu wählenden Querschnitte zu erhalten.

So wurde zuerst die vollausgezogene Stromabzweigungslinie erhalten, und nunmehr versucht, dieselbe bei verschiedener Wahl der Stromzuführungspunkte (Vertheilungspunkte) durch die entsprechenden Stromzuführungslinien zu ergänzen. Vorerst wurde versucht, welche Querschnitte nöthig sind, wenn nur im Punkte V Stromzuführung erfolgen würde. Den erwünschten Aufschluss geben uns die strichpunktirten Linien, welche vom Punkte V′ parallel zu den äussersten Seiten des Hilfsdreieckes gezogen wurden. Man sieht daraus, dass von V gegen IX ca. 700 qmm, dagegen von V gegen I ca. 1530 qmm nöthig wären.

Da so starke Querschnitte in den Vertheilungsleitungen nicht vortheilhaft sind, wollen wir untersuchen, welche Querschnitte gewählt werden müssen, wenn 2 Stromzuführungspunkte angenommen werden.

Ueber die günstige Wahl des Ortes dieser Stromzuführungspunkte kann man bei Betrachtung der Stromabzweigungslinie nicht im Zweifel sein, da die scharfen Wendepunkte IV′ und VIII′ unzweifelhaft jene sind, an welchen die Stromzuführung am vortheilhaftesten ist. Die doppel-strichpunktirten Linien entsprechen der nunmehrigen Stromzuführung und zeigen uns, dass jetzt von VIII nach IX schon eine offene Vertheilungsleitung von 70 qmm genügt und zwischen IV und VIII 80 qmm für die geschlossene Vertheilungsleitung ausreichen, dass dagegen in der offenen Vertheilungsleitung von IV nach I noch immer 600 qmm nothwendig sind.

Wollen wir noch diesen letzten Theil der Vertheilungsleitung auf einen mässigen Querschnitt bringen, so müssen wir

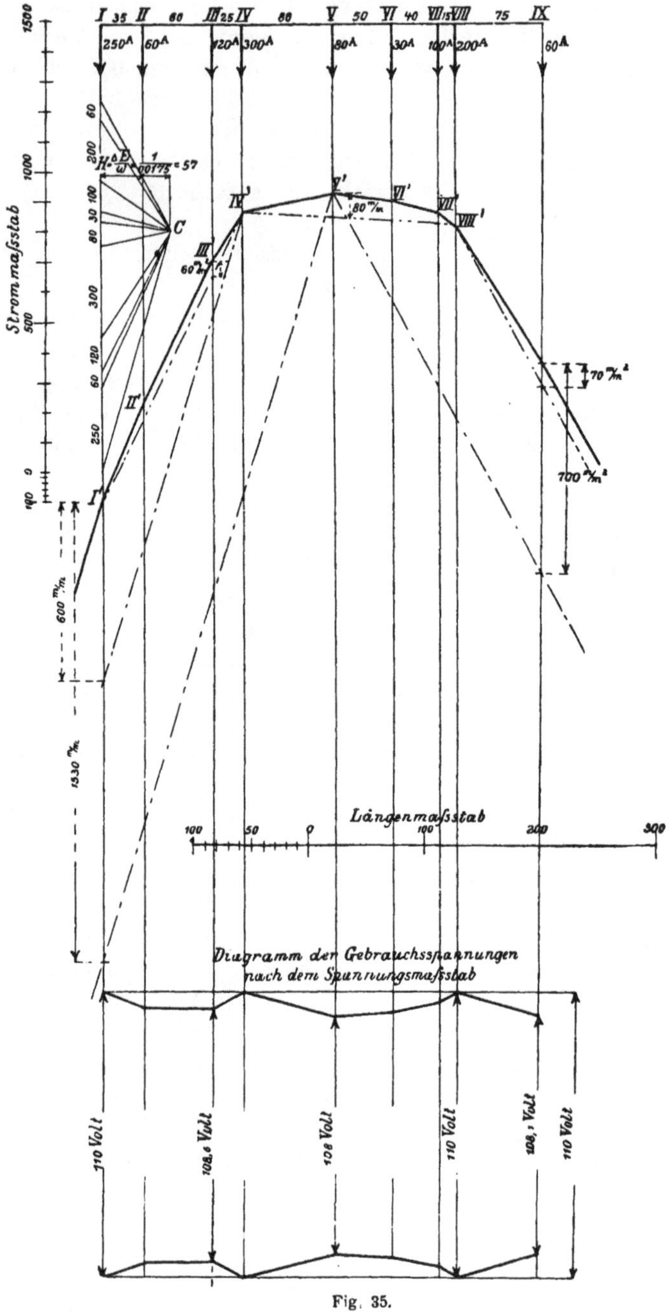
Strommafsstab
Längenmafsstab
Diagramm der Gebrauchsspannungen nach dem Spannungsmafsstab
110 Volt
108,6 Volt
108 Volt
110 Volt
108,1 Volt
110 Volt

Fig. 35.

noch einen dritten Stromzuführungspunkt in I annehmen und erhalten dann von IV bis I eine geschlossene Vertheilungsleitung von 60 qmm Querschnitt.

Gewöhnlich trachtet man zur Vereinfachung der Verhältnisse für mehrere Vertheilungsleitungen gleiche Querschnitte zu wählen und wird daher die Vertheilungsleitung von I bis IX 80 qmm stark machen.

Die bei diesem Querschnitte auftretenden Spannungsverluste in den Vertheilungsleitungen lassen sich aus den Diagrammen ohneweiters ablesen, indem man die Ordinaten derselben an einem Masstabe abgreift (dem sogenannten Spannungsmasstabe), dessen Einheit in diesem Falle gleich 80 Einheiten des Strommassstabes ist.

Unter Bezugnahme auf den Spannungsmasstab lässt sich auch sehr leicht ein Diagramm der auftretenden Gebrauchsspannungen zeichnen, wobei einfach die Ordinaten der bereits gefundenen Diagramme über den um 110 Volt von einander entfernten Geraden nach aufwärts und abwärts, also gegeneinander aufzutragen sind.

Man erkennt aus diesem Diagramme der Gebrauchsspannungen, dass es auch hier unter Umständen vortheilhaft sein kann, die Stromzuführungspunkte auf den beiden Polen gegeneinander zu versetzen, wie das in Fig. 36 angedeutet ist.

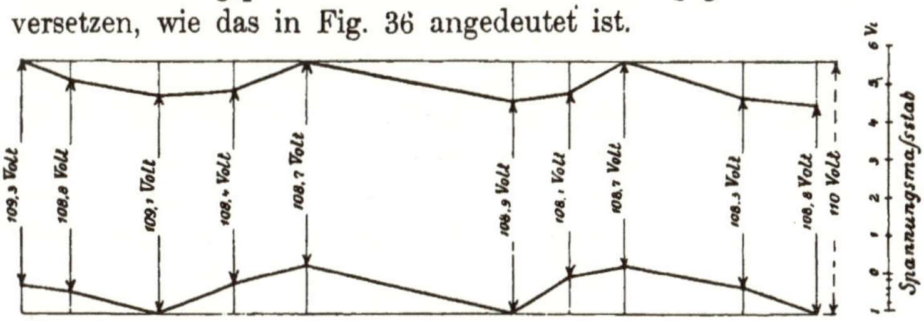

Fig. 36.

In unserem speciellen Falle jedoch würde eine Gegenschaltung der Stromzuführungspunkte aus dem Grunde nicht vortheilhaft sein, weil die Punkte IV und VIII zufolge der daselbst stattfindenden bedeutenden Stromentnahme eine Stromzuführung auf beiden Polen verlangen.

Abgesehen von den praktischen Unzukömmlichkeiten, welche dadurch erwachsen, wenn die Stromzuführungen der beiden Pole nicht an demselben Punkte in die Vertheilungsleitungen einmünden, wird die Gegenschaltung der Stromzuführungspunkte nur dann empfehlenswerth sein, wenn die Belastung entlang der Vertheilungsleitung annähernd gleichmässig vertheilt ist.

Vertheilungsleitungen mit gleichmässig vertheilter Stromentnahme.

Wie auf Seite 20 abgeleitet, lässt sich der in einer Leitung mit gleichmässig vertheilter Stromentnahme in der Entfernung x vom Stromzuführungspunkte auftretende Spannungsverlust durch die Formel 10 ausdrücken, welche lautet:

$$\Delta e = i \frac{x \cdot \omega}{q} - \frac{1}{2} \alpha \frac{x^2 \omega}{q}; \quad \ldots \ldots \quad 10)$$

dabei bedeutet i die der Leitung zugeführte Stromstärke, q den Querschnitt der Leitung, ω den specifischen Widerstand derselben und α die auf den laufenden Meter entfallende, gleichmässig vertheilte Stromentnahme.

Bezeichnet l die auf eine Hauptleitung (Stromzuführung) entfallende Länge der Vertheilungsleitung, so ist $i = \alpha l$, und man kann daher schreiben

$$\Delta e = l x \frac{\alpha \omega}{q} - \frac{1}{2} x^2 \frac{\alpha \omega}{q}.$$

Man erkennt hierin die Gleichung einer Parabel, welche durch den Ursprung geht und deren Achse parallel zur Ordinatenachse ist. Dieselbe ist in Fig. 37 graphisch dargestellt und dabei die früher entwickelte Methode wie folgt in Anwendung gebracht.

Die auf der ganzen Leitung von 0 bis V abfliessende Stromstärke $i = \alpha l$ wird nach einem Strommasstab als Basis des Hilfsdreieckes aufgetragen und der Scheitel des Hilfsdreieckes C um die Höhe

$$H = \frac{q}{\omega}$$

über der Basis gewählt.

Die den einzelnen Punkten der Leitung entsprechenden Hilfslinien des Hilfsdreieckes geben uns die Richtung der gesuchten Parabel in diesen Punkten, also auch die Richtung der in den einzelnen Punkten an die Parabel gezogenen Tangenten an.

Um nun die Punkte der Parabel selbst zu finden, gehen wir folgendermassen vor:

Wir verlängern die Linie 0 C bis zum Schnitt mit der Ordinate, in welcher wir den Punkt der Parabel suchen wollen,

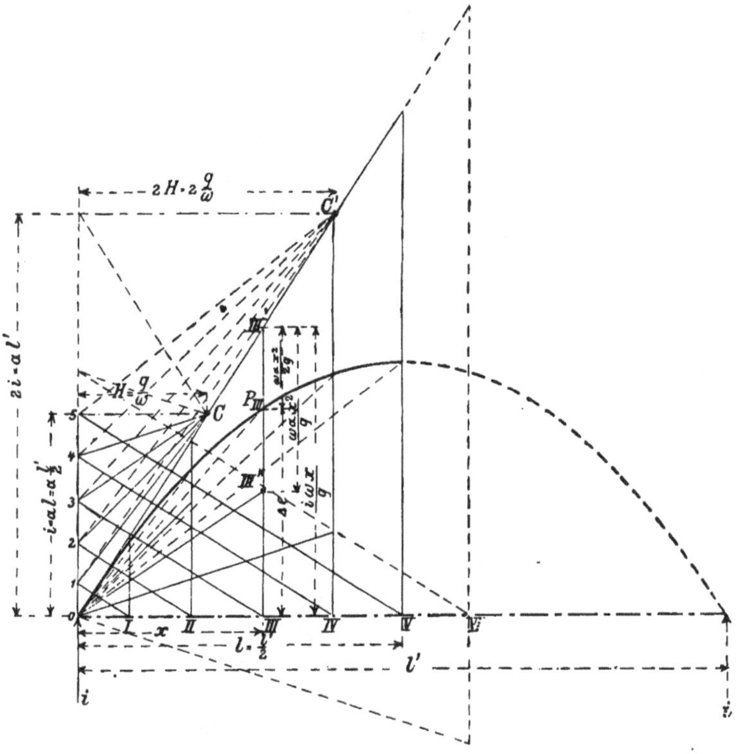

Fig. 37.

z. B. bis III′, ziehen sodann von 0 aus eine Parallele 0 III″ zu der dem Punkte III entsprechenden Hilfslinie (3 C) bis zum Schnitt mit derselben Ordinate und finden endlich den gesuchten Punkt der Parabel P_{III} in der Mitte zwischen III′ und III.″

Die allgemeine Richtigkeit dieser Konstruktion für Leitungen mit gleichmässigem Querschnitt und gleichmässig vertheilter

Stromentnahme ergibt sich aus der Uebereinstimmung des Konstruktionsverfahrens mit dem Sinne der obigen Gleichung.

Nach beiden ist der in einem Theile x = 0 III einer Leitung mit gleichmässig vertheilter Stromentnahme auftretende Spannungsverlust $\Delta e = \mathrm{III}\,P_{\mathrm{III}}$ gleich jenem Spannungsverlust, welcher auftreten würde, wenn der ganze zugeleitete Strom i = 05 den ganzen Theil x = 0 III durchfliessen würde

$$\frac{i\,\omega\,x}{q} = \mathrm{III}\ \mathrm{III}',$$

weniger

$$\frac{1}{2}\,\frac{\omega\,\alpha}{q}\,x^2 = \frac{1}{2}\,(\mathrm{III}'' - \mathrm{III}') = \mathrm{III}'\,P_{\mathrm{III}},$$

nämlich die Hälfte von jenem Spannungsverlust, welchen dabei der in diesem Theile der Leitung gleichmässig entnommene Strom $\alpha\,x = 03$ verursachen würde.

Die Konstruktion der Parabel lässt sich noch einfacher durchführen, indem man von 0 aus Parallele zu den nach C' geführten Linien zieht, wodurch direkt die Punkte der Parabel gefunden werden.

Für $x = l = \frac{l'}{2}$ wird

$$\Delta e_{max} = \frac{1}{2}\,\frac{\alpha\,l^2\,\omega}{q} = \frac{1}{8}\,\frac{\alpha\,l'^2\,\omega}{q},$$

d. h. die in einem Leiter von gleichem Querschnitte gleichmässig vertheilte Stromentnahme verursacht einen Spannungsverlust, welcher ebenso gross ist, als ob der halbe Strom auf die grösste Entfernung von der Stromzuführung fortgeleitet würde.

Bezeichnet man mit l die auf eine Hauptleitung entfallende Länge einer Vertheilungsleitung, so kann man für gleichmässig belastete Vertheilungsleitungen von gleichem Querschnitte ganz allgemein die schon früher abgeleiteten Gleichungen 11 und 11 a aufstellen:

$$\Delta e_{max} = \frac{1}{2}\,\frac{\alpha\,l^2\,\omega}{q} \quad \ldots\ldots\ldots \quad 11)$$

$$q = \frac{1}{2}\,\frac{\alpha\,l^2\,\omega}{\Delta e_{max}} \quad \ldots\ldots\ldots \quad 11a)$$

Die sich hiernach in verschiedenen Fällen ergebenden Querschnitte für solche Vertheilungsleitungen mit gleichmässig vertheilter Stromentnahme sind in der Tabelle auf S. 162 zusammengestellt. In derselben bezeichnet

$l = \frac{l'}{2}$ die Länge der offenen bez. die halbe Länge der geschlossenen Vertheilungsleitung,

α die Belastung in Ampère pro laufenden Meter,

Δe_{max} den zulässigen maximalen Spannungsverlust auf jeder Seite der Vertheilungsleitung in Volt,

q den Querschnitt der Vertheilungsleitung in qmm.

Gesammtspannungsverlust.

Der Gesammtspannungsverlust in dem betreffenden Betriebssysteme ergibt sich durch Addition des Spannungsverlustes in Hin- und Rückleitung und ist bei Gleichstrom und bei einphasigem Wechselstrome, wenn Hin- und Rückleitung gleich angeordnet und bemessen werden, doppelt so gross, wie der Spannungsverlust in einer Leitung.

Bei dem Drehstromsysteme liegen die Verhältnisse anders und müssen gemäss den Darlegungen auf Seite 88 und 92 besonders betrachtet werden.

Wenn pro laufenden Meter Vertheilungsleitungstrace ν Verbrauchsstellen in gleichzeitigem Betriebe stehen, von welchen jede den Effekt $\mathfrak{E}$ konsumirt, so ergibt sich bei Drehstrom und zwar bei jeder der beiden Schaltungsweisen die pro laufenden Meter der Vertheilungsleitung von jedem der drei Leiter abzweigende Stromstärke

$$\alpha = \frac{\nu \mathfrak{E}}{\sqrt{3}\, e \cos \varphi},$$

wobei e die Betriebsspannung zwischen je zwei Leitungen und der Ausdruck $\sqrt{3}\, e \cos \varphi = \varepsilon$ die sogenannte »wirksame Betriebsspannung« darstellt.

Der in jeder der drei Leitungen von der Länge l und dem Querschnitte q auftretende Spannungsverlust beträgt sodann

$$\Delta e = \frac{1}{2} \alpha \frac{l^2 \omega}{q} = \frac{1}{2} \frac{\nu \mathfrak{E}}{\sqrt{3}\, e \cos \varphi} \cdot \frac{l^2 \omega}{q},$$

Tabelle

der Querschnitte von Vertheilungsleitungen mit gleichmässig vertheilter Stromentnahme von α Ampère pro laufenden Meter für verschiedene Längen l und verschiedene maximale Spannungsverluste Δe_{max}.

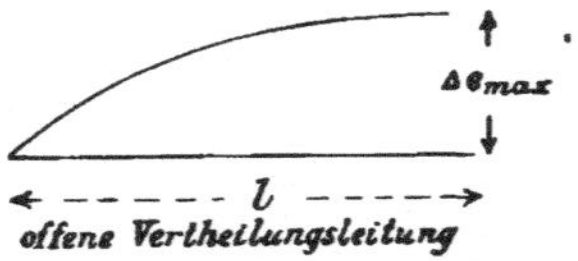

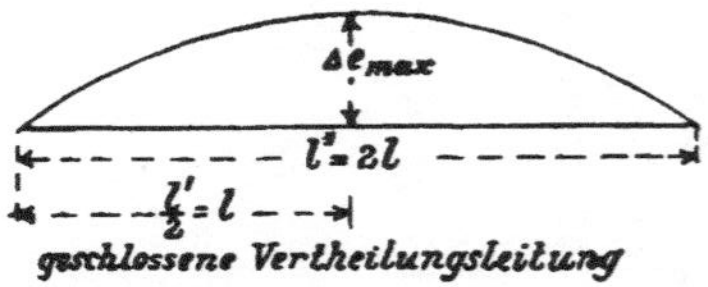

$$g = \frac{1}{2} \frac{\alpha \omega}{\Delta e_{max}} l^2 \text{ für } \omega = 0{\cdot}0175 \quad q = 0{\cdot}0088 \frac{\alpha}{\Delta e_{max}} l^2.$$

Belastung in Ampère pro laufenden Meter getheilt durch den in jeder Leitung maximal zulässigen Spannungsverlust in Volt							l = Länge der offenen bezw. halbe Länge der geschlossenen Vertheilungsleitung in Metern.																			
							50	60	70	80	90	100	110	120	130	140	150	160	170	180	190	200	225	250	275	300
							q = Querschnitt der Vertheilungsleitung in Quadratmillimetern.																			
$\frac{\alpha}{\Delta e_{max}} =$	$\frac{0{\cdot}25}{1}$	$\frac{0{\cdot}5}{2}$	$\frac{1}{4}$	$\frac{1{\cdot}5}{6}$	$\frac{2}{8}$	$\frac{\alpha}{\Delta e_{max}} = 0{\cdot}25$	55	7·9	10·7	14·1	17·8	22·0	26·6	31·6	37·1	43·1	49·5	56·3	63·6	71·3	79·4	88·0	111·3	137	166·4	198
$\frac{\alpha}{\Delta e_{max}} =$	$\frac{0{\cdot}5}{1}$	$\frac{1}{2}$	$\frac{1{\cdot}5}{3}$	$\frac{2}{4}$	$\frac{3}{6}$	$\frac{\alpha}{\Delta e_{max}} = 0{\cdot}5$	11	15·8	21·5	28·2	35·6	44·0	53·3	63·3	74·3	86·2	99·0	112·6	127·2	142·7	158·8	176·0	222·7	275	332·7	396
$\frac{\alpha}{\Delta e_{max}} =$	$\frac{0{\cdot}75}{1}$	$\frac{1{\cdot}5}{2}$	$\frac{2{\cdot}25}{3}$	$\frac{3}{4}$	$\frac{4{\cdot}5}{6}$	$\frac{\alpha}{\Delta e_{max}} = 0{\cdot}75$	16·5	23·7	32·2	42·3	53·4	66·0	79·9	94·9	111·4	129·3	148·5	168·9	190·8	214·0	238·2	264·0	334·0	312	499·1	594
$\frac{\alpha}{\Delta e_{max}} =$	$\frac{1}{1}$	$\frac{2}{2}$	$\frac{3}{3}$	$\frac{4}{4}$	$\frac{6}{6}$	$\frac{\alpha}{\Delta e_{max}} = 1{\cdot}0$	22	31·7	43·1	56·3	71·3	88·0	106·5	126·7	148·7	172·5	198·0	225·3	254·3	285·1	317·7	352·0	445·5	550	665·5	792
$\frac{\alpha}{\Delta e_{max}} =$	$\frac{1{\cdot}5}{1}$	$\frac{3}{2}$	$\frac{4{\cdot}5}{3}$	$\frac{6}{4}$	$\frac{9}{6}$	$\frac{\alpha}{\Delta e_{max}} = 1{\cdot}5$	33	47·5	64·6	84·5	106·9	132·0	159·8	190·0	223·0	258·7	297·0	338·0	381·4	427·6	476·5	528·0	668·2	825	998·2	1188
$\frac{\alpha}{\Delta e_{max}} =$	$\frac{2}{1}$	$\frac{4}{2}$	$\frac{6}{3}$	$\frac{8}{4}$	$\frac{12}{6}$	$\frac{\alpha}{\Delta e_{max}} = 2{\cdot}0$	44	62·4	86·2	112·6	142·6	176·0	213·0	253·4	297·4	345·0	396·0	450·6	508·6	570·2	635·4	704·0	891·0	1100	1331	1584

und es ergibt sich daher der Gesammtspannungsverlust des Betriebssystemes

$$\varDelta e_s = \sqrt{3}\ \varDelta e = \frac{1}{2}\ \frac{\nu\,\mathfrak{C}}{e \cos \varphi}\ \frac{l^2\,\omega}{q}$$

Dagegen würde bei dem einphasigen Wechselstromsysteme der Gesammtspannungsverlust in Hin- und Rückleitung unter sonst gleichen Verhältnissen doppelt so gross werden.

Wenn der Spannungsverlust $\varDelta e_s$ gegeben ist und danach q berechnet werden soll, so erhält man

$$q = \frac{1}{2}\ \frac{\nu\,\mathfrak{C}}{e \cos \varphi} \cdot \frac{l^2\,\omega}{\varDelta e_s},$$

also denselben Querschnitt, als ob der ganze Spannungsverlust $\varDelta e_s$ bei dem einphasigen Wechselstromsysteme in jeder Leitung, sowohl in Hinleitung als in Rückleitung, auftreten würde.

Hiernach ergibt sich, dass bei dem dreipoligen Drehstromsysteme die Querschnitte der einzelnen Vertheilungsleitungsstränge nur halb so stark zu wählen sind, wie bei dem Zweileitersysteme (einphasigen Wechselstromsysteme) unter sonst gleichen Umständen.

Graphische Untersuchung bei Einzelbelastungen neben gleichmässig vertheilter Belastung.

In den meisten praktischen Fällen lässt sich wohl der Konsum der grösseren Objekte des mit Strom zu versorgenden Gebietes annähernd abschätzen, jener der kleineren Konsumenten jedoch kann nicht mehr einzeln in Betracht gezogen werden, sondern wird am besten dadurch berücksichtigt, dass man ausser den oben genannten grösseren Einzelbelastungen noch eine gleichmässige Belastung der ganzen Vertheilungsleitungen annimmt, durch welche auch die unvorhergesehenen Abnehmer gedeckt erscheinen sollen.

Um nun zu bestimmen, welche Anordnung und Bemessung bei derartig belasteten Leitungen die günstigste ist, empfiehlt sich auch hier das graphische Verfahren.

In umstehender Figur 38 ist eine Vertheilungsleitung dargestellt, welche neben mehreren grösseren Einzelbelastungen eine gleichmässig vertheilte Belastung von 1 Ampère pro laufenden Meter erhalten soll, und es ist untersucht, welchen Querschnitt

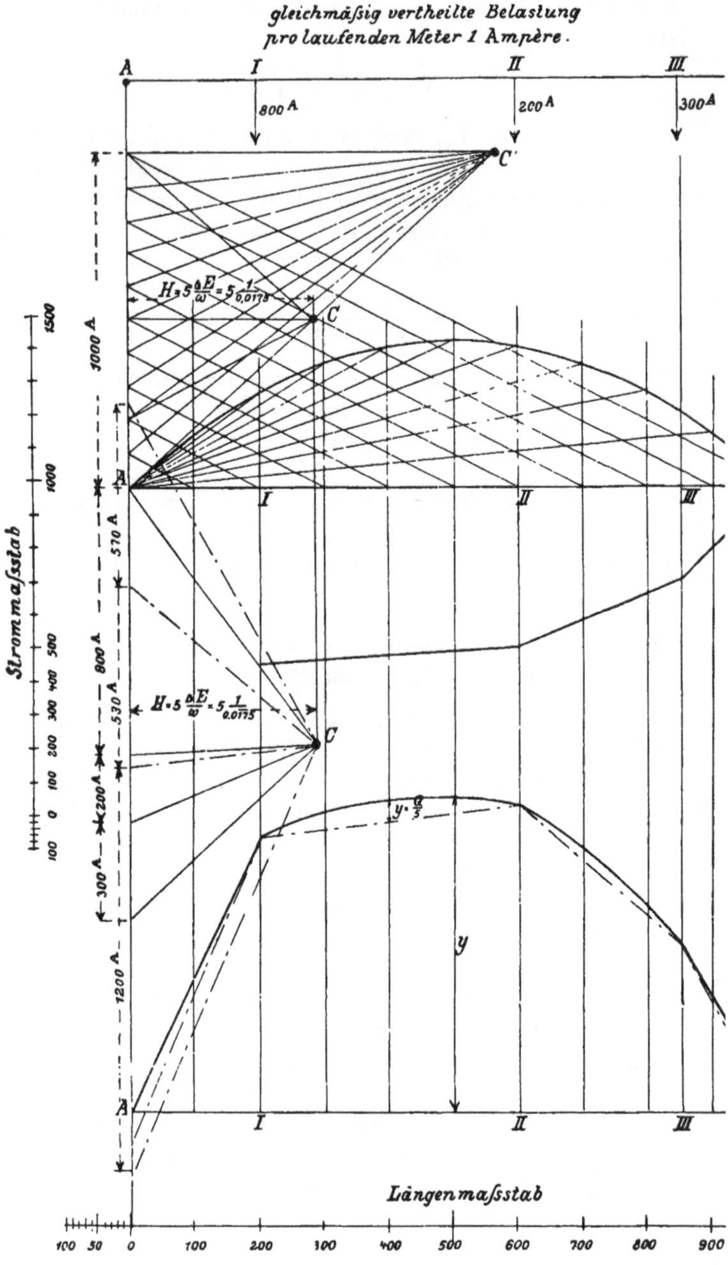

gleichmäſsig vertheilte Belastung
pro laufenden Meter 1 Ampère.
A
I
II
III
800 A
200 A
300 A
C'
C
A
I
II
III
1000 A
570 A
800 A
530 A
200 A
300 A
1200 A
C
y
A
I
II
III
Strommaſsstab
Längenmaſsstab

Fig. 38.

diese Leitung zu erhalten hat, damit in derselben ein Spannungsverlust von 1 Volt nicht überschritten wird.

Dabei wurde die Länge der zu untersuchenden Vertheilungsleitung A B nach einem gewählten Längenmasstab aufgetragen und sowohl das Diagramm für die gleichmässig vertheilte Belastung (nach aufwärts) als auch jenes für die Einzelbelastungen (nach abwärts) konstruirt.

Die Höhe der Hilfsdreiecke H wurde proportional dem Quotienten $\frac{\Delta E}{\omega}$ gewählt. Um nicht zu hohe Diagramme zu erhalten, wurde das Fünffache hiervon angenommen; und es ist daher:

$$H = 5 \frac{\Delta E}{\omega} = 5 \frac{1}{0{\cdot}0175} = 285 \text{ Längeneinheiten.}$$

Die Ordinaten der erhaltenen Diagramme geben sodann fünfmal genommen jene Querschnitte an, welche zu wählen sind, damit an den betreffenden Stellen der Spannungsverlust von 1 Volt nicht überschritten wird.

Die so erhaltenen Ordinaten der beiden Diagramme wurden gemeinsam abgemessen und danach ein neues Diagramm konstruirt, dessen Ordinaten gleich der Summe der Ordinaten der beiden früheren Diagramme sind.

Würde man nun nur den Punkten A und B Strom zuführen und daselbst die Spannung konstant erhalten, so würde man den Querschnitt der Vertheilungsleitung $5 \times Y = 4700$ qmm wählen müssen, um nirgends mehr als 1 Volt Verlust zu erhalten.

Man sieht daraus, wie unvortheilhaft eine solche Anordnung wäre und erkennt leicht, dass es am vortheilhaftesten ist, die Punkte I, II und III selbst als Stromzuführungspunkte zu wählen, und dort die Spannung konstant zu halten.

Es ergeben sich dann folgende Querschnitte:

von A bis I: $5 \times 68 = 340$ qmm
» I » II: $5 \times 66 = 330$ qmm
» II » III: $5 \times 30 = 150$ qmm
» III » B: $5 \times 28 = 140$ qmm.

Die in den einzelnen Punkten I, II und III zuzuführenden Stromstärken werden leicht gefunden, wenn man vom Punkte C

Parallele zu den Stromzuführungslinien bis zum Schnitt mit der Basis der Hilfsdreiecke zieht und die Entfernungen der so erhaltenen Schnittpunkte von einander am Strommasstabe abmisst. Demnach sind im Punkte I 1200 Ampére, in II und III 530 bezw. 570 Ampère zuzuführen.

Um in solchen Fällen, wo gleichmässige Belastungen vorkommen, nicht immer erst von Neuem die Parabel konstruiren zu müssen, empfiehlt es sich, ein für alle Mal eine Parabel zu zeichnen, und in den verschiedenen Fällen die entsprechenden Masstäbe zu bestimmen (siehe Fig. 39).

So haben wir als Beispiel den in Fig. 38 behandelten Fall in Fig. 39 noch einmal (mit strichlirten Linien) durchgeführt.

Nachdem die gesammte Länge der in Betracht gezogenen Leitung 1000 Meter ist, wollen wir als Längenmasstab den Masstab III wählen und haben dementsprechend den Punkt C_{III} als Scheitelpunkt der Hilfsdreiecke zu benützen. Das Diagramm für die gleichmässige Belastung ist sodann durch die vorgezeichnete Parabel gegeben und es ist nur nothwendig, den zugehörigen Strommasstab zu ermitteln.

Gemäss Konstruktionsregel soll die Basis des der Parabel entsprechenden Hilfsdreieckes O C_{III} p_{III}, also die Länge O p_{III} die gleichmässig vertheilte Belastung entlang der ganzen Leitung, in dem vorliegenden Falle also 1000 Ampère darstellen. Der entsprechende Strommasstab wird also gefunden, indem man die Länge O p_{III} in 1000 gleiche Theile theilt. Als Behelf hierfür dient die nebengezeichnete Hilfskonstruktion für Strommasstäbe, in welcher jene Linie zu suchen ist (in dem vorliegenden Falle eine Linie in der Mitte zwischen II und III), welche die entsprechende Theilung aufweist.

Unter Benützung dieses Strommasstabes lässt sich nunmehr auch das Diagramm für die Einzelbelastungen zeichnen, welches in bekannter Weise nach aufwärts in strichlirten Linien dargestellt ist, wobei angenommen wurde, dass sowohl in O als auch in P Stromzuführung stattfindet. Wie man sich leicht überzeugen kann, stimmen die Ordinaten zwischen beiden Diagrammen, wenn sie an dem gefundenen Strommasstab abgemessen werden, mit jenen in Fig. 38 überein.

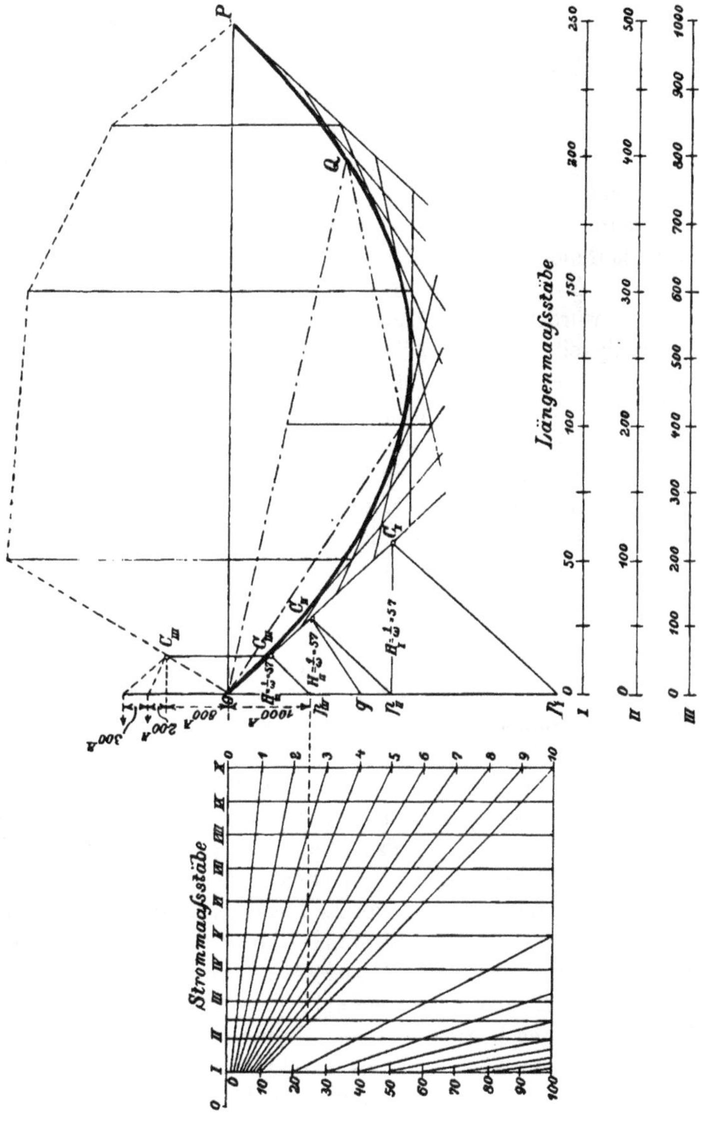

Fig. 39.

Graphische Untersuchung der Leitungen elektrischer Eisenbahnen.

Das oben beschriebene Verfahren kann mit Vortheil als Näherungsverfahren zur Bestimmung der Leitungen bei elektrischen Eisenbahnen Anwendung finden, wenn eine rasche Aufeinanderfolge der Wagen mit annähernd gleichem Stromverbrauch in Aussicht steht.

Nehmen wir z. B. an, es würde auf einer ringförmig in sich zurücklaufenden horizontalen Strecke von 4 Kilometer Streckenlänge alle Minuten ein Wagen in derselben Richtung verkehren und es würden die Wagen mit einer durchschnittlichen Geschwindigkeit von 12 Kilometer pro Stunde fahren und je 25 Ampère benöthigen. Auf jedem Geleise wären somit 20 Wagen in Betrieb, welche zusammen 500 Ampère erfordern. Die Abzweigungslinie für diesen Fall würde näherungsweise eine Parabel sein, und es kann die in Figur 39 dargestellte Parabel zur näherungsweisen Querschnittsvermittlung benutzt werden. Als Längenmasstab würde vortheilhaft der Masstab II in 10facher Verkleinerung benutzt werden. Die Höhe des Hilfsdreieckes, dessen Scheitel C_{II} ist, wäre dann 10mal zu gross und daher die Ordinaten des Diagrammes 10mal zu klein, oder es stellen die Ordinaten die bei einem Querschnitte von 10 qmm auftretenden Spannungsverluste beziehungsweise die bei einem Spannungsverluste von 10 Volt zu wählenden Querschnitte dar.

Hiernach ist die Parabel in Fig. 39 von O bis Q bereits die Abzweigungslinie für diesen Fall und der zugehörige Strommassstab wird gefunden, indem man zu der in Q an die Parabel gezogenen Tangente eine Parallele von C_{II} aus zieht und die Länge Oq in 500 gleiche Theile theilt.

Unter Benutzung der vorhandenen Theillinien ergibt sich der für diesen Fall giltige Strommasstab in der Linie VIII, wenn den Theilzahlen zwei Nullen beigesetzt werden.

Man erhält dann für den Fall, dass nur in einem Punkte der ringförmigen Leitung Stromzuführung stattfindet, für welchen Fall die gerade Linie O Q als Zuführungslinie gilt, bei einem zulässigen Spannungsverlust von 10 Volt auf jeder Seite einen Querschnitt von ca. 440 Quadratmillimeter und wenn in zwei diametral gegenüberliegenden Punkten Stromzuführung stattfindet, wofür die gebrochene Linie O Q Geltung hat, ca. 110 qmm Querschnitt. Würde ein höherer Spannungsverlust zulässig sein, so würden die Querschnitte entsprechend geringer gewählt werden können.

Wenn an einzelnen Punkten besonders starke Steigungen zu überwinden sind, oder nebenbei ein erheblicher anderweitiger Konsum stattfindet, so hat man, ebenso wie in dem vorigen Beispiel, noch ein besonderes Diagramm für diese Einzelbelastungen hinzuzufügen.

Bei elektrischen Bahnen, welche keine so rege Frequenz in Aussicht stellen, muss die Untersuchung der Leitungen auf Grund des gegebenen Fahrplanes erfolgen, wobei für die ungünstigsten Zeitpunkte besondere Diagramme zu konstruiren sind.

Als Beispiel einer solchen Untersuchung wurde in Fig. 40 der Querschnitt für die Stromzuführung einer elektrischen Eisenbahn graphisch bestimmt. Der Kopf der Figur zeigt das Längenprofil der Bahntrace; die grössten Steigungen in den einzelnen Abschnitten sind besonders hervorgehoben und die bei Ueberwindung derselben auftretenden Stromstärken berechnet und besonders angemerkt.

Die Berechnung dieser Stromstärken erfolgte auf Grund eines bestimmten Wagengewichtes, sowie auf Grund der aus dem Diagramme ersichtlichen Geschwindigkeiten und unter Annahme einer Verbrauchsspannung von 1000 Volt an den Klemmen der Wagenmotoren. Für die Thalfahrt wurden durchwegs 5 Ampère angenommen.

Nach dem graphisch dargestellten Fahrplane wurden zwei Momente (punktirte Linien) herausgegriffen, in welchen anscheinend die grösste Beanspruchung der Leitung stattfindet und daher die stärksten Spannungsverluste auftreten werden, und für diese die entsprechenden Diagramme konstruirt.

Die Betriebsanlage soll bei B ca. 4 Kilometer von dem Anfange der Bahn entfernt errichtet werden und sich einer daselbst vorhandenen reichlichen Wasserkraft bedienen.

Die Anordnung und Bemessung der oberirdisch zu führenden blanken Leitung soll derart erfolgen, dass inkl. der in der Schienenrückleitung auftretenden Spannungsverluste die Differenzen in der Betriebsspannung der Wagenmotoren an den verschiedenen Stellen 6 bis 7 Proc. nicht übersteigen sollen.

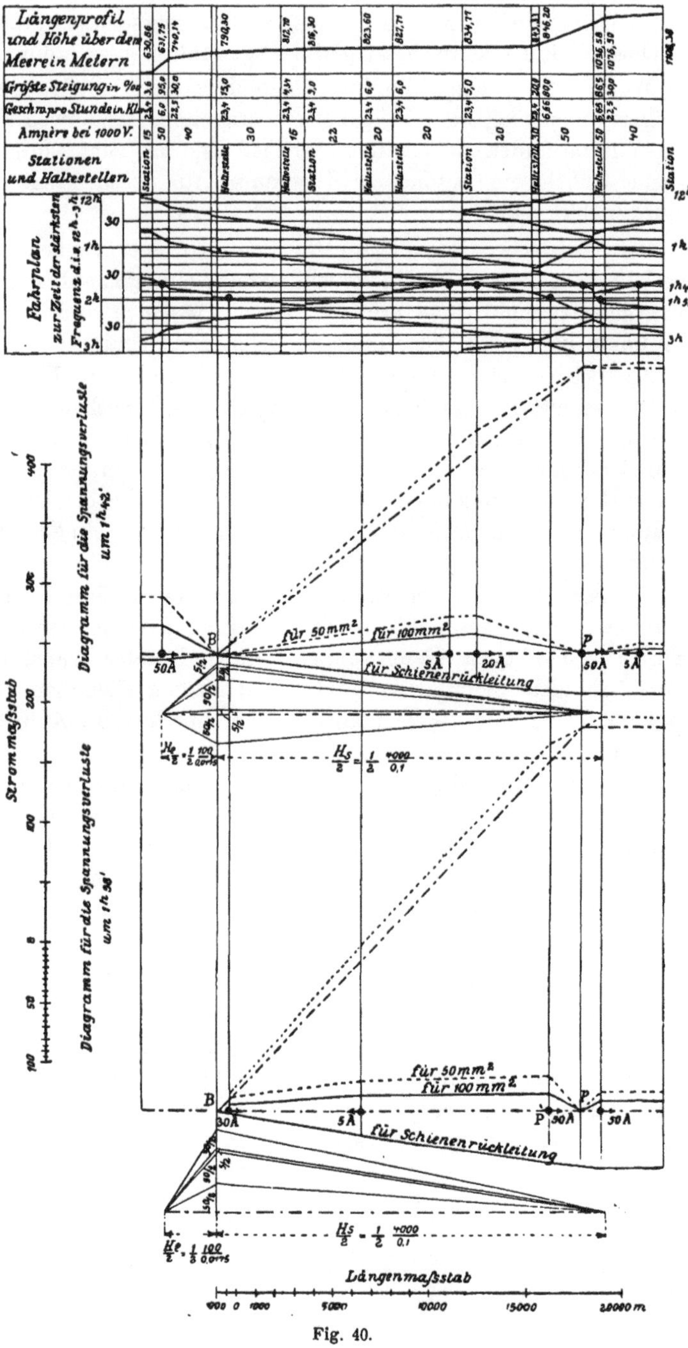
Längenprofil und Höhe über dem Meere in Metern
Größte Steigung in ‰
Geschw. pro Stunde in Km
Ampère bei 1000 V.
Stationen und Haltestellen
Fahrplan zur Zeit der stärksten Frequenz d.i. 12h–3h
Diagramm für die Spannungsverluste um 1h42'
Diagramm für die Spannungsverluste um 1h38'
Strommaßstab
für 50 mm²
für 100 mm²
für Schienenrückleitung
Längenmaßstab

Fig. 40.

Bevor wir daher bezüglich der oberirdischen Leitung eine Wahl treffen, werden wir die in der Schienenrückleitung auftretenden Verluste festzustellen haben.

Die Schienenrückleitung soll einen Leitungsquerschnitt von 4000 qmm und einen specifischen Widerstand $\omega_e = 0{\cdot}1$ besitzen.

Die Höhe der auf die Schienenrückleitung bezüglichen Hilfsdrelecke muss daher behufs Ermittlung der Spannungsverluste

$$H_e = 4000 \frac{1}{\omega} = 40\,000 \text{ Längeneinheiten}$$

betragen.

Da unsere Zeichenfläche für die Konstruktion dieser Hilfsdreiecke zu klein wäre, wollen wir sowohl die Höhe als auch die Basis derselben, somit die ganzen Hilfsdreiecke in der halben richtigen Grösse darstellen, so dass die Richtung der einzelnen Seiten der Hilfsdreiecke dennoch richtig wird.

Das dem Spannungsabfall in der Schienenrückleitung entsprechende Diagramm soll auf eine horizontal gezogene Zuführungslinie bezogen und nach abwärts konstruirt werden, während das Diagramm für die oberirdische Leitung über derselben Linie nach aufwärts konstruirt werden soll, so dass beide zusammen die Gesammtsumme der auftretenden Spannungsverluste darstellen.

Wir haben in der bekannten Weise vorgehend, vorerst die um 1 h 42 auftretenden Verluste in der Schienenrückleitung und sodann jene um 1 h 58 dargestellt.

Wie man aus den Diagrammen erkennt, nimmt der Spannungsverlust in der Schienenrückleitung von der Betriebsstation ausgehend nach den beiden Enden der Bahn allmählich zu und erreicht am oberen Ende der Bahn um 1 h 42 eine Höhe von 35 Volt und 1 h 58 sogar 47 Volt, sodass auf die oberirdische Zuleitung (Vertheilungsleitung) nur mehr wenig Verlust entfallen darf, und daher mit einer einfachen Vertheilungsleitung das Auslangen nicht gefunden werden dürfte.

Versuchsweise wollen wir jene Spannungsverluste feststellen, welche bei einer oberirdischen Kupferleitung von 100 qmm Querschnitt auftreten würden.

Die Höhe des bezüglichen Hilfsdreieckes wäre dann für

$$\omega = 0{\cdot}0175, \quad H_1 = \frac{100}{0{\cdot}0175} = 5700.$$

Um die Basis der für die Schienenleitung vorhandenen Hilfsdreiecke verwenden zu können, wollen wir auch die Hilfsdreiecke für die oberirdische Leitung in halber natürlicher Grösse darstellen und somit auch die halbe Höhe

$$\frac{H_1}{2} = \frac{5700}{2} = 2850 \text{ Längeneinheiten}$$

auftragen.

Nach Konstruktion dieser Hilfsdreiecke können wir die Diagramme der auftretenden Spannungsverluste zeichnen und entnehmen aus denselben, dass in der oberirdischen Leitung von 100 qmm Querschnitt, wenn sie nur im Punkte B gespeist wird, am oberen Ende der Bahn um 1 h 42 ein Verlust von 245 Volt auftreten würde, und dass dieser Verlust um 1 h 58 sogar auf 330 Volt ansteigt.

Wenn wir jedoch mittels einer besonderen Hauptleitung auch noch dem Punkte P Strom zuführen, derart, dass zwischen B und P kein Spannungsunterschied herrscht, so ergibt sich das voll ausgezogene Diagramm für eine Leitung von 100 qmm und die strichlirte Linie für eine Leitung von 50 qmm Querschnitt.

Aus dem so gezeichneten Diagramme kann man die an den einzelnen Punkten der Trace wirklich auftretenden Verluste in beiden Leitungen entnehmen und ferner auch erkennen, welchen Einfluss eine Verrückung des Stromzuführungspunktes ausüben würde.

Wir sehen, dass bei der als zulässig bezeichneten Spannungsschwankung von 7 Proc., d. i. von 70 Volt, eine Leitung von 50 qmm ausreichen würde, wenn der Stromzuführungspunkt P ein wenig gegen den Anfang der Bahn, nämlich nach P verrückt würde.

Endlich sagt uns das Diagramm, dass die Hauptleitung von B nach P bei einem Querschnitt von 100 qmm um 1 h 42 einen Spannungsverlust von 245 Volt und um 1 h 58 einen Spannungsverlust von 330 Volt aufweisen würde.

Um festzustellen, ob so hohe Spannungsverluste am Platz wären, oder ob nicht vielleicht eine Verstärkung des Hauptleitungsquerschnittes aus wirthschaftlichen Gründen nothwendig wird, hätten wir den wirthschaftlichen Spannungsverlust dieser Leitung zu ermitteln und dabei anzunehmen, dass wir uns einer Zusatzmaschine mit direkter Bewicklung bedienen wollen, welche, in die Leitung von B nach P eingeschaltet und von der Betriebsturbine angetrieben, eine Zusatzspannung leistet, welche eben den Spannungsverlust in der Hauptleitung von B nach P aufwiegt.

Berechnung von Ausgleichsleitungen.

Als Beispiel über die Berechnung von Ausgleichsleitungen wollen wir untersuchen, welche Querschnitte man den Verbindungsleitungen der Punkte I und III mit dem Punkte II in Fig. 30 a. S. 137 zu geben hätte, wenn durch diese Verbindungsleitungen Belastungsschwankungen von 200 Ampère in II derart ausgeglichen werden sollen, dass zwischen den Punkten II und I, sowie auch zwischen II und III ein Spannungsunterschied von 2 Volt auf jeder Seite nicht überschritten werden soll. Dabei soll ferner angenommen werden, dass die Hauptleitungen von der Centralstation bis zum Punkte D gemeinsam geführt sind und dass in der Centralstation die Klemmenspannung der Betriebsmaschinen derart regulirt werde, dass die mittlere Spannung der Vertheilungspunkte I, II und III stets auf derselben Höhe erhalten werde.

Wie auf Seite 139 berechnet, ergibt sich in der gemeinsamen Hauptleitung von der Centralstation bis zum Punkte D vom wirthschaftlichen Standpunkte ein günstigster Spannungsverlust von 15·72 Volt, während in der Fortsetzung der Hauptleitung von D zu den Punkten I, II und III ein Verlust von nahezu 17 Volt am vortheilhaftesten erscheint.

Die einzelnen Grössen der auf Seite 39 ermittelten Gleichungen 20 und 21 haben somit folgende Werthe:

$$\Delta E = 17, \quad \Delta V = 2, \; J_1 = 900, \quad J_2 = 600, \quad J_3 = 800, \quad I_2 = 200,$$
$$l' = 900, \quad l'' = 700.$$

Aus denselben können unmittelbar für beide Ausgleichsleitungen die Widerstände w′ und w″ sowie die Querschnitte q′ und q″ berechnet werden.

Nach Gleichung 20 erhält man die Widerstände

$$w' = \frac{2300}{900} \frac{2 \times 17}{200 \times 17 - 600 \times 2} \doteq 0{\cdot}04\ \Omega,$$

$$w'' = \frac{2300}{800} \frac{2 \times 17}{200 \times 17 - 600 \times 2} = 0{\cdot}044\ \Omega,$$

und nach Gleichung 21 die Querschnitte

$$q' = 900 \times 0{\cdot}0175\ \frac{900}{2300}\left(\frac{200}{2} - \frac{600}{17}\right) = 398{\cdot}75\ \text{mm}^2,$$

$$q'' = 700 \times 0{\cdot}0175\ \frac{800}{2300}\left(\frac{200}{2} - \frac{600}{17}\right) = 275{\cdot}62\ \text{mm}^2.$$

Nimmt man wie früher den Preis der Ausgleichsleitungen pro Meter P = a Q + c an, wobei a = 0·026 RM. und c = 4 RM. sei, so kostet die doppelte Ausgleichsleitung von

II nach I	900 × 2 [0·026 × 399 + 4] = 26053 RM
und jene von II nach III	700 × 2 [0·026 × 276 + 4] = 15743 RM.
beide zusammen kosten	41796 RM.

Zählt man 6 Procent von diesem Betrage für Verzinsung, Amortisation und Instandhaltung, d. i. 2508 RM. zu den jährlichen Stromfortleitungskosten, welche auf Seite 139 gefunden wurden, und welche 50623 RM. betrugen, hinzu, so erhält man zusammen 53137 RM. Dieser Betrag ist immer noch geringer als jene jährlichen Stromfortleitungskosten, welche bei Anwendung einer besonderen Regulirung in den drei Hauptleitungen entstehen, und welche auf Seite 143 auf 54488 RM. berechnet wurden.

Da die Ausgleichsleitungen gleich als Vertheilungsleitungen benützt werden können, entfallen in dem ersten Falle die hierfür nöthigen Kosten, welche im letzteren Falle eine weitere Vertheuerung verursachen.

Auch ist zu bemerken, dass in diesem Beispiele ein sehr hoher Kupferpreis 70 £ zugrunde gelegt wurde und dass bei geringerem Kupferpreis (a) der Vortheil der Ausgleichsleitungen gegenüber der besonderen Regulirung der Hauptleitungen noch grösser wird.

Dieses Beispiel bestätigt die schon früher gemachte Bemerkung, dass es sich in den meisten Fällen empfiehlt, Ausgleichsleitungen herzustellen und jede besondere Regulirung der einzelnen Stränge zu vermeiden.

Wollte man untersuchen, für welche Belastungsschwankungen in den Punkten I und III die obigen Ausgleichsleitungen ausreichen, so hat man nur in der auf Seite 41 aufgestellten Gleichung 23 b den Werth für w′ und w″ einzusetzen und kann sodann I_1 und I_3 wie folgt berechnen.

$$I_1 = 2\frac{\overline{17}^2.2300 + 17.0{\cdot}04.1260000 + 17.0{\cdot}044.1200000 + 0{\cdot}04.0{\cdot}044.900.600.800}{\overline{17}.0{\cdot}04.1400 + 17.0{\cdot}04.0{\cdot}044.480000 + 17^2.0{\cdot}044.800}$$

$I_1 = 156$ Amp.

$$I_3 = 2\frac{\overline{17}^2.2300 + 17.0{\cdot}04.1260000 + 17.0{\cdot}044.1200000 + 0{\cdot}04.0{\cdot}044.900.600.800}{\overline{17}^2.0{\cdot}044.1500 + 17.0{\cdot}04.0{\cdot}044.540000 + \overline{17}^2.0{\cdot}04.900}$$

$I_3 = 139$ Amp.

Ausgleichszwischenleitungen bei Mehrleitersystemen.

In derselben Weise wie die Ausgleichsleitungen, wirken die sogenannten Ausgleichszwischenleitungen bei Mehrleitersystemen, weshalb dieselben häufig auch kurzweg Ausgleichsleitungen genannt werden.

Dieselben sollen bei ungleichmässiger Belastung der einzelnen Leitungsgruppen an den verschiedenen Stellen des Leitungsnetzes die gleiche Spannung wie an den vorgesehenen Ausgleichseinrichtungen erhalten.

Die Ausgleichseinrichtungen bestehen meistens aus so viel hintereinandergeschalteten Stromquellen (Dynamomaschinen oder Akkumulatorenbatterien), als Leitungsgruppen vorhanden sind, und aus Einrichtungen, diese Stromquellen derart zu reguliren, dass gleiche und konstante Netzspannung in den einzelnen Leitungsgruppen auftritt.

In manchen Fällen lassen sich auch Widerstände anwenden, welche derart in die einzelnen Leitungsgruppen eingeschaltet werden, dass für alle der gleiche Widerstand resultirt.

Bei Dreileiteranlagen schaltet man meistens auf jede der beiden Leitungsgruppen eine besondere Dynamomaschine und versieht daher meistens mindestens zwei Betriebsmaschinen der Anlage mit je zwei Dynamomaschinen, von denen jede die halbe Betriebsspannung leistet.

Bei Fünfleiteranlagen würde der gleichzeitige Betrieb von mindestens 4 Dynamomaschinen zu umständlich werden und man besorgt daher den Ausgleich entweder durch Anwendung von Akkumulatoren oder durch die sogenannten Ausgleichsmaschinen, mitunter auch durch Widerstandsregulatoren.

Die Bemessung der Ausgleichszwischenleitungen kann nur auf Grund von Schätzungen über die zu erwartenden ungleichmässigen Belastungen der benachbarten Leitungsgruppen erfolgen.

Zur Erlangung einer gewissen Uebung in der Bemessung solcher Leitungen empfiehlt es sich, verschiedene Beispiele zu behandeln und dabei die bei einzelnen Annahmen auftretenden Spannungsverluste auf graphischem Wege zu ermitteln bezw. festzustellen, welche Querschnitte zu wählen sind, damit die auftretenden Spannungsverluste gewisse zulässige Grenzen nicht überschreiten.

Als Beispiel einer derartigen Untersuchung soll im Nachstehenden die Vertheilungsleitung einer Dreileiteranlage bestimmt werden, wobei angenommen werden soll, dass in jeder Leitung ein Spannungsverlust von 1 Volt zulässig sei.

Die Stromvertheilung ist aus dem am Kopfe der Fig. 41 dargestellten Schema ersichtlich.

Auf Grund dieser Stromvertheilung soll vorerst festgestellt werden, welche Querschnitte zu wählen sind, wenn nur im Punkte O Stromführung stattfindet, und wenn der Ausgleich zwischen beiden Lampengruppen durch Vermittlung der Zwischenleitung von O aus bewerkstelligt wird.

Man erhält auf die bekannte Weise durch Benützung der Hilfsdreiecke, deren Höhe

$$H = \frac{1}{\omega} = 57$$

gewählt wurde, zwei Linien und zwar die Linie ($A+$, Z_0) und die Linie (A_0, $Z-$). Die erstere von beiden ist die Abzweigungslinie für den positiven Strang und zugleich die Zuführungslinie für den Zwischenleiter, während die zweite Linie die Abzweigungs-

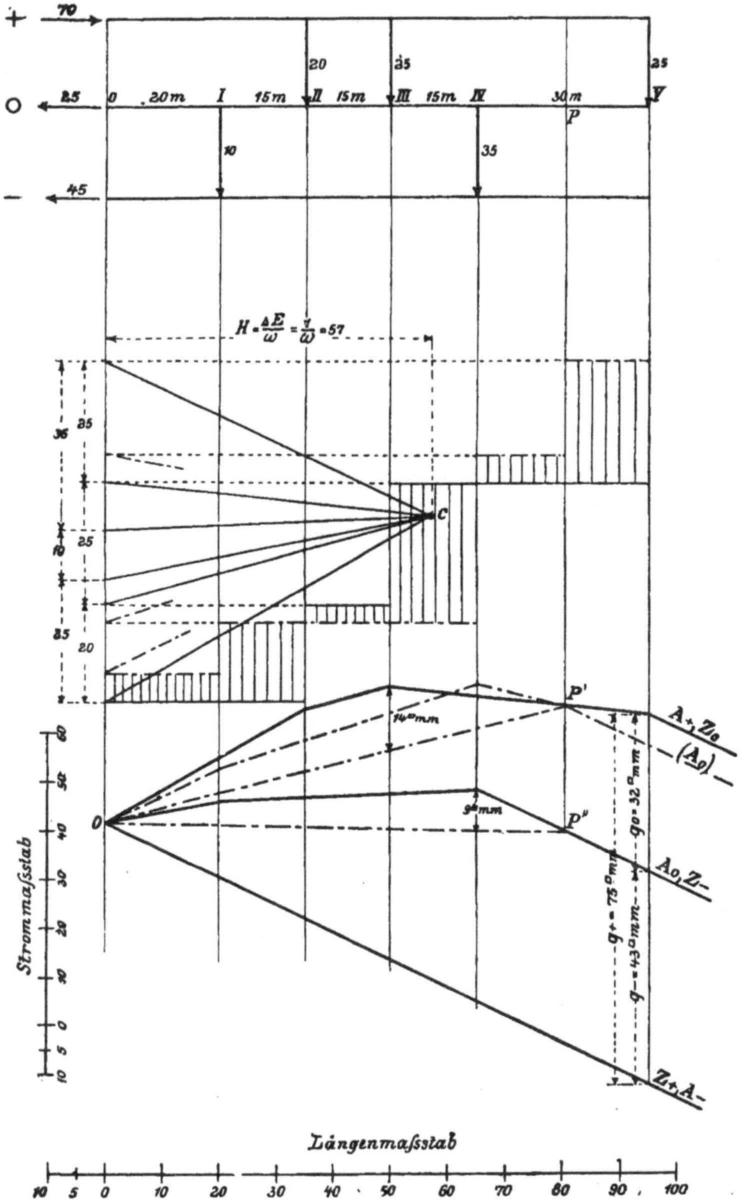

Fig. 41.

linie für den Zwischenleiter und zugleich die Zuführungslinie für den negativen Strang der untersuchten Vertheilungsleitung ist.

Die Ordinaten zwischen beiden geben am Strommasstab abgemessen jenen Querschnitt an, welcher dem Zwischenleiter zu geben ist, damit an der betreffenden Stelle desselben nur 1 Volt Verlust auftritt.

Wir hätten demnach den Zwischenleiter 32 qmm stark zu wählen, damit der Verlust im Punkte V desselben nicht grösser als 1 Volt wird.

Ziehen wir nunmehr noch die Linie (Z+, A—) parallel zur letzten Seite des Hilfsdreieckes, welche Linie zugleich Zuführungslinie für den positiven und Abzweigungslinie für den negativen Strang ist, so erhalten wir auch für die beiden Aussenleiter (positiv und negativ) das Diagramm der zu wählenden Querschnitte, und wir können entnehmen, dass der positive Strang 75 qmm, der negative Leiter dagegen nur 43 qmm Querschnitt erhalten muss, damit in dem untersuchten Falle am Endpunkt der Leitung in jedem der beiden Leiter nicht mehr als 1 Volt Verlust auftritt.

Wie stellen sich nun die Verhältnisse, wenn zwischen IV und V, z. B. im Punkte P, ebenfalls Hauptleitungen einmünden, und daselbst ebenso wie im Punkte O die Spannung in beiden Gruppen gleich und richtig erhalten wird?

Die Frage ist sofort beantwortet, wenn wir die entsprechenden Punkte P′ und P″ der erhaltenen Linien mit dem Punkte O durch gerade Linien verbinden (strichpunktirte Linien).

Wie wir sehen, würde nunmehr für den positiven Strang ein Querschnitt von ca. 14 qmm und für den negativen Leiter schon 9 qmm genügen, um nicht mehr Spannungsverlust als 1 Volt zu erhalten.

Um das Diagramm zu erhalten, welches nunmehr dem Zwischenleiter entspricht, müssen wir eine der beiden Linien Z_0 oder A_0 gegen die andere derart drehen, dass P″ auf P′ fällt.

Die vorhandenen geraden Linien O P′ und O P″ geben uns an, um welche vertikalen Abstände die Drehung der einzelnen Punkte vorzunehmen ist. Es müssen nämlich die einzelnen Punkte der gedrehten Linie (A_0) von jenen der ursprünglichen Linie A_0, Z — ebenso weit abstehen, wie die in derselben Vertikalen liegenden Punkte der Linie OP′ von der Linie O P″.

Auf diese Art erhalten wir die gedrehte Linie (A_0) und in den Ordinaten zwischen Z_0 und (A_0) jene Querschnitte, welche der Zwischenleitung zu geben wären, damit der Spannungsverlust an dem betreffenden Punkte 1 Volt nicht überschreitet.

Die diesem Falle entsprechende Stromvertheilung im Zwischenleiter ist durch die in bekannter Weise erhaltene schraffirte Fläche dargestellt. Aus derselben ersieht man, dass bei P zwanzig Ampère auf der Gruppe (O—) zur Abzweigung gelangen müssen, damit der Spannungsverlust im Zwischenleiter daselbst Null wird.

Wie man aus diesem Beispiele sieht, hängen die in einer Zwischenleitung auftretenden Spannungsverluste so sehr von der wechselnden, zufälligen Belastung der Leitungsgruppen ab, dass es nicht angeht, die Bemessung dieser Leitungen auf Grund einer bestimmten, vielleicht recht günstigen oder recht ungünstigen Stromvertheilung vorzunehmen, sondern man wird im allgemeinen vorliegende Erfahrungen zugrunde legen müssen. Meistens wird man die strahlenförmig von der Ausgleichseinrichtung ausgehenden Radialleitungen stärker und die die einzelnen Strahlen verbindenden Ringleiter entsprechend schwächer bemessen.

Bei Dreileiternetzen pflegt man, wie schon erwähnt, den Ausgleich in der Centralstation selbst herzustellen. Nach jedem Vertheilungspunkte wird neben den Hauptleitungen eine Ausgleichszwischenleitung (auch Alternativleitung benannt) geführt und meistens halb so stark bemessen wie die Hauptleitungen. Das Vertheilungsnetz enthält ebenfalls je drei Stränge, von denen der mittlere meist auch halb so stark bemessen ist, wie jeder äussere Strang.

Die Anlagekosten der Ausgleichszwischenleitung werden daher annähernd halb so gross sein, wie jene einer Aussenleitung, und die jährlichen Stromausgleichskosten können annähernd dem vierten Theil jener Kosten gleich gesetzt werden, welche auf Verzinsung, Amortisation und Instandhaltung für Haupt- und Vertheilungsleitung entfallen.

Beim Fünfleitersystem wird es sich meistens empfehlen, den Ausgleich nicht allein von der Centralstation, sondern auch von entsprechend gelegenen Punkten des Konsumgebietes herzustellen, um nicht allzustarke und allzulange Hauptausgleichsleitungen zu erhalten.

Die Zwischenleitungen im Vertheilungsnetze werden meistens ebenso stark wie die Vertheilungsleitungen selbst bemessen und verursachen daher die $^3/_2$fachen Anlagekosten wie diese. Ihr Antheil an den jährlichen Stromausgleichskosten beträgt demnach ungefähr das $^3/_2$fache jener Kosten, welche jährlich für Verzinsung, Amortisation und Instandhaltung der Vertheilungsleitungen erwachsen.

Die Kosten für die Hauptausgleichsleitungen müssen in jedem einzelnen Falle berechnet werden, da sie je nach dem Wirkungskreise einer Ausgleichsstation sehr verschieden sein können.

Im allgemeinen kann man annehmen, dass für Verzinsung, Amortisation und Instandhaltung der Kosten dieser Hauptausgleichsleitungen und der Ausgleichseinrichtungen, sowie für Betrieb und Bedienung der letzteren ein jährlicher Aufwand von 1 RM. für jede gleichzeitig brennende Lampe zu 16 A. oder deren Stromäquivalent reichlich genügt.

Wahl des Systemes.

Bei gleicher Vollkommenheit und praktischer Eignung verschiedener Systeme wird man jenem derselben den Vorzug geben, welches vom wirthschaftlichen Standpunkte günstiger arbeitet.

Dabei hat man, wie auch schon früher erwähnt, nicht allein die jetzt massgebenden Betriebsverhältnisse in Betracht zu ziehen, sondern auch zu berechnen, wie hoch sich die Betriebskosten bei den in Zukunft zu erwartenden Betriebsverhältnissen stellen werden.

Ohne auf die den einzelnen Systemen eigenthümlichen sonstigen Vor- und Nachtheile einzugehen, wollen wir im Nachstehenden für drei Systeme der Stromvertheilung bei elektrischen Centralstationen, nämlich für das Dreileitersystem, das Fünfleitersystem und das Wechselstromsystem mit Transformatorenbetrieb unter Zugrundelegung möglichst gleicher Betriebsverhältnisse die Kosten für Stromleitung, Ausgleich und Umformung pro Jahr und gleichzeitig brennender Lampe zu 16 NK. einander gegenüberstellen, und dabei verschiedene Entfernungen zwischen der Centralstation und dem Centrum des Konsumgebietes in Betracht ziehen.

Diese Kosten wollen wir sowohl für die Gegenwart unter Benutzung der jetzt vorherrschend giltigen Werthe der einzelnen Faktoren, als auch für die Zukunft mit Zugrundelegung der voraussichtlich künftigen Werthe derselben ermitteln.

Die der Berechnung zugrunde liegenden Werthe der einzelnen Grössen und Faktoren in den verschiedenen Fällen sind auf Seite 182 zusammengestellt.

Die in Betracht gezogenen Lampen zu 16 NK., auf welche sich alle Berechnungen beziehen, benöthigen 3·5 Watt pro NK., somit also 56 Watt bei 16 NK.

Die Lampenspannung ist mit 100 Volt angenommen, so dass die wirksame Betriebsspannung bei dem Dreileitersystem 220 Volt, bei dem Fünfleitersystem 440 Volt beträgt.

Bei dem Wechselstromsystem wurde eine wirksame Betriebsspannung von 2000 Volt zugrunde gelegt, was bei einer mittleren Phasenverschiebung um 36°, für welche $\cos \varphi = 0{\cdot}8$ wird, einer effektiven Betriebsspannung von ca. 2500 Volt entspricht.

Für alle drei Systeme wurden unterirdisch verlegte, mit Eisenband armirte Bleikabel angenommen.

Selbstverständlich sind die Wechselstromkabel zufolge der höheren Spannung und der deshalb nothwendigen besseren Isolation entsprechend theurer als die Gleichstromkabel für niedere Spannung, was sich in den Werthen a und c ausdrückt.

Der Procentsatz für Verzinsung, Amortisation und Instandhaltung des Leitungsmateriales p_l wurde dagegen für alle drei Systeme gleich gewählt, und es blieb dabei unberücksichtigt, dass die Kabel für hochgespannten Wechselstrom vermuthlich früher erneuert werden müssen, als Gleichstromkabel für niedere Spannung und dass dieselben dann auch einen im Verhältnis zu den Anschaffungskosten geringeren Altwerth besitzen werden.

Ebenso wie für p_l wurden auch für die auf die Betriebsanlage und die Betriebskosten bezüglichen Werthe p_b, b und β für alle drei Systeme die gleichen Ansätze getroffen und dabei Dampfbetrieb zugrunde gelegt.

Grössen und Faktoren	Dreileiter-system jetzt künft.	Fünfleiter-system jetzt künft.	Wechsel-stromsyst. jetzt künft.
Effektverbr einer Glühlampe v. 16 NK. $\mathfrak{E} =$	56	56	56
Wirksame Betriebsspannung . . $\varepsilon =$	220	440	2000
Spec. Widerstand d. Leitungsmat. $\omega =$	0·0175	0·0175	0·0175
Prozentsatz für Verzinsung, Amortisation u. Instandhaltung der Leitungsanlage . . . . $p_l =$	7	7	7
Ansteigen des Leitungspreises pro $\overline{mm}^2$ und m in RM. (Rohkupferpreis 50 £) . . . . $a = a' =$	0·028	0·028	0·035
Additionelle Konstante im Leitungspreis . . . . $c = c' =$	3·4	3·4	5·0
Kosten der Anschlussapparate pro Hauptleitung . . . . $C =$	400	400	400
Procentsatz für Verzinsung, Amortisation u. Instandhaltung der Betriebsanlage . . . . $p_b =$	10	10	10
Mehrkosten der Betriebsanlage pro 1 Watt Effektverlust in d. Leitungen in RM. . . . . $b =$	1	1	1
Betriebskosten pro Wattst in RM. $\beta =$	$\frac{200}{1000000}$	$\frac{200}{1000000}$	$\frac{200}{1000000}$
Durchschn. jährl. Dauer des vollen Betriebes in Stunden . . . . $\mathfrak{T} =$	1200 1500	1200 1500	1200 1500
Durchschn. Dauer d. vollen Effektverluste pro Jahr in Stunden . $T =$	500 600	500 600	500 600
Zulässiger max. Spannungsverlust in d. Vertheilungsl. auf jeder Seite i. Volt . . . . $\Delta e_{max} =$	1·5	1·5	10
Zahl der gleichzeitig brennenden Lampen pro laufenden Meter Vertheilungsleitungstrace . . $\nu =$	0·5 1	0·5 1	0·5 1
Zahl der von einer Hauptleitung durchschnittl. gespeisten Vertheilungsleitungen . . . . . $n' =$	4	4	4

Obwohl beim Wechselstromsystem zufolge der Verluste in den Transformatoren eine bedeutende Erhöhung der Jahresleistung eintritt, so wird dennoch die Wattstunde nicht billiger erzeugt werden können, als bei den anderen Systemen, indem bekanntlich bei Wechselstromanlagen zufolge der Phasenverschiebung zwischen Strom und Spannung, sowie zufolge der Schwierigkeit der Parallelschaltung der Maschinen eine ungünstigere Ausnutzung derselben unvermeidlich ist und daher ein verhältnismässig höherer Materialverbrauch erfolgt.

Auch muss aus letzterem Grunde sowie überhaupt wegen der gefährlich hohen Spannung die Bedienung und Aufsicht beim Wechselstromsystem eine viel aufmerksamere als bei anderen Systemen sein, so dass für β sogar ein höherer Ansatz berechtigt wäre.

Würden bei den Gleichstromanlagen Accumulatoren in Verwendung kommen, so müsste bei denselben wegen der dadurch erzielbaren Betriebsersparnisse eine entsprechende Ermässigung des Werthes von β Platz greifen.

Die übrigen auf den Konsum bezüglichen Daten bedürfen keiner weiteren Erklärung.

Für die Umformungskosten bei dem Wechselstromsystem sollen die in der Zusammenstellung auf S. 184 angegebenen Werthe massgebend sein:

Dabei ist angenommen, dass unter den jetzigen Verhältnissen von 100 installirten Lampen höchstens 60 gleichzeitig brennen, während künftig nur 40 % der installirten Lampen in gleichzeitigen Betrieb kommen dürften.

Da unter den jetzigen Verhältnissen auf 50 gleichzeitig brennende Lampen zu 16 NK., also auf ca. 90 installirte Lampen zu 16 NK. ein Umformer entfällt, werden durchschnittlich Umformer für ca. 5000 Watt Volleistung in Anwendung kommen. Nach der auf Seite 123 gegebenen Tabelle betragen die Effektverluste solcher Umformer zufolge Magnetisirung etc. ca. 3·6 % ihrer Volleistung und es wird daher

$$\sigma = \frac{3{\cdot}6}{100} \cdot \frac{100}{60} = \frac{6}{100}$$

anzusetzen sein.

Grössen und Fakturen der Umformungskosten.	jetzt	künft.
Procentsatz für Verzinsung, Amortisation und Instandhaltung der Umformer . . . . $p_u =$	7	
Phasenverschiebung bei Leerbetrieb der Anlage zwischen primärem Strom und primärer Spannung $\varphi_{u0} =$	70°	
Kosinus des Phasenverschaltungswinkels . . . $\cos \varphi_{u0} =$	0·34	
Verhältnis des Effektverlustes bei Leerbetrieb der Anlage zur Nutzleistung bei vollem Betriebe ders. $\sigma =$	$\frac{6}{100}$	$\frac{7}{100}$
Verhältnis des Effektverlustes zufolge Kupferwärme in den primären und in den sekundären Wicklungen der Umformer zu der Nutzleistung bei vollem Betriebe der Anlage . . . . $\psi = \psi_u =$	$\frac{0·6}{100}$	$\frac{0·4}{100}$
Ansteigen der Kosten der Umformer mit der Vollleistung der Anlage pro Volt-Ampère . . . . . $a_u =$	0·17	
Additionelle Konstante bei den Kosten der Umformer . $c_u =$	250	
Kosten für Bedienung und Betrieb der Umformer pro Jahr . . . . $B_u =$	0	
Anzahl der auf einen Umformer durchschnittlich entfallenden gleichzeitig brennenden Lampen zu 16 NK. $g =$	50	100

Die Effektverluste zufolge Kupferwärme können für jede Spule mit 1% der Vollleistung angenommen werden, so dass

$$\psi_u = \psi = \frac{1}{100} \cdot \frac{60}{100} = \frac{0·6}{100}$$

ist.

In ähnlicher Weise lassen sich die für künftig getroffenen Annahmen begründen, nur ist zu bemerken, dass dabei grössere Transformatoren zu Grunde gelegt wurden, bei welchen die Verluste durch Magnetisirung etwa 2·8% der Volleistung betragen sollen.

Auf Grund dieser Annahmen lässt sich die durchschnittliche Dauer der vollen Effektverluste im primären Stromkreise für die

Wechselstromanlage berechnen und es ergibt sich bei kontinuirlichem Betriebe ($\tau = 8760$)

$$T_u = \frac{\frac{\sigma^2}{\cos^2 \varphi_{u0}} \tau + 2\sigma \mathfrak{T} + T}{\frac{\sigma^2}{\cos^2 \varphi_{u0}} = 2\sigma + 1} = \begin{cases} 795 \text{ jetzt} \\ 1000 \text{ künftig.} \end{cases}$$

Wir sind nunmehr in der Lage, für sämmtliche Fälle die Leitungszahl und Betriebszahl zu berechnen und erhalten:

	Dreileitersystem		Fünfleitersyst.		Wechselstromsystem	
	jetzt	künftig	jetzt	künftig	jetzt	künftig
Leitungszahl . . . . $z_l =$	0·335	0·335	0·335	0·335	0·374	0·374
Betriebszahl . . . . $z_b =$	0·447	0·469	0·447	0·469	0·51	0·548

Unter Benutzung dieser Annahmen und Werthe sind die in nachstehenden Tabellen zusammengestellten Kosten für Stromfortleitung, Stromvertheilung, Ausgleich und Umformung für die verschiedenen Systeme und bei verschiedenen Entfernungen der Centralstation vom Konsumgebiet berechnet und für die verschiedenen Fälle die Summe dieser Kosten ermittelt.

Die Berechnung dieser Tabellen erfolgte nach folgenden Formeln:

$$(K_a)^I_w = \frac{\mathfrak{E}}{\varepsilon} \left[L\,\omega\, z_b\, z_l + L\,\omega\, \frac{z_l}{z_b} \frac{p_b}{100}\, b \right] + \frac{p_l}{100} \sqrt[3]{\frac{(L c + C)^2\, a'\, \omega\, \mathfrak{E}}{\varDelta e_{max}\, \nu^2\, n'^2\, \varepsilon}},$$

$$(K_b)^I_w = \frac{\mathfrak{E}}{\varepsilon} L\,\omega \frac{z_l}{z_b} \beta\, T,$$

$$(K'_a)^I_w = \frac{\mathfrak{E}}{\varepsilon} \frac{2}{3} \varDelta e_{max} \frac{p_b}{100} b + \frac{p_l}{100} \left[\frac{1}{2} \sqrt[3]{\frac{(L c + C)^2\, a'\, \omega\, \mathfrak{E}}{\varDelta e_{max}\, \nu^2\, n'^2\, \varepsilon}} + \frac{c'}{\nu} \right],$$

$$(K'_b)^I_w = \frac{\mathfrak{E}}{\varepsilon} \frac{2}{3} \varDelta e_{max}\, \beta\, T.$$

Beim Wechselstromsystem musste dem Mehrverbrauch an Strom in den Umformern Rechnung getragen werden, und es mussten deshalb statt $\mathfrak{E}$, z_b und T die Werthe

$$\mathfrak{E}_u = \mathfrak{E}\sqrt{\frac{\sigma^2}{\cos^2 \varphi_{u0}} + 2\sigma + 1},\quad (z_b)_u \text{ und } T_u$$

eingesetzt werden.

Die Umformungskosten wurden nach Formel 38_1 berechnet, welche lautet:

$$K_{u_1}^{\,I} = \mathfrak{E}\left[\frac{p_b}{100}\, b\,(\sigma + \psi_u + \psi) + \beta\,(\sigma\tau + \psi_u T_u + \psi T) + \frac{p_u}{100}\, a_u\right] +$$

$$+ \left[\frac{p_u}{100}\, c_u + \frac{B_u}{n_u}\right]\frac{1}{g} \quad \ldots\ldots \quad (38_1)$$

Bei Vergleichung der in den Tabellen berechneten Kosten kann man erkennen, welches System bei einer bestimmten Entfernung und unter den angenommenen Verhältnissen am vortheilhaftesten arbeitet.

Auch gewinnt man Einblick, wie sich die Kosten für Stromzuführung bei den verschiedenen Systemen zusammensetzen und wo vor allem Verbesserungen anzustreben wären, um eine Verbilligung zu erzielen.

Kosten für Stromzuführung
pro Jahr und gleichzeitig brennender Lampe zu 16 NK. in RM.
beim
Dreileitersystem.

$\mathfrak{E} = 56$, $\varepsilon = 220$, $\omega = 0{\cdot}0175$, $p_l = 7$, $a = 0{\cdot}028$, $c = 3{\cdot}4$, $C = 400$,

$p_b = 10$, $b = 1$, $\beta = \frac{2000}{1000000}$, $\Delta e_{max} = 1{\cdot}5$, $n = 4$, $z_l = 0{\cdot}335$.

Entfernung der Centralstation vom Konsumgebiet	Stromfortleitungskosten in den Hauptleitungen		Stromfortleitungskosten in den Hauptleitungen		Stromausgleichkost.	Summe aller Kosten für Stromzuführung
	Verzinsung, Amortisat. u. Instandhaltung	Betrieb der Hauptleitungen	Verzinsung, Amortisat. u. Instandhaltung	Betrieb der Vertheilungsleitungen	Verzinsung, Amortisat. u. Instandhaltung	
L	$2(K_a)^I_w$	$2(K_b)^I_w$	$2(K'_a)^I_w$	$2(K'_b)^I_w$	$\frac{1}{2}\left[(K_a)^I_w + (K'_a)^I_w\right]$	
Meter	jetzt: $\nu = \frac{1}{2}$, $\mathfrak{T} = 1200$, $T = 500$, $z_b = 0{\cdot}447$					RM.
500	1·64	0·33	1·32	0·05	0·74	4·08
1000	2·94	0·67	1·47	0·05	1·10	6·23
2000	5·45	1·34	1·72	0·05	1·80	10·36
3000	7·88	2·00	1·93	0·05	2·45	14·31
4000	10·27	2·68	2·12	0·05	3·10	18·22
5000	12·62	3·36	2·29	0·05	3·73	22·05
	künftig: $\nu = 1$, $\mathfrak{T} = 1500$, $T = 600$, $z_b = 0{\cdot}469$					
500	1·42	0·38	0·72	0·06	0·53	3·11
1000	2·63	0·76	0·82	0·06	0·86	5·13
2000	4·98	1·53	0·98	0·06	1·49	9·04
3000	7·29	2·29	1·11	0·06	2·10	12·85
4000	9·57	3·05	1·23	0·06	2·70	16·61
5000	11·83	3·82	1·34	0·06	3·29	20·34

Kosten für Stromzuführung
pro Jahr und gleichzeitig brennender Lampe zu 16 NK. in RM.
beim
Fünfleitersystem.

$\mathfrak{E} = 56$, $\varepsilon = 440$, $\omega = 0{\cdot}0175$, $p_l = 7$, $a = 0{\cdot}028$, $c = 3{\cdot}4$, $C = 400$,

$p_b = 10$, $b = 1$, $\beta = \frac{200}{1000000}$, $\varDelta e_{max} = 1{\cdot}5$, $n = 4$, $z_l = 0{\cdot}335$

Entfernung der Central-station vom Konsum-gebiet	Stromfortleitungskosten in den Hauptleitungen: Verzinsung, Amortisat. u. Instand-haltung der Haupt-leitungen	Stromfortleitungskosten in den Hauptleitungen: Betrieb der Haupt-leitungen	Stromvertheilungskost. in den Vertheilungsleit.: Verzinsung, Amortisat. u. Instand-haltung der Verthei-lungs-leitungen	Stromvertheilungskost. in den Vertheilungsleit.: Betrieb der Ver-theilungs-leitungen	Stromaus-gleichkost.: Verzinsung, Amortisat. u. Instand-haltung der Ausgleich-leitungen u. Betrieb derselben	Summe aller Kosten für Strom-zuführung
L	$2\,(K_a)^l_w$	$2\,(K_b)^l_w$	$2\,(K'_a)^l_w$	$2\,(K'_b)^l_w$	$3(K'_n)^l_w+1$	
Meter	jetzt: $\nu = \frac{1}{2}$, $\mathfrak{T} = 1200$, $T = 500$, $z_b = 0{\cdot}447$					RM.
500	1·00	0·17	1·24	0·025	2·86	5·30
1000	1·75	0·33	1·35	0·025	3·02	6·48
2000	3·15	0·67	1·55	0·025	3·32	8·72
3000	4·49	1·00	1·72	0·025	3·58	10·82
4000	5·80	1·34	1·87	0·025	3·80	12·84
5000	7·06	1·68	2·01	0·025	4·01	14·79
	künftig: $\nu = 1$, $\mathfrak{T} = 1500$, $T = 600$, $z_b = 0{\cdot}469$					
500	0·84	0·19	0·66	0·031	1·99	3·71
1000	1·48	0·38	0·74	0·031	2·11	4·70
2000	2·76	0·76	0·86	0·031	2·29	6·72
3000	3·99	1·15	0 97	0·031	2·44	8 58
4000	5·19	1·53	1·06	0·031	2·59	10·40
5000	6·39	1·91	1·15	0·031	2·71	12·20

Kosten für Stromzuführung
pro Jahr und gleichzeitig brennender Lampe zu NK. in RM.
beim
Wechselstromsystem mit Transformatorenbetrieb.

$\mathfrak{E}=56$, $\varepsilon=2000$, $\omega=0{\cdot}0175$, $p_l=7$, $a=0{\cdot}035$, $c=5$, $C=400$,

$p_b=10$, $b=1$, $\beta=\frac{200}{1000000}$, $\Delta e_{max}=10$, $n=4$, $z_l=0{\cdot}374$,

$p_u=7$, $a_u=0{\cdot}17$, $C_u=250$, $B_u=0$.

Entfernung der Central-station vom Konsum-gebiet	Stromvertheilungskost. in den Hauptleitungen: Verzinsung, Amortisat. u. Instand-haltung	Stromvertheilungskost. in den Hauptleitungen: Betrieb der Haupt-leitungen	Stromvertheilungskost. in den Vertheilungsleit.: Verzinsung, Amortisat. u. Instand-haltung	Stromvertheilungskost. in den Vertheilungsleit.: Betrieb der Ver-theilungs-leitungen	Umfor-mungskost. in den Um-formern	Summe aller Kosten für Stromzu-führung
L	$2(K_a)^l_w$	$2(K_b)^l_w$	$2(K'_a)^l_w$	$2(K'_b)^l_w$	K_u	
Meter	jetzt: $\nu=\frac{1}{2}$, $\mathfrak{T}=1200$, $T=500$, $\sigma=\frac{6}{100}$, $\psi_u=\psi=\frac{0{\cdot}6}{100}$, $g=50$, $T_u=795$, $z_{bu}=0{\cdot}51$					RM.
500	0·36	0·06	1·52	0·06	7·39	9·39
1000	0·61	0·12	1·60	0·06	7·39	9·78
2000	1·07	0·24	1·70	0·06	7·39	10·46
3000	1·50	0·37	1·77	0·06	7·39	11·09
4000	1·91	0·49	1·84	0·06	7·39	11·69
5000	2·31	0·61	1·91	0·06	7·39	12·28
	künftig: $\nu=1$, $\mathfrak{T}=1500$, $T=600$, $\sigma=\frac{7}{100}$, $\psi_u=\varphi=\frac{0{\cdot}4}{100}$, $g=100$, $T_u=1000$, $z_{bu}=0{\cdot}548$					
500	0·28	0·07	0·81	0·08	8·20	9·44
1000	0·50	0·14	0·85	0·08	8·20	9·77
2000	0·90	0·29	0·90	0·08	8·20	10·37
3000	1·29	0·43	0·95	0·08	8·20	10·95
4000	1·67	0·58	1·00	0·08	8·20	11·53
5000	2·04	0·72	1·04	0·08	8·20	12·08

Zur besseren Uebersicht wurden die Ergebnisse der drei Tabellen in Fig. 42 graphisch dargestellt.

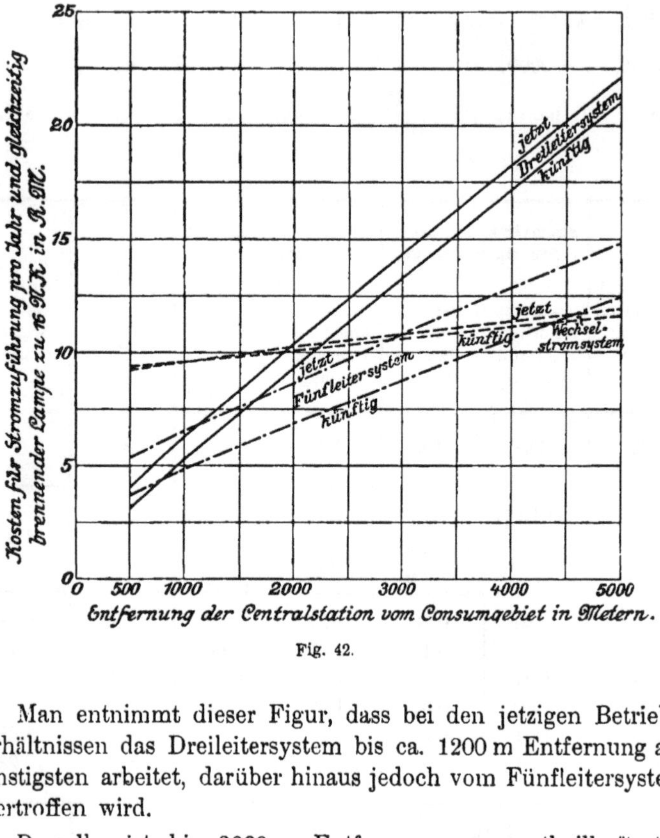

Fig. 42.

Man entnimmt dieser Figur, dass bei den jetzigen Betriebsverhältnissen das Dreileitersystem bis ca. 1200 m Entfernung am günstigsten arbeitet, darüber hinaus jedoch vom Fünfleitersystem übertroffen wird.

Dasselbe ist bis 3000 m Entfernung am vortheilhaftesten und muss von da an dem Wechselstromsystem den Vorrang einräumen.

Bei den für die Zukunft zu erwartenden Betriebsverhältnissen sinken die Kosten des Dreileitersystems pro Jahr und gleichzeitig brennender Lampe zu 16 NK. um 0·97 bis 1·71 RM., während jene des Fünfleitersystemes um 1·60 bis 2·60 RM. abnehmen, die Kosten des Wechselstromes jedoch fast unverändert bleiben, bei geringen Entfernungen sogar steigen.

Anhang.

Sicherheits-Vorschriften für elektrische Starkstrom-Anlagen.

(Aufgestellt vom Elektrotechnischen Verein in Wien und mit dessen freundlicher Zustimmung abgedruckt.)

A. Apparate zur Erzeugung, Aufspeicherung und Umwandlung des elektrischen Stromes.

(Elektrische Maschinen, Transformatoren, Accumulatoren, Batterien u. s. w.)

1. Die Aufstellung von Apparaten zur Erzeugung, Aufspeicherung und Umwandlung des elektrischen Stromes darf nur in Räumen erfolgen, in denen sich keine leicht entzündlichen oder explosiven Stoffe befinden. Aufstellung.

2. Wird bei der Erzeugung, Aufspeicherung oder Umwandlung des elektrischen Stromes die Luft in gesundheitsschädlicher Weise verändert oder Wärme in grösserer Menge entwickelt, so sind für die Aufstellung dieser Apparate abgeschlossene, für anderweitige Arbeiten nicht zu benützende Räume zu verwenden, welche behufs Lüftung mit entsprechenden, in's Freie führenden Abzügen zu versehen sind. Besondere Vorkehrungen.

3. Wenn die Apparate zur Erzeugung, Aufspeicherung oder Umwandlung des elektrischen Stromes Stromkreisen angehören, in welchen Spannungsunterschiede von mehr als 300 Volt bei Gleichstrom oder 150 Volt bei Wechselstrom auftreten, so muss.

a) deren Aufstellung in besonderen, anderweitig nicht benützten oder besonders abgegrenzten Räumen erfolgen;

b) durch auffallende Aufschriften in nächster Nähe der Apparate vor Berührung gewarnt werden;

c) eine besondere Isolirung*) der Apparate von der Erde, bezw.

*) Als Isolirmittel genügt in trockenen Räumen Holz, mit heissem Leinöl, Theer, Asphalt oder dergl getränkt, während, wenn Feuchtigkeit zu gewärtigen ist, Kautschuck, Glas, Porzellan und dergl. feuchtigkeitsbeständige Isolirmaterialien zu wählen sind.

der betreffenden Apparattheile von dem tragenden Gestelle vorgesehen werden;

d) Vorsorge getroffen werden, dass nur von der Erde isolirte Personen die stromführenden Theile des Apparates berühren können (z. B. durch isolirenden Belag des Fussbodens).

B. Leitungen.

Querschnitt. 4. Der Querschnitt der Leitungen und aller Verbindungen, welche zur Fortleitung des Stromes zwischen den Stromerzeugern, den Apparaten zur Aufspeicherung oder Umwandlung des Stromes untereinander, sowie zwischen diesen und den Verbrauchsstellen des Stromes dienen, ist so zu bemessen, dass durch den stärksten auftretenden Strom eine feuergefährliche oder die Isolirung gefährdende Erwärmung derselben nicht bewirkt werden kann.

Die zulässige stärkste Betriebsbeanspruchung für Leitungsdrähte ist nach den Formeln

$$J = \sqrt{\varkappa\, Q^{\frac{3}{2}}} \quad \text{bezw.} \quad D = \sqrt{\frac{\varkappa}{Q^{\frac{1}{2}}}}$$

zu berechnen, in welchen J die grösste zulässige Betriebsstromstärke in Ampère, D die zulässige Stromdichte (Ampère pro Quadrat-Millimeter), Q den Querschnitt des betreffenden Leitungsdrahtes in Quadrat-Millimetern und $\varkappa$ die Leitungsfähigkeit des Leitungsmaterials gegen Quecksilber bedeuten.

Leitungsseile können um 10 Procent stärker beansprucht werden.

Hienach können Kupferdrähte mit einer Leitungsfähigkeit von 95 Procent des chemisch reinen Kupfers durch den stärksten Betriebsstrom in folgender Weise beansprucht werden, und zwar Drähte von:

2½	Mm.	Durchm.,	bezw. von	5	Qu.-Mm.	mit 5	Ampère pro Qu.-Mm.
4	»	»	» »	13	»	» » 4	» » » »
7	»	»	» »	40	»	» » 3	» » » »
16	»	»	» »	200	»	» » 2	» » » »
64	»	»	» »	3250	»	» » 1	» » » »

Bei Elektromotoren, Bogenlampen und dergl., bei deren Einschaltung vorübergehend eine höhere als die gewöhnliche Betriebsstromstärke auftritt, sind die Leitungen für diese höhere Stromstärke zu bemessen.

5. Die Anwendung von Leitungsdrähten unter 1 Millimeter Durchmesser ist nicht gestattet. Ausgenommen hievon sind Drähte für Beleuchtungskörper, bei welchen noch ein Durchmesser von 0,7 Millimeter zulässig ist: ferner Drähte für Leitungsseile.

Sicherung der Leitungen. 6. Zur Sicherung gegen starke Ströme sind die Leitungen durch selbstthätige Stromunterbrecher (Sicherungen, Punkt 29) zu schützen, welche in verlässlicher Weise verhindern, dass der Strom selbst in den schwächsten Ausläufern der von ihnen geschützten Leitungsgruppen das $1^1/_2$fache der nach Punkt 4 zulässigen stärksten Betriebsbeanspruchung übersteigt.

Diese selbstthätigen Stromunterbrecher müssen, von der Stromquelle ausgehend, vor den Anfang der betreffenden Leitung, bezw. der betreffenden Leitungsgruppe eingeschaltet sein und in jedem Pole der Leitung angebracht werden.

7. Der Isolationswiderstand*) eines Leitungsnetzes gegen die Erde oder zwischen Theilen derselben Leitung muss, insoweit Spannungsunterschiede vorkommen, mindestens 5000 $\frac{E}{J}$ Ohm betragen, worin E den grössten Spannungsunterschied in Volt zwischen den betreffenden Leitungen untereinander sowie gegen Erde, und J die Stromstärke in Ampère bezeichnet. Isolation.

In solchen Fällen, wo in Folge grosser Feuchtigkeit der die Leitung umgebenden Atmosphäre der angegebene Isolationswiderstand nicht erreicht werden kann (wie beispielweise bei Brauereien, Färbereien, elektrischen Bahnen), ist unter folgenden Bedingungen auch eine geringere Isolation zulässig:

a) Die Leitung muss ausschliesslich auf Isolatoren aus feuer- und feuchtigkeitsbeständigem Isolirmaterial und so geführt sein, dass eine Feuersgefahr in Folge Stromableitung dauernd ganz ausgeschlossen ist:

b) bei Spannungen von mehr als 150 Volt bei Wechselstrom oder 300 Volt bei Gleichstrom muss eine zufällige Berührung nicht genügend isolirter Theile der Leitung durch unbetheiligte Personen ausgeschlossen sein.

8. Blanke Leitungen dürfen nur auf Isolatoren aus feuchtigkeits- und feuerbeständigem Isolirmateriale und derart angebracht werden, dass eine zufällige Berührung derselben durch unbetheiligte Personen und eine Berührung der Leitungen untereinander sowie mit anderen Körpern, als den isolirenden Unterstützungen, ausgeschlossen erscheint. Dieselben sollen daher: Blanke Leitungen.

a) überall dort, wo unbetheiligte Personen verkehren, in einer Höhe von mindestens 3,5 Meter über dem höchsten Standpunkte derselben angebracht oder mit einer Schutzhülle umgeben werden;

*) Die Isolationsmessungen sind bei Betriebsspannungen bis zu 150 Volt mit demselben grössten Spannungsunterschiede, welcher beim wirklichen Betriebe vorkommt, vorzunehmen. Bei höheren Betriebsspannungen kann hievon Abstand genommen werden, jedoch soll dann vor der Isolationsmessung, welche mit wenigstens 150 Volt durchzuführen ist, das betreffende Leitungsmaterial eine Belastungsprobe mit der mindestens doppelten Betriebsspannung bestanden haben.

b) in einem lichten Abstande von fremden, schlecht leitenden Körpern gehalten werden, welcher in geschlossenen Räumen mindestens 10 Millimeter, im Freien mindestens 50 Millimeter beträgt;

c) in einem lichten Abstande von fremden, leitenden Körpern (Metalltheilen) und von einander angebracht werden, welcher in geschlossenen Räumen mindestens $10 + \sqrt{E}$, im Freien mindestens $50 + \sqrt{E}$ Millimeter beträgt, wobei E den auftretenden grössten Spannungsunterschied in Volt bedeutet. Nur Drähte oder Kabel, welche unausschaltbare Zweige einer und derselben Leitung bilden, können in geringerem Abstande, ja selbst in leitender Berührung miteinander geführt werden.

In Fällen, wo zwischen den Unterstützungspunkten eine Annäherung der Leitungen gegeneinander oder gegen fremde Körper eintreten kann, ist der unter b) und c) festgesetzte lichte Abstand noch um $^1/_{200}$ des Absstandes der Unterstützungen zu vermehren.

Wenn die Leitungen an einzelnen Stellen zwischen den Unterstützungspunkten noch durch besondere Verstrebungen in festem Abstande von einander oder von fremden Körpern gehalten werden, so gilt bei Berechnung des Zuschlages die Entfernung dieser Verstrebungen.

Falls in Folge des Durchhanges eine Verringerung des Abstandes der Leitungen unter einander oder gegen fremde Körper eintreten könnte, oder, falls die fremden Körper beweglich sind (Laufkrahne, Riemen u. s. w.), ist deren äusserste Lage für die Bestimmung des geringsten Abstandes massgebend.

Isolirte Leitungen.

9. Isolirte, d. h. mit isolirenden Stoffen eingehüllte Leitungen müssen, sofern sie nicht unter die in Punkt 10 behandelten, besonders isolirten Leitungen gehören, im allgemeinen ebenso wie blanke Leitungen behandelt werden, können jedoch, wenn Feuchtigkeit nicht zu befürchten ist, bei Spannungen unter 250 Volt bei Wechselstrom und 500 Volt bei Gleichstrom in einer auch für unbetheiligte Personen zugänglichen Weise Anwendung finden.

Besonders isolirte Leitungen.

10. Besonders isolirte Leitungen, das sind solche, welche, 24 Stunden unter Wasser gehalten, noch einen Isolationswiderstand gegen Wasser von mindestens $500 \times E$ Ohm per Kilometer und bei 15^0 C. aufweisen (wobei E den grössten Betriebs-Spannungsunterschied in Volt bedeutet), können in unmittelbarer Nähe von einander und von fremden Körpern geführt werden.

Besondere Vorkehrungen.

11. Das Isolirmaterial besonders isolirter Leitungen muss, falls durch vorhandene oder zu gewärtigende Feuchtigkeit (Wasser) eine leitende Verbindung des Leiters mit anderen Leitern oder fremden, nicht isolirenden Körpern zu befürchten ist, entweder selbst vollkommen

zusammenhängend, feuchtigkeitsbeständig und wasserundurchlässig sein (Guttapercha, Gummi und dergl.), oder es muss dasselbe mit einer vollkommen feuchtigkeitsbeständigen und wasserundurchlässigen Schutzhülle (z. B. Bleimantel) umgeben werden, so dass trotz der fortwährenden Einwirkung der Feuchtigkeit mindestens der unter Punkt 10 verlangte geringste Isolationswiderstand dauernd erhalten bleibt.

12. Beim Uebergang von Leitungen aus dem Freien oder aus feuchten Räumen in trockene Räume sind gegen das der Leitung entlang fliessende Wasser, sowie gegen schädigenden Einfluss von Feuchtigkeit besondere Vorkehrungen zu treffen (Abtropfkrümmungen, Einführungstrichter u. dergl.).

13. Sind die Leitungen chemischen Einflüssen ausgesetzt (z. B. in der sie umgebenden Atmosphäre oder dem Boden, bezw. dem Mauerwerk u. s. w., worin sie verlegt sind), wodurch das Isolirmaterial oder die Leitungen selbst angegriffen werden könnten, so muss für ausreichenden Schutz gegen diese Einflüsse gesorgt werden.

14. Wo die Leitungen oder deren Umhüllung schädigenden mechanischen Einflüssen (Reibung, Biegung, Quetschung und dergl.) ausgesetzt sind, muss für entsprechende Widerstandsfähigkeit oder ausreichenden Schutz Sorge getragen werden.

Kanäle für Leitungen.

15. Alle zur Aufnahme elektrischer Leitungen dienenden Kanäle sollen mit ausreichender Sicherheit hergestellt werden, um jeder Beschädigung und hauptsächlich, wenn sie im Strassengrunde liegen, den drohenden Belastungen durch schweres Fuhrwerk und dergl. sicher Stand halten zu können.

Wenn die Leitungen in Kanälen nicht durchgehends besonders und wasserbeständig isolirt sind, sollen Vorkehrungen getroffen werden, damit Wasseransammlungen bis zu den weniger geschützten Stellen nicht stattfinden können. Wo Gasleitungen in demselben Kanal geführt sind, ist für eine entsprechende Lüftung Sorge zu tragen, welche die Ansammlung brennbarer oder explosiver Gase unmöglich macht.

Periodische Untersuchungen.

16. Leitungen, welche gegen mechanische oder chemische Einflüsse nicht ausreichend geschützt werden können, sind jährlich einmal hinsichtlich der Bestimmungen dieser Vorschriften, und zwar besonders auf genügenden Querschnitt und entsprechende Isolation, zu untersuchen und erforderlichen Falles in ordnungsmässigen Zustand zu bringen.

Desgleichen müssen alle jene Leitungsanlagen, welche dauernd ausser Betrieb gesetzt werden oder schädigenden Ereignissen (wie beispielsweise Ueberschwemmung, Feuer, Adaptirung des Gebäudes u. s. w.) ausgesetzt waren, vor Wiederinbetriebsetzung geprüft und in Stand gesetzt werden.

Blitzschutz.

17. Zum Schutze gegen Blitzgefahr sind Leitungsnetze, welche ausser dem Bereiche schützender Gebäude ganz oder theilweise oberirdisch geführt sind, mit entsprechenden Blitzschutzvorrichtungen zu versehen.

Auf die Herstellung einer guten »Erde« ist besondere Sorgfalt zu verwenden, weshalb auch gut ableitende Metallbestandtheile der Anlage und der Baulichkeiten, wie Rohrleitungen, Träger, Säulen und dergl., als Erdleitung heranzuziehen sind.

Leitungen für hochgespannte Ströme.

18. Leitungen für hochgespannte Ströme, d. i. für Spannungen über 500 Volt bei Gleichstrom, bezw. 250 Volt bei Wechselstrom, müssen stets in einer für unbetheiligte Personen unzugänglichen Weise verlegt werden.

Dieselben sollen daher:

a) als blanke Leitungen nur im Freien und mindestens 5 Meter über dem Boden, sowie mindestens 2½ Meter von denjenigen Gebäudetheilen entfernt angebracht werden, von welchen aus eine Zugänglichkeit der Leitungen möglich wäre, z. B. Dach, Fenster, Balkon und dergl. Die Lage dieser Leitungen soll der betreffenden Ortsfeuerwehr bekanntgegeben werden;

b) in's Innere von Gebäuden, die unbetheiligten Personen zugänglich sind, nur als besonders isolirte Leitungen geführt werden, welche mit einem gegen Beschädigung schützenden widerstandsfähigen Mantel (Eisenband, Eisenrohr und dergl.) umgeben werden müssen, der, falls eine elektrische Ladung desselben zu gewärtigen ist, mit der Erde in leitender Verbindung stehen soll.

19. Die Befestigung der Leitungen auf ihren Unterlagen ist derart vorzunehmen, dass mechanische Verletzungen der Leitungen dadurch nicht entstehen können. Auch ist gegen die schädliche Einwirkung des Rostes bei Verwendung eiserner Befestigungsmittel Vorsorge zu treffen. Es ist daher insbesondere das Annageln der Leitungen vermittelst Drahtklammern, Nägeln oder dergl. nicht gestattet.

Festigkeit der Leitungsanlage.

20. Frei geführte Leitungen, sowie deren Stützen sollen gegen allzu grosse Beanspruchung, hauptsächlich zufolge Temperaturveränderung, Winddruck und dergl. geschützt sein. Für die Leitungen, Spanndrähte und dergl. soll mindestens sechsfache Sicherheit, für alle übrigen Theile des Baues eine zwölffache Sicherheit hinsichtlich der Elasticitätsgrenze vorgesehen werden, wobei als Winddruck 250 Kilogramm auf 1 m^2 angenommen werden soll, wogegen für die übrigen aussergewöhnlichen Belastungen durch Schnee, Reif u. s. w. kein Zuschlag mehr nöthig ist.

Kreuzung der Leitungen.

21. In Fällen, wo blanke Leitungen übereinander angebracht sind, so dass durch das Reissen einer Leitung eine Berührung derselben mit einer anderen eintreten kann, muss, falls hierdurch ein Unglücksfall

möglich ist (also hauptsächlich, wenn eine der Leitungen eine Telegraphen-, Telephon- oder andere Signalleitung ist), durch Anbringung entsprechender isolirender Schutzmittel, z. B einer isolirenden Umhüllung oder Bedeckung des unteren Drahtes, gegen eine unmittelbare leitende Berührung der Leitungen Vorsorge getroffen werden. Ueberdies müssen in solchen Leitungen vor und hinter den gefährdeten Stellen entsprechend bemessene selbstthätige Stromunterbrecher (Sicherungen; Punkt 29) angebracht werden.

Verbindungen.

22. Die Verbindung von Leitungen untereinander sowie mit Apparaten und Apparattheilen darf nur durch Verschraubung (Klemmverbindung) oder durch Verlöthung hergestellt werden. Dabei muss die Verbindungsstelle mindestens den doppelten Leitungsquerschnitt aufweisen, welchen die damit angeschlossene Leitung besitzt, und es muss der Kontakt ein guter und sicherer sein, so dass daselbst weder eine stärkere Erwärmung als an den übrigen Stellen der Leitung auftritt, noch eine selbstthätige Lockerung der Verbindung möglich ist. Es ist deshalb nothwendig, die Kontaktflächen vor der Verbindung sorgfältig metallisch rein zu machen, vor der Verlöthung noch überdies zu verzinnen und dafür zu sorgen, dass eine innige Berührung der Kontaktflächen stattfinde, bezw. das Loth die ganze Verbindungsstelle durchdringt.

Bei Löthung darf als Löthmittel nur ein Löthsalz Verwendung finden, welches keine freien Säuren enthält.

Wenn die Verbindung einer Zugbeanspruchung ausgesetzt werden sollte, so ist entweder eine besondere Befestigung der Leitung unmittelbar neben der Verbindungsstelle vorzusehen oder eine entsprechende Ausführung der Verbindung anzuwenden, durch welche eine Lockerung derselben verhindert ist.

Bei Verbindung isolirter Leitungen ist die Isolirung an der Verbindungsstelle in einer der übrigen Isolirung gleichwerthigen Weise wieder herzustellen oder die betreffende Stelle mit einem besonderen Schutzkasten zu umgeben. In beiden Fällen ist dafür Vorsorge zu treffen, dass die Verbindungsstelle jederzeit leicht auffindbar und möglichst zugänglich sei.

Erdleitung.

23. Wenn die Erde oder metallische Körper, welche mit der Erde in leitender Verbindung stehen, wie z. B. Schienenstränge, Gas- und Wasserleitungsröhren, eiserne Träger, Stützen oder andere metallene Baubestandtheile, zur Stromleitung verwendet werden, hat man die Verbindung mit der Erde vollkommen sicher herzustellen und gegen die Möglichkeit der unmittelbaren oder mittelbaren Berührung des anderen Poles der Leitung durch Personen, welche von der Erde nicht isolirt sind, umsomehr Vorsorge zu treffen, je höher der in Anwendung kommende Spannungsunterschied ist.

24. Bei ausgedehnten Anlagen mit besonderen Stromquellen sind entweder dauernd eingeschaltete Erdschlussanzeiger oder andere

entsprechende Messeinrichtungen anzubringen, mittelst welcher der Zustand der Isolation des Leitungsnetzes jederzeit geprüft werden kann.

25. Bei Neuanlage von Telegraphen-, Telephon- und Signalleitungen sind vorhandene Starkstromleitungen gemäss diesen Vorschriften zu berücksichtigen, so dass eine Gefährdung jener durch diese Starkstromleitungen nicht eintreten kann.

C. Nebenapparate und Lampen.

(*Umschalter, Ausschalter, Fassungen, Widerstände, Mess- und Kontrolapparate, Lampen, Beleuchtungskörper u. s. w.)*

Querschnitt. 26. Die Querschnitte der stromführenden Theile der Nebenapparate sind derart zu bemessen, dass durch den stärksten Betriebsstrom eine Temperaturerhöhung von mehr als 50° C. nicht verursacht wird Bei Apparaten, durch deren Funktion eine höhere Erwärmung bedingt wird, sind gegen die mit derselben verbundene Feuersgefahr besondere, nachstehend angegebene Vorkehrungen zu treffen

Isolation. 27. Die Isolation der stromführenden Theile der Nebenapparate soll den in Punkt 7 verlangten Isolationswiderstand des betreffenden Leitungsnetzes nicht beeinträchtigen. In Fällen, wo die Isolirung der stromführenden Theile den Bedingungen des Punktes 10 über besonders isolirte Leitungen nicht entsprechen kann, soll für eine besondere Isolirung der Nebenapparate von der Erde, bezw. der betreffenden Apparattheile von den tragenden Theilen Vorsorge getroffen werden. Als Isolirmaterial soll im allgemeinen ein feuer- und feuchtigkeitsbeständiges Material gewählt werden. Andere Materialien dürfen nur dort Verwendung finden, wo Feuersgefahr, bezw. Feuchtigkeit nicht zu befürchten sind.

28. Alle Nebenapparate, welche für Unberufene zugänglich sind, müssen derartige Schutzhüllen erhalten, dass alle blanken stromführenden Theile vor zufälliger Berührung geschützt sind.

Ausschalter, Umschalter und Sicherungen. 29. Alle Ausschalter, Umschalter und Sicherungen sind so auszuführen, dass die Kontaktflächen genügend gross sind und stets metallisch rein erhalten werden, so dass eine übermässige Erwärmung derselben (um mehr als 50° C.) durch den stärksten Betriebsstrom nicht verursacht werden kann.

Die Unterbrechung des Stromes muss mit einer solchen Geschwindigkeit und auf solche Länge erfolgen, dass der allenfalls auftretende Lichtbogen ohne Schädigung der Kontaktflächen sicher unterbrochen wird, und dass ein Ueberspringen desselben auf andere Stellen ausgeschlossen ist. Die Stromunterbrechungsstelle muss von brennbaren Stoffen entfernt gehalten werden, so dass eine Zündung durch Unterbrechungsfunken oder durch abgeschmolzene, bezw. abspringende, glühende Theilchen nicht möglich ist. Die betreffenden Theile solcher Nebenapparate sollen auf feuersicheren Unterlagen angebracht werden.

In Räumen, wo leicht entzündliche oder explosive Stoffe vorkommen, ist die Anwendung von Ausschaltern, Umschaltern und Sicherungen, bei welchen Funkenbildung möglich ist, ausnahmsweise nur dann zulässig, wenn durch einen verlässlichen Sicherheitsabschluss jede Feuers- und Explosionsgefahr ausgeschlossen ist.

Bei Verwendung von Quecksilber-Kontakten ist für Reinhaltung derselben und dafür Sorge zu tragen, dass ein Entweichen von Quecksilberdämpfen in schädlichem Masse nicht vorkommen kann.

Jeder selbstthätige Stromunterbrecher (Sicherung) muss eine Angabe über die grösste zulässige Betriebsstromstärke tragen, welche laut Punkt 6 mindestens ²/₃ der Funktionsstromstärke beträgt. Diese Angabe muss bei Abschmelzsicherungen sowohl am festen wie am auswechselbaren Theil angebracht werden.

Abschmelzsicherungen sind derart feuersicher einzuschliessen, dass das geschmolzene Material nicht heraustropfen kann.

Widerstände (Rheostate).

30. Widerstände, bei welchen eine Erwärmung um mehr als 50° C. eintreten kann, sind derart anzuordnen, dass eine Berührung zwischen den wärmeentwickelnden Theilen und entzündlichen Materialien, sowie eine feuergefährliche Erwärmung solcher Materialien durch erhitzte Luft nicht vorkommen kann.

Glühlampen.

31. Glühlampen und deren Fassungen müssen in Räumen, wo explosive Stoffe oder brennbare Gase vorkommen, besondere verlässliche Sicherheitsverschlüsse erhalten; auch dürfen dieselben nicht unmittelbar in brennbare, schlecht wärmeleitende Stoffe gehüllt werden, sondern es muss für entsprechende Wärmeableitung durch Lüftung oder Vergrösserung der Oberfläche Sorge getragen werden.

Bogenlampen.

32. Bogenlampen dürfen in Räumen, wo explosive Stoffe oder brennbare Gase vorkommen, nicht verwendet werden; wo leicht brennbare Körper vorkommen, sind um das Bogenlicht Schutzglocken, mit Drahtgeflecht umgeben, anzubringen. Diese Schutzglocken sollen sicher verhindern, dass abspringende glühende Kohlentheilchen herausfallen, und müssen, wenn umherfliegende brennbare Körper in dem betreffenden Raume vorkommen, deren Zutritt zu dem Lichtbogen hintanhalten.

Beleuchtungskörper.

33. Beleuchtungskörper, in oder an welchen Leitungen geführt werden, die nicht als besonders isolirte gelten können, sind von Erde, also hauptsächlich von Metallmassen (Gasröhren und dergl.), elektrisch zu isoliren. Dieselben sind stets derart anzuordnen, dass durch ihre Bewegung oder Drehung eine Beschädigung der Leitungen nicht eintreten kann.

Die Rohre von Beleuchtungskörpern, durch welche Leitungen geführt werden, müssen innen glatt sein, d. h. keine scharfen Ecken, Grate oder dergl. haben. Dieselben müssen vor dem Einziehen der Drähte zur Entfernung von Splittern, Feilspähnen und dergl. sorgfältig gereinigt und, wenn beim Löthen der Rohre Säuren verwendet wurden, besonders gewaschen und getrocknet werden. Die Rohre metallener Beleuchtungskörper, welche der Feuchtigkeit ausgesetzt sein können, sollen gegen das Eindringen derselben thunlichst geschützt und mit Abflussöffnungen für das Kondensationswasser versehen oder nach Einziehen der Drähte mit isolirender Masse ausgegossen werden.

Sicherheits-Vorschriften

für

elektrische Starkstrom-Anlagen.

Herausgegeben

vom

Verband deutscher Elektrotechniker.

Mit Genehmigung des Verbandes deutscher Elektrotechniker abgedruckt.

Abtheilung I.

Die Vorschriften dieser Abtheilung gelten für elektrische Starkstromanlagen mit Spannungen bis 250 Volt zwischen irgend zwei Leitungen oder einer Leitung und Erde, mit Ausschluss unterirdischer Leitungsnetze und elektrochemischer Anlagen.

I. Betriebsräume und -Anlagen.

§ 1.

Dynamomaschinen, Elektromotoren, Transformatoren und Strom wender, welche nicht in besonderen luft- und staubdichten Schutzkästen stehen, dürfen nur in Räumen aufgestellt werden, in denen normaler Weise eine Explosion durch Entzündung von Gasen, Staub und Fasern ausgeschlossen ist. In allen Fällen ist die Aufstellung derart auszuführen, dass etwaige Feuererscheinungen keine Entzündung von brennbaren Stoffen hervorrufen können.

§ 2.

In Akkumulatorenräumen darf keine andere als elektrische Glühlichtbeleuchtung verwendet werden. Solche Räume müssen dauernd gut ventilirt sein. Die einzelnen Zellen sind gegen das Gestell und letzteres ist gegen Erde durch Glas, Porzellan oder ähnliehe nicht hygroskopische Unterlagen zu isoliren. Es müssen Vorkehrungen getroffen werden, um beim Auslaufen von Säure eine Gefährdung des Gebäudes zu vermeiden. Während der Ladung dürfen in diesen Räumen glühende oder brennende Gegenstände nicht geduldet werden.

§ 3

Die Hauptschaltetafeln in Betriebsräumen sollen aus unverbrennlichem Material bestehen, oder es müssen sämmtliche stromführende Theile auf isolirenden und feuersicheren Unterlagen montirt werden. Sicherungen, Schalter und alle Apparate, in denen betriebsmässig Stromunterbrechung stattfindet, müssen derärt angeordnet sein, dass etwa auftretende Feuererscheinungen benachbarte brennbare Stoffe nicht entzünden können und unterliegen überdies den in § 1 gegebenen Vorschriften.

Für Regulirwiderstände gelten die Bostimmungen des § 14.

II. Leitungen.

§ 4.

Stromleitungen aus Kupfer sollen ein solches Leitungsvermögen besitzen, dass 55 Meter eines Drahtes von 1 Quadratmillimeter Querschnitt bei 15° C. einen Widerstand von nicht mehr als 1 Ohm haben.

§ 5.

Die höchste zulässige Betriebsstrom-Stärke für Drähte und Kabel aus Leitungskupfer ist aus der Tabelle auf S. 203 zu entnehmen:

Der geringste zulässige Querschnitt für Leitungen ausser an und in Beleuchtungskörpern ist 1 Quadratmillimeter, an und in Beleuchtungskörpern 3/4 Quadratmillimeter.

Bei Verwendung von Drähten aus anderen Metallen müssen die Querschnitte entsprechend grösser gewählt werden.

§ 6.

Blanke Leitungen müssen vor Beschädigung oder zufälliger Berührung geschützt sein. Sie sind nur in feuersicheren Räumen ohne brennbaren Inhalt, ferner ausserhalb von Gebänden, sowie in Maschinen- und Akkumulatorenräumen, welche nur dem Bedienungspersonal

Querschnitt in Quadratmillimetern	Betriebs-Stromstärke in Ampère
0,75	3
1	4
1,5	6
2,5	10
4	15
6	20
10	30
16	40
25	60
35	80
50	100
70	130
95	160
120	200
150	230
210	300
300	400
500	600

zugänglich sind, gestattet. Ausnahmsweise sind auch in nicht feuersicheren Räumen, in welchen ätzende Dünste auftreten, blanke Leitungen zulässig, wenn dieselben durch einen geeigneten Ueberzug gegen Oxydation geschützt sind.

Blanke Leitungen sind nur auf Isolirglocken zu verlegen und müssen, soweit sie nicht unausschaltbare Parallelzweige sind, von einander bei Spannweiten von über 6 Meter mindestens 30 Centimeter, bei Spannweiten von 4 bis 6 Metern mindestens 20 Centimeter, und bei kleineren Spannweiten mindestens 15 Centimeter, von der Wand in allen Fällen mindestens 10 Centimeter entfernt sein. In Akkumulatorenräumen und bei Verbindungsleitungen zwischen Akkumulatoren und Schaltbrett sind Isolirrollen und kleinere Abstände zulässig.

Im Freien müssen blanke Leitungen wenigstens 4 Meter über dem Erdboden verlegt werden. Freileitungen, welche nicht im Schutzbereich von Blitzschutzvorrichtungen liegen, sind mit solchen in genügender Anzahl zu versehen.

Bezüglich der Sicherung vorhandener Telephon- und Telegraphenleitungen gegen Freileitungen wird auf das Telegraphengesetz vom 6. April 1892 verwiesen.

Blanke Leitungen, welche betriebsmässig an der Erde liegen, fallen bis auf Weiteres nicht unter die Bestimmungen dieses Paragraphen.

Isolirte Einfachleitungen.

§ 7.

a) Leitungen, welche eine doppelte, fest auf dem Draht auf liegende, mit geeigneter Masse imprägnirte und nicht brüchige Umhüllung von faserigem Isolirmaterial haben, dürfen, soweit ätzende Dämpfe nicht zu befürchten sind, auf Isolirglocken überall, auf Isolirrollen, Isolirringen oder diesen gleichwerthigen Befestigungsstücken dagegen nur in ganz trockenen Räumen verwendet werden. Sie sind in einem Abstand von mindestens 2,5 Centimeter von einander zu verlegen.

b) Leitungen. die unter der oben beschriebenen Umhüllung von faserigem Isolirmaterial noch mit einer zuverlässigen, aus Gummiband hergestellten Umwickelung versehen sind, dürfen, soweit ätzende Dämpfe nicht zu befürchten sind, auf Isolirglocken überall, auf Rollen, Ringen und Klemmen und in Röhren nur in solchen Räumen verlegt werden, welche im normalen Zustande trocken sind.

c) Leitungen, bei welchen die Gummiisolirung in Form einer ununterbrochenen, nahtlosen und vollkommen wasserdichten Hülle hergestellt ist, dürfen. soweit ätzende Dämpfe nicht zu befürchten sind, auch in feuchten Räumen angewendet werden.

d) Blanke Bleikabel, bestehend aus einer Kupferseele, einer starken Isolirschicht und einem nahtlosen einfachen, oder einem doppelten Bleimantel, dürfen niemals unmittelbar mit leitenden Befestigungsmitteln, mit Mauerwerk und Stoffen, welche das Blei angreifen, in Berührung kommen. (Reiner Gyps greift Blei nicht an.) Bleikabel, deren Kupferseele weniger als 6 Quadratmillimeter Querschnitt hat, sind nur dann zulässig, wenn ihre Isolation aus vulkanisirtem Gummi oder gleichwerthigem Material besteht.

c) Asphaltirte Bleikabel dürfen in trockenen Räumen und trockenem Erdboden verwendet und müssen derart verlegt werden, dass sie Mauerwerk oder Stoffe, welche das Blei angreifen, nicht berühren können.

An den Befestigungsstellen ist darauf zu achten, dass der Bleimantel nicht eingedrückt oder verletzt wird; Rohrhaken sind daher als Verlegungsmittel ausgeschlossen.

f) Asphaltirte und armirte Bleikabel eignen sich zur Verlegung unmittelbar in Erde und in feuchten Räumen. Rohrhaken sind zulässig.

g) Bleikabel dürfen nur mit Endverschlüssen, Abzweigmuffen oder gleichwerthigen Vorkehrungen, welche das Eindringen von Feuchtigkeit wirksam verhindern und gleichzeitig einen guten elektrischen Anschluss vermitteln, verwendet werden.

h) Wenn Gummiisolirung verwendet wird, muss der Leiter verzinnt sein.

Mehrfachleitungen.

§ 8

a) Leitungsschnur zum Anschluss beweglicher Lampen und Apparate darf in trockenen Räumen verwendet werden, wenn jede der Leitungen in folgender Art hergestellt ist:

Die Kupferseele besteht aus Drähten unter 0,5 Millimeter Durchmesser; darüber befindet sich eine Umspinnung aus Baumwolle, welche von einer dichten, das Eindringen von Feuchtigkeit verhindernden Schicht Gummi umhüllt ist; hierauf folgt wieder eine Umwickelung mit Baumwolle und als äusserste Hülle eine Umklöppelung aus widerstandsfähigem Stoff, der nicht brennbarer sein darf als Seide oder Glanzgarn.

Der geringste zulässige Querschnitt für biegsame Leitungsschnur ist 1 Quadratmillimeter für jede Leitung.

b) Derartige biegsame Leitungsschnur darf nur in vollständig trockenen Räumen und in einem Abstand von mindestens 5 Millimeter vor der Wand- oder Deckenfläche, jedoch niemals in unmittelbarer Berührung mit leicht entzündbaren Gegenständen fest verlegt werden.

c) Beim Anschluss biegsamer Leitungsschnüre an Fassungen, Anschlussdosen und andere Apparate müssen die Enden der Kupfer litzen verlöthet sein.

Die Anschlussstellen müssen von Zug entlastet sein.

d) Biegsame Mehrfachleitungen zum Anschluss von Lampen und Apparaten sind in feuchten Räumen und im Freien zulässig, wenn jeder Leiter nach § 7 c und h hergestellt ist und die Leiter durch eine Umhüllung von widerstandsfähigem Isolirmaterial geschützt sind.

e) Drähte bis 6 Quadratmillimeter Querschnitt), deren Beschaffenheit mindestens den Vorschriften 7 b und h entspricht, dürfen verdrillt oder in gemeinschaftlicher Umhüllung in trockenen Räumen wie Einzelleitungen nach 7 b fest verlegt werden.

Verlegung.

§ 9.

a) Alle Leitungen und Apparate müssen auch nach der Verlegung in ihrer ganzen Ausdehnung in solcher Weise zugänglich sein, dass sie jeder Zeit geprüft und ausgewechselt werden können.

b) Drahtverbindungen. Drähte dürfen nur durch Verlöthen oder eine gleich gute Verbindungsart verbunden werden. Drähte durch einfaches Umeinanderschlingen der Drahtenden zu verbinden, ist unzulässig.

Zur Herstellung von Löthstellen dürfen Löthmittel, welche das Metall angreifen, nicht verwendet werden. Die fertige Verbindungsstelle ist entsprechend der Art der betreffenden Leitungen sorgfältig zu isoliren.

Abzweigungen von frei gespannten Leitungen sind von Zug zu entlasten.

Zum Anschlusse an Schalttafeln oder Apparate sind alle Leitungen über 25 Quadratmillimeter Querschnitt mit Kabelschuhen oder einer gleichwerthigen Verbindungsart zu versehen. Drahtseile von geringerem Querschnitt müssen, wenn sie nicht gleichfalls Kabelschuhe erhalten, an den Enden verlöthet werden.

c) Kreuzungen von stromführenden Leitungen unter sich und mit sonstigen Metalltheilen sind so auszuführen, dass Berührung ausgeschlossen ist. Kann kein genügender Abstand eingehalten werden, so sollen isolirende Röhren übergeschoben oder isolirende Platten dazwischengelegt werden, um die Berührung zu verhindern. Röhren und Platten sind sorgfältig zu befestigen und gegen Lagenveränderung zu schützen.

d) Wand- und Deckendurchgänge. Für diese ist womöglich ein hinreichend weiter Kanal herzustellen, um die Leitungen der gewählten Verlegungsart entsprechend frei hindurchführen zu können. Ist dies nicht angängig, so sind haltbare Rohre aus isolirendem Material — Holz ausgeschlossen — einzufügen, welche ein bequemes Durchziehen der Leitungen gestatten. Die Rohre sollen über die Wand- und Deckenflächen vorstehen. Ist bei Fussbodendurchgängen die Herstellung von Kanälen nicht zulässig, dann sind ebenfalls Rohre zu verwenden, welche jedoch mindestens 10 Centimeter über dem Fussboden vorstehen und vor Verletzungen geschützt sein müssen.

e) Schutzverkleidungen sind da anzubringen, wo Gefahr vorliegt, dass Leitungen beschädigt werden können, und sollen so hergestellt werden, dass die Luft zutreten kann. Leitungen können auch durch Rohre geschützt werden.

III. Isolirung und Befestigung der Leitungen.

§ 10.

Für die Befestigungsmittel und die Verlegung aller Arten Drähte gelten folgende Bestimmungen.

a) Isolirglocken dürfen im Freien nur in senkrechter Stellung, in gedeckten Räumen nur in solcher Lage befestigt werden, dass sich keine Feuchtigkeit in der Glocke ansammeln kann.

b) Isolirrollen und -ringe müssen so geformt und angebracht sein, dass der Draht in feuchten Räumen wenigstens 10 Millimeter und in trockenen Räumen wenigstens 5 Millimeter lichten Abstand von der Wand hat.

Bei Führung längs der Wand soll auf je 80 Centimeter mindestens eine Befestigungsstelle kommen. Bei Führung an den Decken kann die Entfernung im Anschluss an die Deckenkonstruktion ausnahmsweise grösser sein.

c) Klemmen müssen aus isolirendem Material oder Metall mit isolirenden Einlagen und Unterlagen bestehen.

Auch bei Klemmen müssen die Drähte von der Wand einen Abstand von mindestens 5 Millimeter haben. Die Kanten der Klemmen müssen so geformt sein, dass sie keine Beschädigung des Isolirmaterials verursachen können,

d) Mehrleiter dürfen nicht so befestigt werden, dass ihre Einzelleiter auf einander gepresst sind; metallene Bindedrähte sind hierbei nicht zulässig.

e) Rohre können zur Verlegung von isolirten Leitungen mit einer Isolation nach § 7 b oder c unter Putz, in Wänden, Decken nnd Fussböden verwendet werden, sofern sie den Zutritt der Feuchtigkeit dauernd verhindern. Es ist gestattet, Hin- und Rückleitungen in dasselbe Rohr zu verlegen; mehr als drei Leiter in demselben Rohr sind nicht zulässig. Bei Verwendung metallener Röhren für Wechselstromleitungen müssen Hin- und Rückleitungen in demselben Rohre geführt werden. Drahtverbindungen dürfen nicht innerhalb der Rohre, sondern nur in sogenannten Verbindungsdosen ausgeführt werden, welche jederzeit leicht geöffnet werden können. Die lichte Weite der Rohre, die Zahl und der Radius der Krümmungen, sowie die Zahl der Dosen müssen so gewählt werden, dass man die Drähte jederzeit leicht einziehen und entfernen kann.

Die Rohre sind so herzurichten, dass die Isolation der Leitungen durch vorstehende Theile und scharfe Kanten nicht verletzt werden kann; die Stossstellen müssen sicher abgedichtet sein. Die Rohre sind so zu verlegen, dass sich an keiner Stelle Wasser ansammeln kann. Nach der Verlegung ist die höher gelegene Mündung des Rohrkanals luftdicht zu verschliessen.

f) Holzleisten sind nicht gestattet.

g) Einführungsstücke. Bei Wanddurchgängen ins Freie sind Einführungsstücke von isolirendem und feuersicherem Materiale mit abwärts gekrümmtem Ende zu verwenden.

h) Bei Durchführung der Leitungen durch hölzerne Wände und hölzerne Schalttafeln müssen die Oeffnungen durch isolirende und feuersichere Tüllen ausgefüttert sein.

IV. Apparate.

§ 11.

Die stromführenden Theile sämmtlicher in eine Leitung eingeschalteten Apparate müssen auf feuersicherer, auch in feuchten Räumen gut isolirender Unterlage montirt und von Schutzkästen derart umgeben sein, dass sie sowohl vor Berührung durch Unbefugte geschützt, als auch von brennbaren Gegenständen feuersicher getrennt sind.

Die stromführenden Theile sämmtlicher Apparate müssen mit gleichwerthigen Mitteln und ebenso sorgfältig von der Erde isolirt sein, wie die in den betreffenden Räumen verlegten Leitungen. Bei Einführung von Leitungen muss der für die Leitung vorgeschriebene Abstand von der Wand gewahrt bleiben. Die Kontakte sind derart zu bemessen, dass durch den stärksten vorkommenden Betriebsstrom keine Erwärmung von mehr als 50° C über Lufttemperatur eintreten kann. Für Schalttafeln in Betriebsräumen gilt § 3.

Sicherungen.

§ 12.

a) Sämmtliche Leitungen von der Schalttafel ab sind durch Abschmelzsicherungen zu schützen.

b) Die Sicherung ist, mit Ausnahme des unter g angeführten Falles, lediglich nach dem Querschnitt des dünnsten von ihr gesicherten Drahtes zu bemessen, und zwar bestimmt sich die höchste zulässige Abschmelzstromstärke nach der Tabelle auf S. 209.

Es ist zulässig, die Sicherung für eine Leitung schwächer zu wählen, als sie nach dieser Tabelle sein sollte.

c) Sicherungen sind an allen Stellen, wo sich der Querschnitt der Leitung ändert, auf sämmtlichen Polen der Leitung anzubringen, und zwar in einer Entfernung von höchstens 25 Centimeter von der Abzweigstelle. Das Anschlussleitungsstück kann von geringerem Querschnitt sein als die Hauptleitung, welche durch dasselbe mit der Sicherung verbunden wird, ist aber in diesem Falle von entzündlichen Gegenständen feuersicher zu trennen und darf dann nicht aus Mehrfachleitern hergestellt sein. Bei Anlagen nach dem Hopkinson'schen Dreileitersystem sollen im Mittelleiter Sicherungen von der $1^1/_2$fachen Stärke der Aussenleitersicherungen angebracht werden; liegt der Mittelleiter jedoch dauernd an Erde, so sind überhaupt keine Mittelleitersicherungen anzuwenden.

Drahtquer- schnitt in Quadrat- millimeter	Betriebs- stromstärke in Ampère	Abschmelz stromstärk in Ampèr
0,75	3	6
1	4	8
1,5	6	12
2,5	10	20
4	15	30
6	20	40
10	30	60
16	40	80
25	60	120
35	80	160
50	100	200
70	130	260
95	160	320
120	200	400
150	230	460
210	300	600
300	400	800
500	600	1200

d) Die Sicherungen müssen derart konstruirt sein, das beim Abschmelzen kein dauernder Lichtbogen entstehen kann, sebst dann nicht, wenn hinter der Sicherung Kurzschluss entsteht; aich muss bei Sicherungen bis 6 Quadratmillimeter Leitungsquerschnit (40 Ampère Abschmelzstromstärke) durch die Konstruktion eine irrhümliche Verwendung zu starker Abschmelzstöpsel ausgeschlossen sein.

Bei Bleisicherungen darf das Blei nicht unmittelbar dei Kontakt vermitteln, sondern es müssen die Enden der Bleidrähte oder Bleistreifen in Kontaktstücke aus Kupfer oder gleichgeeignetem Materiale eingelöthet werden.

e) Sicherungen sind möglichst zu centralisiren und in landlicher Höhe anzubringen.

f) Die Maximalspannung ist auf dem festen Theil, der Leitungsquerschnitt und die Betriebsstromstärke sind auf dem auswechselbaren Stück der Sicherung zu verzeichnen.

g) Mehrere Vertheilungsleitungen können eine gemeinsame Sicherung erhalten, wenn der Gesammtstromverbrauch 8 Ampre nicht überschreitet. Die gemeinsame Sicherung darf für eine Betrebsstromstärke bis 8 Ampère bemessen sein.

h) Bewegliche Leitungsschnüre zum Anschluss von tranportablen Beleuchtungskörpern und von Apparaten sind stets mittels Vandkontakt und Sicherheitsschaltung abzuzweigen, welch' letztere der Stromstärke genau anzupassen ist.

i) Ist die Anbringung der Sicherung in einer Entfernung von höchstens 25 Centimeter von den Abzweigestellen nicht angängig, so muss die von der Abzweigestelle nach der Sicherung führende Leitung den gleichen Querschnitt wie die durchgehende Hauptleitung erhalten.

k) Innerhalb von Räumen, wo betriebsmässig leicht entzündliche oder explosive Stoffe vorkommen, dürfen Sicherungen nicht angebracht werden

Ausschalter.

§ 13.

a) Die Schalter müssen so konstruirt sein, dass sie nur in geschlossener oder offener Stellung, nicht aber in einer Zwischenstellung verbleiben können.

Hebelschalter für Ströme über 50 A und in Betriebsräumen alle Hebelschalter sind von dieser Vorschrift ausgenommen.

Die Wirkungsweise aller Schalter muss derart sein, dass sich kein dauernder Lichtbogen bilden kann.

b) Die normale Betriebsstromstärke und Spannung sind auf dem Schalter zu vermerken.

c) Metallkontakte sollen ausschliesslich Schleifkontakte sein.

d) Jede Hauptabzweigung soll womöglich für alle Pole, bei Dreileiter-Gleichstrom für die beiden Aussenleiter Ausschalter erhalten, gleichviel, ob für die einzelnen Räume noch besondere Ausschalter angebracht sind oder nicht.

e) In Räumen, wo betriebsmässig leicht entzündliche oder explosive Stoffe vorkommen, ist die Anwendung von Ausschaltern und Umschaltern nur unter verlässlichem Sicherheitsabschluss zulässig.

Widerstände.

§ 14.

Widerstände und Heizapparate, bei welchen eine Erwärmung um mehr als 50° C. eintreten kann, sind derart anzuordnen, dass eine Berührung zwischen den wärmeentwickelnden Theilen und entzündlichen Materialien, sowie eine feuergefährliche Erwärmung solcher Materialien nicht vorkommen kann

Widerstände sind auf feuersicherem, gut isolirendem Material zu montiren und mit einer Schutzhülle aus feuersicherem Material zu umkleiden. Widerstände dürfen nur auf feuersicherer Unterlage, und zwar freistehend oder an feuersicheren Wänden angebracht werden. In Räumen, wo betriebsmässig Staub, Fasern oder explosible Gase vorhanden sind, dürfen Widerstände nicht aufgestellt werden.

V. Lampen und Beleuchtungskörper.

Glühlicht.

§ 15.

a) Glühlampen dürfen in Räumen, in denen eine Explosion durch Entzündung von Gasen, Staub oder Fasern stattfinden kann, nur mit dichtschliessenden Ueberglocken, welche auch die Fassungen einschliessen, verwendet werden.

Glühlampen, welche mit entzündlichen Stoffen in Berührung kommen können, müssen mit Schalen, Glocken oder Drahtgittern versehen sein, durch welche die unmittelbare Berührung der Lampen mit entzündlichen Stoffen verhindert wird.

b) Die stromführenden Theile der Fassungen müssen auf feuersichere Umhüllung, welche jedoch nicht stromführend sein darf, vor Berührung geschützt sein. Hartgummi und andere Materialien, welche in der Wärme einer Formveränderung unterliegen, sowie Steinnuss sind als Bestandtheile im Innern der Fassungen ausgeschlossen.

c) Die Beleuchtungskörper müssen isolirt aufgehängt, bezw. befestigt werden, soweit die Befestigung nicht an Holz oder bei besonders schweren Körpern an trockenem Mauerwerk erfolgen kann. Sind Beleuchtungskörper entweder gleichzeitig für Gasbeleuchtung eingerichtet, oder kommen sie mit metallischen Theilen des Gebäudes in Berührung, oder werden sie an Gasbeleuchtungen oder feuchten Wänden befestigt, so ist der Körper an der Befestigungsstelle mit einer besonderen Isolirvorrichtung zu versehen, welche einen Stromübergang vom Körper zur Erde verhindert. Hierbei ist sorgfältig darauf zu achten, dass die Zuführungsdrähte den nicht isolirten Theil der Gasleitung nirgends berühren. Beleuchtungskörper müssen so aufgehängt werden, dass die Zuführungsdrähte durch Drehen des Körpers nicht verletzt werden können.

d) Zur Montirung von Beleuchtungskörpern ist gummiisolirter Draht (mindestens nach § 7b) oder biegsame Leitungsschnur zu verwenden. Wenn der Draht aussen geführt wird, muss er derart befestigt werden, dass sich seine Lage nicht verändern kann und eine Beschädigung der Isolation durch die Befestigung ausgeschlossen ist.

e) Schnurpendel mit biegsamer Leitungsschnur sind nur dann zulässig, wenn das Gewicht der Lampe nebst Schirm von einer besonderen Tragschnur getragen wird, welche mit der Litze verflochten sein kann Sowohl an der Aufhängestelle, als auch an der Fassung müssen die Leitungsdrähte länger sein als die Tragschnur, damit kein Zug auf die Verbindungsstelle ausgeübt wird.

Auch sonst dürfen Leitungen nicht zur Aufhängung benützt werden, sondern müssen durch besondere Aufhängevorrichtungen, welche jederzeit kontrollirbar sind, entlastet sein.

Bogenlicht.

§ 16.

a) Bogenlampen dürfen nicht ohne Vorrichtungen, welche ein Herausfallen glühender Kohlentheilchen verhindern, verwendet werden Glocken ohne Aschenteller sind unzulässig.

b) Die Lampe ist von der Erde isolirt anzubringen.

c) Die Einführungsöffnungen für die Leitungen müssen so beschaffen sein, dass die Isolirhülle der letzteren nicht verletzt werden und Feuchtigkeit in das Innere der Laterne nicht eindringen kann.

d) Bei Verwendung der Zuleitungsdrähte als Aufhängevorrichtung dürfen die Verbindungsstellen der Drähte nicht durch Zug beansprucht und die Drähte nicht verdrillt werden.

e) Bogenlampen dürfen nicht in Räumen, in denen eine Explosion durch Entzündung von Gasen, Staub oder Fasern stattfinden kann, verwendet werden.

VI. Isolation der Anlage.

§ 17.

a) Der Isolationswiderstand des ganzen Leitungsnetzes gegen Erde muss mindestens $\frac{1\,000\,000}{n}$ Ohm betragen. Ausserdem muss für jede Hauptabzweigung die Isolation mindestens

$$10\,000 + \frac{1\,000\,000}{n} \text{ Ohm}$$

betragen.

In diesen Formeln ist unter n die Zahl der an die betreffende Leitung angeschlossenen Glühlampen zu verstehen, einschliesslich eines Aequivalentes von 10 Glühlampen für jede Bogenlampe, jeden Elektromotor oder anderen stromverbrauchenden Apparat.

b) Bei Messungen von Neuanlagen muss nicht nur die Isolation zwischen den Leitungen und der Erde, sondern auch die Isolation je zweier Leitungen verschiedenen Potentiales gegen einander gemessen werden; hierbei müssen alle Glühlampen, Bogenlampen, Motoren oder andere stromverbrauchenden Apparate von ihren Leitungen abgetrennt, dagegen alle vorhandenen Beleuchtungskörper angeschlossen, alle Sicherungen eingesetzt und alle Schalter geschlossen sein. Dabei müssen die Isolationswiderstände den obigen Formeln genügen.

c) Bei der Messung der Isolation sind folgende Bedingungen zu beachten: Bei Isolationsmessung durch Gleichstrom gegen Erde soll, wenn möglich, der negative Pol der Stromquelle an die zu messende Leitung gelegt werden, und die Messung soll erst erfolgen, nachdem die Leitung während einer Minute der Spannung ausgesetzt war. Alle Isolationsmessungen müssen mit der Betriebsspannung gemacht werden. Bei Mehrleiteranlagen ist unter Betriebsspannung die einfache Lampenspannung zu verstehen.

d) Anlagen, welche in feuchten Räumen, z. B. in Brauereien und Färbereien, installirt sind, brauchen der Vorschrift dieses Paragraphen nicht zu genügen, müssen aber folgender Bedingung entsprechen:

Die Leitung muss ausschliesslich mit feuer- und feuchtigkeitsbeständigem Verlegungsmaterial und so ausgeführt sein, dass eine Feuersgefahr infolge Stromableitung dauernd ganz ausgeschlossen ist.

VII. Pläne.

§ 18.

Für jede Starkstromanlage soll bei Fertigstellung ein Plan oder ein Schaltungsschema hergestellt werden.

Der Plan soll enthalten:

a) Bezeichnung der Räume nach Lage und Zweck. Besonders hervorzuheben sind feuchte Räume und solche, in welchen ätzende, leicht entzündliche Stoffe oder explosive Gase vorkommen;

b) Lage, Querschnitt und Isolirungsart der Leitungen;

c) Art der Verlegung (Isolirglocken, Rollen, Ringe, Rohr etc.);

d) Lage der Apparate und Sicherungen;

e) Lage und Stromverbrauch der Lampen, Elektromotoren etc.

Für alle diese Pläne sind folgende Bezeichnungen anzuwenden.

Bezeichnungen:

X = Glühlampe bis zu 32 NK mit Fassung ohne Halm.

X 50 = Glühlampe für 50 NK mit Fassung ohne Halm.

X' = Glühlampe bis zu 32 NK mit Fassung ohne Halm.

Vorstehende Zeichen bedeuten zugleich hängende Lampen.

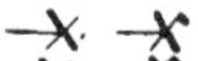 = Glühlampen (bis zu 32 NK) auf Wandarmen.

 = Glühlampen (bis zu 32 NK) auf Ständern (Stehlamp.)

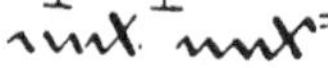 = Tragbare Glühlampen (bis zu 32 NK) bzw. Glühlamp. mit biegsamer Leitungsschnur od. mit Zwillingsleitg.

 = Krone mit 5 Glühlampen (bis zu 32 NK).

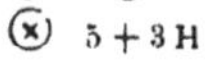 = Krone mit 5 Glühlampen ohne und 3 Glühlampen mit Hahn.

 = Bogenlampe mit Angabe der Stromstärke (6) in Amp.

 = Dynamomaschine bezw. Elektromotor mit Angabe der höchsten Leistung bzw. Verbrauches in Hektowatt.

 = Akkumulatoren (galvanische Batterien).

 = Transformator.

 = Widerstand, Heizapparate und dgl. mit Angabe der höchsten zulässigen Stromstärke (10) in Ampère.

 = Wandfassung, Anschlussstelle.

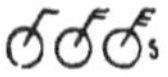 = Einpoliger bzw. zweipoliger bzw. dreipoliger Ausschalter mit Angabe der höchsten zulässigen Stromstärke (5) in Ampère.

 = Umschalter, desgl.

 = Sicherung mit Angabe des zu sichernden Kupferquerschnittes in Quadratmillimeter (6).

 = Umschaltbare Sicherung, desgl.

 = Zweileiter bzw. Dreileiter-Elektricitätsmesser.

——— = Zweileiter-Schalttafel.

= Dreileiter-Schalttafel.

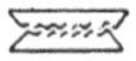 = Blitzableiter.

——— = Doppelleitung, zwei parallel laufende zusammengehörige Leitungen von gleichem Querschnitt.

～～～ = Zwillingsleitung oder biegsame Doppelleitungsschnur.

- - - - - - = Einzelleitung.

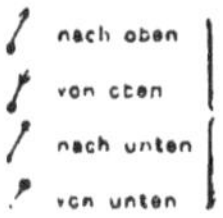

= Senkrecht nach oben oder unten führende Steigleitungen werden durch entsprechende Pfeile angedeutet.

Die Querschnitte der Leitungen werden, in Quadratmillimeter ausgedrückt, neben die Leitungslinien gesetzt.

Das Schaltungsschema soll enthalten: Querschnitte der Hauptleitungen und Abzweigungen von den Schalttafeln mit Angabe der Belastung. Demselben soll beigefügt sein ein Verzeichniss der Räume nebst den in diesen installirten Lampen, Apparaten, Sicherungen, Motoren etc.

Die Vorschriften dieses Paragraphen gelten auch für alle Abänderungen und Erweiterungen.

Der Plan oder das Schaltungsschema ist von dem Besitzer der Anlage aufzubewahren.

VIII. Schlussbestimmungen.

§ 19.

Der Kommission des Verbandes Deutscher Elektrotechniker bleibt vorbehalten, andere als die oben gekennzeichneten Materialien, Verlegungsarten und Verwendungsweisen im Einklang mit den in der Industrie jeweilig gemachten Fortschritten für zulässig zu erklären.

§ 20.

Die vorstehenden Vorschriften sind von der Kommission des Verbandes Deutscher Elektrotechniker einstimmig angenommen worden und haben daher in Gemässheit des Beschlusses der Jahresversammlung des Verbandes vom 5. Juli 1895 als Verbandsvorschriften zu gelten.

Eisenach, 23. November 1895.

Der Vorsitzende der Kommission.
Budde.

www.ingramcontent.com/pod-product-compliance
Lightning Source LLC
Chambersburg PA
CBHW031439180326
41458CB00002B/587
9783486728828